普通高等教育"十三五"规划教材

U0383051

化工产品分析与检验基础

刘红晶　主编

中国石化出版社

内 容 提 要

《化工产品分析与检验基础》是针对非分析专业的化工类专业学生所设定的课程用书,主要基于化工类专业学生在就业中可能从事的工作岗位——化学检验岗位的要求,根据《国家职业标准》和化工职业技能鉴定的要求,构建化工类专业基于"产品检验"过程的教材,课程内容涵盖作为化学检验人员要完成的基本工作任务,包括实验安全管理、检验前的准备、分析方法的确定、无机化合物的分析鉴定、石油化工产品的分析与检验以及数据处理等。

本书既可以作为本、专科化工专业学生考取化学检验工中高级职业资格证的培训教材,又可以作为检验分析工作的参考用书。

图书在版编目(CIP)数据

化工产品分析与检验基础 / 刘红晶主编 . —北京:
中国石化出版社,2017.6(2024.7重印)
ISBN 978-7-5114-4518-6

Ⅰ.①化⋯ Ⅱ.①刘⋯ Ⅲ.①化工产品-化学分析-
高等学校-教材 ②化工产品-检验-高等学校-教材
Ⅳ.①TQ075

中国版本图书馆 CIP 数据核字(2017)第 126208 号

中国石化出版社出版发行

地址:北京市东城区安定门外大街 58 号
邮编:100011 电话:(010)57512500
发行部电话:(010)57512575
http://www.sinopec-press.com
E-mail:press@sinopec.com
北京捷迅佳彩印刷有限公司印刷
全国各地新华书店经销

*

787毫米×1092 毫米 16 开本 15.5 印张 382 千字
2017 年 6 月第 1 版 2024 年 7 月第 3 次印刷
定价:38.00 元

前　　言

分析检验是化工行业主要的技术工种之一，不仅分析检验专业的本科生和专科生会从事该岗位工作，而且很多非分析专业的化工类本科生和专科生在毕业后，也有可能从事该岗位的工作。因此，就产生了一种需求，非分析专业的化工类专业学生，也有必要对分析检验工作的整个流程和涉及的相关知识有一定程度的了解。

依据国家职业资格制度，劳动和社会保障部颁布了《国家职业标准·化学检验工》。在此基础上，按照高级检验工的职业技能要求，编者编写了适于非分析专业化工专业的学生(如本科的化学工程与工艺专业、应用化学专业、环境工程专业，专科的石油化工技术专业、应用化工技术专业等)的化学分析检验教材。

根据专业特点和行业要求，本书以高级分析检验工的职业技能要求为主线，按照分析检验人员的基本项目流程，编写相应的内容。比如进入实验室，学生要知道有关实验室的安全知识，然后要会根据标准等要求确定分析方案，从而开展采样和检验前的准备，然后再进行化学分析或仪器分析，最后进行数据处理。之后，考虑到学生面对的是化工产品的分析与检验，针对化工产品的分类，如无机化工产品的鉴定和分析、石油化工产品的分析检验，都被单独讲授，而有机化合物的分析检验，则在化学分析方法和仪器分析方法的讲解中有所体现。由于化工类学生在必修课程中都学习了分析课程，即对经典的化学分析方法进行了较为详细的授课，所以在本书中只作简单介绍，而按照高级检验工的要求，对仪器分析中的紫外分光光度法和气相色谱作了较为详细的介绍。本书力图展现分析检验工作的轮廓和面貌，使学生对分析检验工种的工作内容、工作规范、相关知识体系有一个整体的了解。

本书由沈阳工业大学石油化工学院刘红晶主编，姚辉副主编，张莹和白晓琳老师，以及辽宁石油化工大学的鞠佳老师参与编写。本书第一章、第二章由刘红晶编写；第三章由姚辉和张莹编写；第四章由刘红晶、姚辉和白晓琳共同编写；第五章由刘红晶和白晓琳编写；第六章由张莹和姚辉共同编写；第七章由刘红晶和鞠佳共同编写；全书由刘红晶统稿。全书在编写过程中得到沈阳工业大学化学工程教研室和分析教研室其他老师的大力支持，在此一并表示感谢。

由于编者水平有限，加之时间仓促，书中不当之处在所难免，敬请专家、读者批评指正。

编　者

2017 年 6 月

目　　录

第1章 概 论

1.1 化工产品分析与检验的意义与标准

1.1.1 分析与检验工作的意义

分析与检验工作技术含量高，岗位责任重。分析检验人员得到结果的准确性和可靠性，将直接影响到企业的正常运行、产品质量、生产效益和环境安全。为实现对产品质量的严格准确的确定，为培养从事化工分析与检验工作、具有良好心理素质和职业道德的高技能人才，为促进高技能人才快速成长，在推行国家职业资格证书制度的背景下，劳动和社会保障部颁发了《国家职业标准—化学检验工》[1]。化学检验工是化工行业技术工的主要工种之一，分析工等15个工种被归入化学检验工。通过职业资格证书制度，使分析与检验工作更加专业、规范。

1.1.2 本课程的性质

化学品分析检验课程是在化工类专业学生就业的主要工作岗位——化学检验岗位要求的基础上，根据《国家职业标准》和化工职业技能鉴定的要求，构建化工专业基于"产品检验"过程的课程体系，课程内容为化学检验岗位要完成的基本工作任务。

1.1.3 本课程的目的

培养和强化化工专业学生化工产品分析与检验技能，使学生在具有分析与检验技术基本知识和专业所需的基本操作技能的前提下，提高对仪器使用、维护、信息处理、标准解读、检验方法选择、检验方案设计、产品检测、报告及结果评价处理等能力。

1.1.4 本课程与分析化学的差别

分析化学的任务是确定物质的化学组成、测量各组成的含量以及表征物质的化学结构。即分析化学解决"是什么(What)"、"有多少(How much)"、"怎么样(How)"等问题，它们分别隶属于定性分析(Qualitative analysis)、定量分析(Quantitative analysis)和结构分析(Structural analysis)研究的范畴。

化学品分析与检验的任务，可以从化学检验工职业定义来理解，即以抽样检查的方式，使用化学分析仪器和理化仪器等设备，对试剂溶剂、日用化工品、化学肥料、化学农药、涂料染料颜料、煤炭焦化、水泥和气体等化工产品的成品、半成品、原材料及中间过程进行检验、检测、化验、监测和分析。

1.2 化学检验工等级及要求

1.2.1 化学检验工职业等级

本职业共设五个等级，分别为：初级(国家职业资格五级)，中级(国家职业资格四级)，高级(国家职业资格三级)，技师(国家职业资格二级)，高级技师(国家职业资格一级)。无论是否是工业分析专业、无论是本科生还是专科生，都可以通过资格认定，取得相应的化学检验工职业等级。

1.2.2 申报条件

1. 初级(具备以下条件之一者)

1) 经本职业初级正规培训达规定标准学时数，并取得毕(结)业证书。

2) 在本职业连续见习工作2年以上。

2. 中级(具备以下条件之一者)

1) 取得本职业初级职业资格证书后，连续从事本职业3年以上，经本职业中级正规培训达规定标准学时数，并取得毕(结)业证书。

2) 取得本职业初级职业资格证书后，连续从事本职业工作4年以上。

3) 连续从事本职业工作5年以上。

4) 取得经劳动保障行政部门审核认定的、以中级技能为培养目标的中等以上职业学校本职业(专业)毕业证书。

3. 高级(具备以下条件之一者)

1) 取得本职业中级职业资格证书后，连续从事本职业工作3年以上，经本职业高级正规培训达规定标准学时数，并取得毕(结)业证书。

2) 取得本职业中级职业资格证书后，连续从事本职业工作5年以上。

3) 取得经劳动保障行政部门审核认定的、以高级技能为培养目标的高等职业学校本职业(专业)毕业证书。

4) 取得本职业中级职业资格证书的大专本专业或相关专业毕业生，连续从事本职业工作2年以上。

4. 技师(具备以下条件之一者)

1) 取得本职业高级职业资格证书后，连续从事本职业工作5年以上，经本职业技师正规培训达规定标准学时数，并取得毕(结)业证书。

2) 取得本职业高级职业资格证书后，连续从事本职业工作6年以上。

3) 取得本职业高级职业资格证书的高级技工学校本职业(专业)毕业生，连续从事本职业工作2年以上。

4) 取得本职业高级职业资格证书的大学本科本专业或相关专业毕业生，并从事本职业工作1年以上。

5. 高级技师(具备以下条件之一者)

1) 取得本职业技师职业资格证书后，连续从事本职业工作3年以上，经本职业高级技师正规培训达规定标准学时数,并取得毕(结)业证书。

2) 取得本职业技师职业资格证书后,连续从事本职业工作 5 年以上。

1.2.3 鉴定方式

化学检验工资格考试分为理论知识考试和技能操作考核。

理论知识考试采用闭卷笔试方式,技能操作考核采用现场实际操作方式。理论知识考试和技能操作考核均实行百分制,成绩皆达 60 分以上者为合格。技师、高级技师鉴定还须进行综合评审。

1.2.4 基本要求

1.2.4.1 职业道德[2]

1. 职业素质的定义

职业素质是劳动者对社会职业了解与适应能力的一种综合体现,其主要表现在职业兴趣、职业能力、职业个性及职业情况等方面。影响和制约职业素质的因素很多,主要包括:受教育程度、实践经验、社会环境、工作经历以及自身的一些基本情况(如身体状况等)。专业知识和专业技能是职业素质中最具特色的内容,从事不同职业的劳动者,对其所具备的专业知识和技能有着特定的要求。

2. 职业素质的特征

(1)专业性

劳动者应具有专门的业务能力。在当今社会要从事某种职业必须经过专门的职业训练。这个训练过程就是职业素质的养成过程。在职业领域有所建树的人,都具有很强的专业知识和技能。

(2)稳定性

职业素质一经形成,便会在劳动者的个性品质中稳定表现出来。

(3)内在性

职业素质一经形成就以潜能的形式存在,只有在职业活动中才能充分地展现出来。职业活动是劳动者职业素质形成的中介,也是职业素质体现的途径。

(4)整体性

它是指劳动者的知识、能力和其他个性品质在职业活动中的综合表现。一个劳动者在职业中要有所成就,不仅要具备一定的知识、技能,还要具有一定的信念、社会责任感和良好的自我控制能力、人际沟通能力和耐挫折能力等。

(5)发展性

随着社会发展和科技进步,不同的社会历史发展时期,对劳动者的职业素质提出了不同的要求,如果一个劳动者不具备符合时代要求的职业素质就有可能失业。为此,劳动者必须从时代发展的需要出发,不断地提高和完善自身的职业素质。

1.2.4.2 化验室人员的职业素质

职业素质是一个有机的整体,在整个整体中,思想政治素质是灵魂,职业道德素质是根本,专业技能素质是保证,科学文化素质是基础,心理素质是关键,身体素质是本钱,较强的创新精神、创新能力和综合职业能力是事业成功的根本。化验室人员也不例外,只有通过各种方式不断提高自身的职业素质，自觉地培养创新精神和创新能力，不断提高综合职业能力，才能为自身的发展打下坚实的基础。所以分析工作者应当具备以下基本素质：

1. 高度的责任感和"质量第一"的理念

责任感是分析工作者第一重要的素质。充分认识到分析化验工作的重要作用，以对企业高度负责的精神做好本职工作。

2. 严谨的工作作风和实事求是的科学态度

工业分析工作者是与量和数据打交道的，稍有疏忽就会出现差错。因点错小数点而酿成重大质量事故的事例足以说明问题。随意更改数据、谎报结果更是一种严重的犯罪行为。分析工作是一种十分仔细的工作，这就要求心细、眼灵，对每一步操作必须谨慎从事，来不得半点马虎和草率，必须严格遵守各项操作规程。

3. 掌握扎实的基础理论知识与熟练的操作技能

当今的工业分析内容十分丰富，涉及的知识领域十分广泛。分析方法不断地更新，新工艺、新技术、新设备不断涌现，如果没有一定的基础知识是不能适应的。即使是一些常规分析方法亦包含较深的理论原理。如果没有一定的理论基础去理解它、掌握它，只能是知其然而不知其所以然，很难完成组分多变的、复杂的试样分析，更难独立解决和处理分析中出现的各种复杂情况。掌握熟练的操作技能和过硬的操作基本功是工业分析者的起码要求。

4. 要有不断创新的开拓精神

科学在发展，时代在前进，分析工作更是要与时俱进。作为一个分析工作者必须在掌握基础知识的条件下，不断地去学习新知识，更新旧观念，研究新问题，及时掌握本学科、本行业的发展动向，从实际工作需要出发开展新技术、新方法的研究与探索，以促进分析技术的不断进步，满足生产的新要求。

5. 要具有较强的法制观念，能自觉地执行国家政策、法令，遵纪守法、不谋私利。

6. 在职业操守方面，要办事公正，克己奉公，谦虚谨慎，实事求是，忠于职守。

1.2.4.3 专业技能素质

1）经过检验、测试专业技术培训，考核合格，获得相应的操作技能等级资格证书。

2）熟悉所承担的检验任务的技术标准，掌握检验业务，熟悉所使用的仪器设备的工作原理，会维护保养并能排除一般故障。

3）具有相应的安全知识，能够预防和紧急处理突然发生的安全事故，确保化验室工作的安全进行。

4）认真填写原始记录，会运用常用的数理统计工具，具有必要的数据分析能力，能出具正确的实验报告。

5）具有一般的质量管理和产品生产的知识，能及时处理和协调生产过程中发生的与本人有关的检验业务问题。

1.2.4.4 身心素质

身心素质包括身体素质和心理素质。身体素质是指人体各器官的状态和水平。心理素质指人的个性心理品质的状态和水平。良好的身心素质的具体内容是健康的体魄和健全的心理。

1. 具备适应化验职业工作的身体条件

1）身体健康，能胜任日常分析化验工作。

2）无色盲、色弱、高度近视等可能影响分析化验工作进行及检验准确度的眼疾。

3）无与准确检验、测试工作要求不相适应的其他疾病或者身体缺陷。

2. 健全的心理条件

1）全面的能力，包括一般能力和特殊能力。一般能力是指观察力、记忆力和想象力等。特殊能力指实际从事某种专业活动必需的能力，如分析检验人员对色彩的辨别能力等。

2）健康的情感，指人能够在思路开阔、思维敏捷、身心处于活动的最佳状态下有效地完成工作任务。健康的情感有利于人们适应社会。

3）坚强的意志，这是人类所特有的心理现象，是人主观能动性的集中体现。凡是人有意识的活动都含有意志成分，都需要意志的参与。坚强的意志是成功事业的柱石。

此外能经受挫折、善于控制自己也是健全心理的重要方面。

1.3　基本要求

1.3.1　基础知识

所要掌握的基础知识包括：

1）标准化计量基础知识；

2）化学基础知识（包括安全与卫生知识）；

3）分析化学知识。

1.3.2　工作要求

对初级、中级、高级、技师和高级技师的技能要求依次递进，高级别包括低级别的要求。

大写英文字母表示各检验类别：A——试剂溶剂检验；B——日用化工检验；C——化学肥料检验；D——化学农药检验；E——涂料染料颜料检验；F——煤炭焦化检验；G——水泥检验。按各检验类别分别进行培训、考核。

1.3.3　级别要求

以初级检验工为例，说明对其工作内容、基本知识和技能的要求。

1. 样品交接

（1）礼仪

能主动、热情、认真地进行样品交接：

1）常用礼貌语言。

2）实验室样品交接的有关规定。

（2）填写检验登记表

能详尽填写样品登记表的有关信息（产品的基本状况、送检单位、检验的要求等），并由双方签字。

1）查验样品。能认真检查样品状况，检验密封方式，做好记录，加贴样品标识。

2）保存样品。能在规定的样品储存条件下储存样品。

2. 检验准备

（1）了解检验方案

1）能读懂简单的化学分析和物理性能检测方法标准和操作规范；

2）能读懂简单的检验装置示意图；

3）化工产品的定义和特点；

4）简单的化学分析和物理性能检测的原理；

5）简单的分析操作程序；

6）检验结果的计算方法；

7）各检验类别的相关基本知识。包括：

① 试剂的分类、包装及储存要求，溶剂的用途；

② 常见日用化工产品的定义和分类；

③ 化学肥料的定义、特点及分类；

④ 化学农药的分类、剂型及储存要求；

⑤ 涂料的定义和组成，涂料的分类、命名和型号；

⑥ 煤炭的分类和分级；

⑦ 水泥的定义和分类。

（2）准备玻璃仪器等用品

1）能正确识别、选用玻璃仪器和其他用品。

2）能正确选择洗涤液，按规定的操作程序进行常用玻璃仪器的洗涤和干燥。

3）能进行简单的玻璃棒、管的截断和弯曲等基本操作。

4）能进行橡皮塞的配备钻孔，按示意图安装简单的检验装置，并能检查装置的气密性。

5）能正确选用玻璃量器(包括基本玻璃量器，如滴定管、移液管、容量瓶和特种玻璃量器，如水分测定器)，并能检查其密合性(试漏)，能正确给酸式滴定管涂油，赶出碱式滴定管中的气泡。

6）常用玻璃仪器和其他用品的名称和用途。

7）玻璃仪器的洗涤常识。

8）玻璃工操作知识。

9）橡皮塞、橡胶管和乳胶管的规格和选用知识；打孔器的使用方法。

10）常用玻璃量器的名称、规格和用途；玻璃量器密合性的检查方法。

（3）准备实验用水、溶液

1）掌握实验室用水知识，能正确使用一般化学分析实验用水。

2）能正确识别和选用检验所需常用的试剂。

3）能按标准或规范配制制剂、制品、试液(一般溶液)、缓冲溶液、指示剂及指示液，能准确稀释标准溶液。

4）化学试剂的分类和包装方法。

5）常用溶液浓度表示方法，配制溶液注意事项。

（4）准备仪器设备

1）能正确使用天平（包括分析天平和托盘天平）、pH 计（附磁力搅拌器）、标准筛、秒表、温度计等计量器具。

2）能正确使用电炉、干燥箱、马弗炉（高温炉）、水浴、离心机、真空泵、电动振荡器等检验辅助设备。

3）能正确使用与本检验类别相关的一般专用检验仪器设备：

① 韦氏天平；

② 超静工作台、均质器、培养箱、高压灭菌器、显微镜、电冰箱；

③ 刮板细度计、黏度计、黑白格玻璃板、干燥试验器；

④ 密度计组、快速灰分测定仪；

⑤ 水泥稠度及凝结时间测定仪、雷氏夹测定仪、沸煮箱、水泥净浆搅拌机；

⑥ 天平、pH 计等计量器具的结构、计量性能和使用规则；

⑦ 化验室辅助设备的名称、规格、性能、操作方法、使用注意事项；

⑧ 专用检验仪器设备的名称、规格、性能、操作方法、使用注意事项。

（5）采样

1）明确采样方案。采样前，能明确采样方案中的各项规定，包括批量的大小、采样单元、样品数、样品量、采样部位、采样工具、采样操作方法和采样的安全措施等，包括：

① 采样的重要意义和基本原则；

② 固体产品、液体产品、气体产品的采样方法；

③ 对化工产品样品保存的一般要求；

④ 固体样品的制样方法。

2）准备采样。能检查抽样工具和容器是否符合要求，准备好样品标签和采样记录表格。

3）实施采样。能在规定的部位按采样操作方法进行采样，填好样品标签和采样记录。

4）保存样品。能使用规定的容器在一定环境条件下保存样品至规定日期。

5）制备固体样品。能正确制备组成不均匀的固体样品，包括粉碎、混合、缩分。

（6）检测与测定

1）化学分析：

① 能正确进行试样的汽化分析操作，包括称量、加热干燥至恒量；

② 能正确进行试样的沉淀分析操作，包括称量和溶解、沉淀、过滤、洗涤、烘干和灼烧等；

③ 能正确进行滴定分析的基本操作。能使用酸式滴定管和碱式滴定管进行连滴、一滴、半滴操作；能对不同类型的滴定管和装有不同颜色溶液的滴定管正确读数；

④ 能识别标准滴定溶液和其有效期；能正确进行标准溶液体积的温度较正。

⑤ 能正确使用酸碱指示剂和金属指示剂，准确判断滴定终点，进行酸碱滴定和络合（配位）滴定分析。

⑥ 针对各检验类别的技能要求：

a. 能测定试剂的酸度、碱度、灼烧残渣；能用酸碱滴定法、络合滴定法、称量分析法测定试剂的主含量；能测定稀释剂、防潮剂的酸价；

b. 能测定合成洗涤剂中总活性物的含量；能测定肥皂中的乙醇不溶物、游离苛性碱含量；

c. 能测定化肥中氨态氮、有效五氧化二磷的含量；能用干燥法测定化肥中的水分；

d. 能测定农药的酸度，能用蒸馏法测定农药中的水分；

e. 能测定涂料的水分、涂料固体、挥发物和不挥发物、水性涂料中重金属的含量；能测定染料的水分、不溶物、水溶性染料的溶解度；能测定颜料的水溶物、耐水性、耐酸性、耐溶剂性；

f. 能测定煤炭和焦炭的水分、灰分、挥发分、固定碳，能用艾氏法测定煤中全硫；能测定煤焦油中的水分、灰分和粗苯中的水分；

g. 能测定水泥的烧失量、不溶物、纯二氧化硅、硫酸盐—三氧化硫、氧化镁含量。

⑦ 称量分析挥发法的操作规程。

⑧ 称量分析沉淀的操作规程。

⑨ 滴定分析的操作规程，使用标准溶液的一般要求。

⑩ 酸碱滴定和络合(配位)滴定的知识。

⑪ 相关国家标准中各检验项目的相应要求。

2）仪器分析：

① 能用正确的方法溶解固体样品，稀释液体样品或吸收气体样品，制备 pH 测定液；

② 能用 pH 计测定各种化工产品水溶液的 pH 值以及掌握 pH 计的操作方法。

3）检测物理参数和性能。能检测相应类别化工产品的物理参数和性能：

① 能检测化学试剂的密度、沸点、熔点、水不溶物、蒸发残渣、结晶点(或凝固点)。

② 能检测化妆品的耐热、耐寒性能；能进行肥皂、化妆品的感官指标检验。

③ 能检测化肥的粒度(或细度)。

④ 能检测农药的细度、润湿性。

⑤ 能检测涂料的细度、黏度、遮盖力、干燥时间；能检测染料的细度；能检测颜料的颜色、遮盖力、筛余物、吸油量。

⑥ 能检测粗苯和煤焦油的密度。

⑦ 能检测水泥的细度、标准稠度用水量、凝结时间、安定性，达到相关国家标准中各检验项目的相应要求。

4）微生物学检验。从事 B 类检验的人员能测定化妆品中微生物指标的菌落总数。

5）记录原始数据。能正确记录检验原始数据，填写试验记录表格。

(7) 测后工作

1）清洗分析用器皿：

能针对盛装不同种类残渣残液的器皿采用适宜的清洗方法；能正确存放玻璃仪器和其他器皿，掌握玻璃仪器的洗涤知识。

2）进行数据处理：

① 能根据检验结果有效数字位数的要求，正确进行数据的修约和运算。

② 能根据标准要求，采用全数值比较法或修约值比较法判定极限数值附近的检验结果是否符合标准要求。

③ 有效数字及数字修约规则。

④ 极限数值表示方法及判定方法。

（8）养护设备

1）保养维护仪器设备。能正确保养、维护所用仪器设备；了解一般仪器设备的维护、保养知识。

2）发现仪器设备故障。能及时发现所用仪器设备出现的一般保障；了解简单仪器设备的结构及常见故障现象。

（9）安全实验

1）实验室安全。能执行实验室各项安全守则，正确使用消防器材，安全使用各种电器；熟悉化学实验室的安全知识。

2）实验人员安全防护。能正确使用通风柜，不乱排放废液、废渣；能正确使用防护用品；熟悉化学实验人员的安全防护知识。

其他等级要求参见《国家职业标准–化学检验工》。

1.4　标准和标准化基础知识

1.4.1　标准化的概念

国家标准 GB/T 20000.1—2014《标准化工作指南第一部分：标准化和相关活动的通用术语》[3]中对标准化的定义为：为了在一定的范围内获得最佳秩序，对现实问题或潜在的问题制定共同使用和重复使用的条款的活动。它包括制定、发布及实施标准的过程。标准化的重要意义是改进产品，过程和服务的适用性，防止贸易壁垒，促进技术合作。其含义为：

1）是一个制定、发布、实施标准及对标准实施进行监督检查的活动过程，也是制定标准、实施标准、修订标准的活动过程。

2）目的是改进质量、过程和服务的适应性，以便获得效益、最佳秩序和工作效率。

3）涉及人类活动的许多领域中，具有广泛性。

4）对象是"需要进行标准化的实体"，也就是社会实践中，凡具有重复性的事物和概念。

1.4.2　标准的定义

1）为一定的范围内获得最佳秩序，经协商一致制定并由一个公认机构的批准，共同使用和重复使用的一种规范性文件；

2）通用性；

3）反复使用性；

4）标准的本质就在于统一，反映的是需求的扩大和统一。

1.4.3　标准的分类

标准的分类通常有 5 种方式，即性质分类法，层次分类法，属性分类法，对象分类法和专业分类法。

1. 性质分类法

按性质分类，可分为强制性标准和推荐性标准(非强制性标准)。凡是保障人体健康、人身财产安全的标准和法律，以及由行政法规规定强制执行的标准均属于强制性标准，其他的标准则为推荐性标准。

2. 层次分类法

包括国际标准、区域标准、国家标准、行业标准、地方标准、企业标准。

3. 属性分类法

包括技术标准、管理标准、工作标准、产品标准、方法标准、基础标准等。

4. 对象分类法

指××产品标准、××分析方法标准、××氧化操作标准等。

5. 专业分类法

包括化工专业标准、冶金专业标准等。

1.4.4　标准的分级

标准的分级是根据标准审批和发布的权限和适用范围(标准的覆盖面)进行分级。各国的标准可分为不同层次或级别。国际上有两级标准，一是国际标准，如 ISO、IEC 等标准；另一是区域性标准，如 CEN 等。大多数经济发达的国家把标准分为国家标准、协会标准、地方标准和企业标准四级。

根据《中华人民共和国标准化法》的规定，我国的标准分为国家标准、行业标准、地方标准和企业标准四级。各级标准的对象、适用范围、内容特性要求和审批权限，由有关法律、法规和规章做出规定。

对需要在全国范畴内统一的技术要求，应当制定国家标准；对没有国家标准而又需要在全国某个行业范围内统一的技术要求，可以制定行业标准；对没有国家标准和行业标准而又需要在省、自治区、直辖市范围内统一的工业产品的安全、卫生要求，可以制定地方标准；企业生产的产品没有国家标准、行业标准和地方标准的，应当制定相应的企业标准。对已有国家标准、行业标准或地方标准的，鼓励企业制定严于国家标准、行业标准或地方标准要求的企业标准。

1.4.5　标准的代号和编号

1. 国家标准的代号与编号

国家标准的代号：由大写的汉语拼音字母构成。强制性标准代号为"GB"；推荐性国家标准的代号为"GB/T"。

国家标准的编号：由国家标准发布的顺序号和发布的年号构成，如下例：

$$GB —— ×××××　——　××××$$
强制性国家标准　　　顺序号　　　　年代号

2. 行业标准的代号与编号

行业标准的代号：由国务院标准化行政主管部门规定。强制性标准代号根据不同行业而定，如化工为"HG"；推荐性行业标准的代号，行业标准的代号/T，如化工为"HG/T"。

行业标准的编号：由行业标准发布的顺序号和发布的年号构成，如下例：

HG ——— ×××× ——— ××××
强制性行业标准　　　　顺序号　　　　　年代号

我国行(专)业标准代号见表1-1。

表1-1　我国行(专)业标准代号

序号	代号	含义	主管部门
1	BB	包装	中国包装工业总公司包改办
2	CB	船舶	国防科工委中国船舶工业集团公司、中国船舶重工集团公司(船舶)
3	CH	测绘	国家测绘局国土测绘司
4	CJ	城镇建设	建设部标准定额司(城镇建设)
5	CY	新闻出版	国家新闻出版总署印刷业管理司
6	DA	档案	国家档案局政法司
7	DB	地震	国家地震局震害防御司
8	DL	电力	中国电力企业联合会标准化中心
9	DZ	地质矿产	国土资源部国际合作与科技司(地质)
10	EJ	核工业	国防科工委中国核工业总公司(核工业)
11	FZ	纺织	中国纺织工业协会科技发展中心
12	GA	公共安全	公安部科技司
13	GY	广播电影电视	国家广播电影电视总局科技司
14	HB	航空	国防科工委中国航空工业总公司(航空)
15	HG	化工	中国石油和化学工业协会质量部(化工、石油化工、石油天然气)
16	HJ	环境保护	国家环境保护总局科技标准司
17	HS	海关	海关总署政法司
18	HY	海洋	国家海洋局海洋环境保护司
19	JB	机械	中国机械工业联合会
20	JC	建材	中国建筑材料工业协会质量部
21	JG	建筑工业	建设部(建筑工业)
22	JR	金融	中国人民银行科技与支付司
23	JT	交通	交通部科教司
24	JY	教育	教育部基础教育司(教育)
25	LB	旅游	国家旅游局质量规范与管理司
26	LD	劳动和劳动安全	劳动和社会保障部劳动工资司(工资定额)
27	LY	林业	国家林业局科技司
28	MH	民用航空	中国民航管理局规划科技司
29	MT	煤炭	中国煤炭工业协会
30	MZ	民政	民政部人事教育司
31	NY	农业	农业部市场与经济信息司(农业)
32	QB	轻工	中国轻工业联合会
33	QC	汽车	中国汽车工业协会

序号	代号	含义	主管部门
34	QJ	航天	国防科工委中国航天工业总公司(航天)
35	QX	气象	中国气象局检测网络司
36	SB	商业	中国商业联合会
37	SC	水产	农业部(水产)
38	SH	石油化工	中国石油和化学工业协会质量部(化工、石油化工、石油天然气)
39	SJ	电子	信息产业部科技司(电子)
40	SL	水利	水利部科教司
41	SN	商检	国家质量监督检验检疫总局
42	SY	石油天然气	中国石油和化学工业协会质量部(化工、石油化工、石油天然气)
43	SY(>10000)	海洋石油天然气	中国海洋石油总公司
44	TB	铁路运输	铁道部科教司
45	TD	土地管理	国土资源部(土地)
46	TY	体育	国家体育总局体育经济司
47	WB	物资管理	中国物资流通协会行业部
48	WH	文化	文化部科教司
49	WJ	兵工民品	国防科工委中国兵器工业总公司(兵器)
50	WM	外经贸	对外经济贸易合作部科技司
51	WS	卫生	卫生部卫生法制与监督司
52	XB	稀土	国家计委稀土办公室
53	YB	黑色冶金	中国钢铁工业协会科技环保部
54	YC	烟草	国家烟草专卖局科教司
55	YD	通信	信息产业部科技司(邮电)
56	YS	有色冶金	中国有色金属工业协会规划发展司
57	YY	医药	国家药品监督管理局医药司
58	YZ	邮政	国家邮政局计划财务部

注：行业标准分为强制性和推荐性标准。表中给出的是强制性行业标准代号，推荐性行业标准的代号是在强制性行业标准代号后加"/T"，例如农业行业的推荐性行业标准代号是 NY/T。

3. 地方标准的代号与编号

地方标准的代号：强制性地方标准的代号有"DB"加上省、自治区、直辖市行政区代码前两位组成。推荐标准为以上加/T。

地方标准的编号，由地方顺序号和年代号组成，如强制性地方标准代号和编号如下：

$$DB \quad — \quad \times\times\times\times \quad — \quad \times\times\times\times$$

　　　强制性国家标准　　　　顺序号　　　　　　　年代号

4. 企业标准的代号与编号

企业标准的代号："Q"，某企业的企业标准代号是由企业标准代号"Q"加斜线再加企业代号组成。企业标准对企业而言均是强制性标准。

企业标准的编号：由企业的企业标准代号、顺序号、年代号三部分构成，如下例：

Q/×××　　——　　××××　　——　　××××
强制性地方标准　　　　顺序号　　　　年代号

练习题

1. 产品标准分为三级，即(　　　　　)、行业标准、企业标准。

2. 用来鉴定全部质量指标是否符合现行国家标准的要求所需的石油产品试样，必须按照该石油产品的(　　)标准要求所规定的数量采取。

3. 画出 GB/T 16276—1996 代表什么示意图？

4. 通常把测定试样的化学成分或组成，叫作(　　　　　)，把测定试样的理化性质，叫作(　　)。

5. 在国家、行业标准的代号与编号 GB/T 18883—2002 中 GB/T 是指(　　)。

A. 强制性国家标准　　　　　　　　B. 推荐性国家标准

C. 推荐性化工部标准　　　　　　　D. 强制性化工部标准

6. 标准是对(　　　)事物和概念所做的统一规定。

A. 单一　　　　　B. 复杂性　　　　　C. 综合性　　　　　D. 重复性

7. 我国的标准分为(　　)级。

A. 4　　　　　　B. 5　　　　　　C. 3　　　　　　D. 2

8. GB/T 7686—2016《化工产品中砷含量测定的通用方法》是一种(　　　)。

A. 方法标准　　　B. 卫生标准　　　C. 安全标准　　　D. 产品标准

9. 怎样才能成为一名合格的检验员？

第2章 实验室安全与管理

2.1 实验室安全的重要性

实验室安全是避免危险因子造成实验室人员暴露、向实验室外扩散并导致危害的综合措施。

在化学和化工实验室里，安全是非常重要的，它常常潜藏着发生爆炸、着火、中毒、灼伤、割伤、触电等事故的危险性。虽然操作人员知道许多化学药品易燃易爆，一些化学药品对身体有害，但是每天都要接触这些东西，人们的安全意识也就逐渐淡漠了，因此就会发生危险事故。如因人员操作不慎、使用不当和粗心大意而酿发的人为责任事故；因仪器设备或各种管线年久老化损坏酿发的设备设施事故；因自然现象酿发的自然灾害事故。爆炸性事故的发生，多为人员违反操作规程引燃易燃物品，或仪器设备或各种管线年久老化损坏酿发的设备设施事故，易燃易爆物品泄漏，遇火花引发爆炸。每年发生在实验室中的安全事故都是触目惊心。比如，2008 年，云南大学实验室突发爆炸，博士不幸毁容断掌；2008 年，美国加州洛杉矶分校，学生采样不符合安全规定，导致学生被烧伤；2009 年，德女科学家实验室内疑似被感染埃博拉病；2009 年，清华大学实验室爆炸，门窗被炸飞；2009 年，北京理工大学实验室发生爆炸，5 人受伤；2010 年，巴西最大研究所——布坦坦研究所发生火灾，许多收藏近百年的动物标本被烧毁；2010 年，在东北农业大学实验室感染事件中，28 名师生被发现感染布鲁氏菌———一种乙类传染病(与甲型 H1N1 流感、艾滋病、炭疽病等 20 余种传染病并列)；2010 年，美国德克萨斯州理工大学化学与生物化学系实验室发生了爆炸，导致 1 名毕业生失去了 3 根手指，手和脸部被烧伤，一只眼睛被化学物质烧伤；2011 年，暨南大学的实验室 1 楼有机化学实验室着火，大火蔓延到 2 楼和 3 楼，造成经济损失；2012 年，南京大学发生实验室甲醛泄漏事故，事故中不少学生身体不适；2013 年，南京理工大学附近发生爆炸，造成人员伤亡；2015 年，清华一间实验室发生爆炸，一名博士后身亡；2016 年实验室安全问题同样不容乐观：1 月，北京化工大学一间实验室突然起火；3 月，中科院上海有机化学研究所实验室发生火灾；9 月，上海东华大学化学院一实验室发生爆炸，两名学生在事故中身负重伤。

实验室中各种潜在的不安全因素变异性大，危害种类繁多。一旦发生实验室安全事故，将造成人员伤亡、仪器设备损毁、教学科研停滞，使师生员工的家庭以及社会、国家蒙受重大的损失，甚至还可能连带发生其他刑事或民事的官司或赔偿。

随着社会的进步，人们逐步认识到生命是无价的，是人的不同需求中最为基本而又最为重要的一个需求。实验室安全工作的目的就是要建立一个安全的教学和研究的实验环境，减少实验过程中发生灾害的风险，确保师生员工的健康及安全，从而满足人性安全感的基本需要。

2.1.1　危险化学品的分类

依据《化学品分类与危险性公示》(GB 13690—2009)[4]，我国将化学品分为 16 项，分别是：第一类，爆炸物；第二类，易燃气体；第三类，易燃气溶胶；第四类，氧化性气体；第五类，压力下气体；第六类，易燃液体；第七类，易燃固体；第八类，自反应物质或混合物；第九类，自燃液体；第十类，自燃固体；第十一类，自燃物质和混合物；第十二类，遇水放出易燃气体的物质或混合物；第十三类，氧化性液体；第十四类，氧化性固体；第十五类，有机过氧化物；第十六类，金属腐蚀剂。

2.1.1.1　爆炸物

本类化学品指在外界作用下(如受热、受磨擦、撞击等)，能发生剧烈的化学反应，瞬时产生大量的气体和热量，使周围压力急剧上升，发生爆炸，对周围环境造成破坏的物品，也包括无整体爆炸危险，但具有燃烧、抛射及较小爆炸危险的物品。

爆炸品分为：①爆炸性物质和混合物；②爆炸性物品，但不包括下述装置：其中所含爆炸性物质或混合物由于其数量或特征，在意外或偶然点燃或引爆后，不会由于迸射、发火、冒烟、发热或巨响而在装置之外产生任何效应；③在①和②中未提及的为产生实际爆炸或烟火效应而制造的物质、混合物和物品。

2.1.1.2　易燃气体

易燃气体指与空气混合的爆炸下限小于 10%(体积比)，或爆炸上限和下限之差值大于 20%的气体。

高压易燃气体主要分为以下 2 大类：第 1 类：在 20℃和标准大气压 101.3kPa 时的气体：①在与空气的混合物中按体积占 13%或更少时可点燃的气体；②不论易燃下限如何，与空气混合可燃范围至少为 12 个百分点的气体。

第 2 类：在 20℃和标准大气压 101.3kPa 时，除类别 1 中的气体之外，与空气混合时有易燃范围的气体。

2.1.1.3　易燃气溶胶

气溶胶是指气溶胶喷雾罐，是任何不可重新罐装的容器，该容器由金属、玻璃或塑料制成，内装强制压缩、液化或溶解的气体，包含或不包含液体、膏剂或粉末，配有释放装置，可使所装物质喷射出来，形成在气体中悬浮的固态或液态微粒或形成泡沫、膏剂或粉末或处于液态或气态。

易燃气溶胶的分类需要根据其易燃成分燃烧化学热数据，如适用时，需要泡沫试验(对泡沫气溶胶)，和点燃距离试验和封闭空间试验(对喷雾气溶胶)的结果来分类。

针对气溶胶，分类标准如下：含有易燃成分不大于 1%，并且其燃烧热小于 20kJ/g，则不分类；含有易燃成分不小于 85%，并且其燃烧热不小 30kJ/g，则为类别 1(极易燃烧的气溶胶，危险)。

针对喷雾气溶胶，分类标准如下：

在点燃距离试验中，点燃发生在距离不小于 75cm，则为类别 1(极易燃烧的气溶胶，危险)；燃烧热不小于 20kJ/g，则为类别 2(易燃气溶胶，警告)；燃烧热小于 20kJ/g，点燃发生在距离不小于 15cm，则为类别 2(易燃气溶胶，警告)；在封闭空间点燃试验中，时间不大于 300s/m³，或爆燃浓度不大于 300g/m³，则为类别 2(易燃气溶胶，警告)。

针对泡沫气溶胶，分类标准如下：

在泡沫试验中，火焰高度不小于 20cm 和续燃时间不小于 2s，或火焰高度不小于 4cm 和续燃时间不小于 7s，则为类别 1(极易燃烧的气溶胶，危险)；在泡沫试验中是火焰高度不小于 4cm 和续燃时间不小于 2s，则为类别 2(易燃气溶胶，警告)。

2.1.1.4　氧化性气体

氧化性气体是指，一般通过提供氧，可引起或比空气更能促进其他物质燃烧的任何气体。

2.1.1.5　压力下气体

压力下气体是指高压气体在压力等于或大于 200kPa(表压)下装入储器的气体，或是液化气体或冷冻液化气体。

压力下气体包括压缩气体、液化气体、溶解液体、和冷冻液化气体。

2.1.1.6　易燃液体

易燃液体指闪点不高于 93℃的液体。

2.1.1.7　易燃固体

易燃固体是容易燃烧或通过摩擦可能引燃或助燃的固体。

易于燃烧的固体为粉状、颗粒状或糊状物质，它们在与燃烧着的火柴等火源短暂接触即可点燃和引起火焰迅速蔓延，导致非常危险的情况发生。

2.1.1.8　自反应物质或混合物

自反应物质或混合物是即使在没有氧(空气)也容易发生激烈放热分解的热不稳定液态或固态物质或者混合物。本定义不包括根据统一分类制度分类为爆炸物、有机过氧化物或氧化物质和混合物。

自反应物质或混合物如果在实验室试验中其组分容易起爆，迅速爆燃或在封闭条件下加热时显示剧烈效应，应视为具有爆炸性质。

2.1.1.9　自燃液体

自燃液体是即使数量小也能在与空气接触后 5min 之内引燃液体。

自燃液体主要分为：液体加至惰性载体上并暴露于空气中 3min 内燃烧，或与空气接触 5min 内它燃着或炭化滤纸。

自燃液体判定流程如下：①该物质或混合物是一种液体，当它倒入装有硅藻土或硅胶的瓷杯中 5min 内会着火，则为自燃液体；②该物质或混合物是一种液体，当它倒入装有硅藻土或硅胶的瓷杯中 5min 内它会炭化滤纸，则为自燃液体；③该物质或混合物是一种液体，当它倒入装有硅藻土或硅胶的瓷杯中 5min 内它不会炭化滤纸，则为非自燃液体。

2.1.1.10　自燃固体

自燃固体是即使数量小也能在与空气接触后 5min 之内引燃液体。判断流程即根据其定义进行试验判定。

2.1.1.11　自燃物质和混合物

自燃物质和混合物是发火液体或固体以外，与空气反应不需要能源供应就能够自己发热的固体或液体物质或混合物；这类物质或混合物与发火液体或固体不同，因为这类物质只有数量很大(公斤级)并经过长时间(几小时或几天)才会燃烧。

物质或混合物的自热导致自发燃烧是由于物质或混合物与氧气(空气中的氧气)发生反

应并且所产生的热没有足够迅速地传导到外界面引起的。当热产生的速度超过热损耗的速度而达到自热温度时，自燃便会发生。

2.1.1.12　遇水放出易燃气体的物质或混合物

遇水放出易燃气体的物质或混合物是通过与水作用，容易具有自燃性或放出危险数量的易燃气体的固态或液态物质或混合物。

遇水放出易燃气体的物质或混合物可分为以下三类：类别 1：在环境温度下与水剧烈反应所产生的气体通常显示自燃倾向，或在环境温度下容易与水反应，放出易燃气体的速率大于或等于每千克物质在任何 1min 内释放 10L 的任何物质或混合物；类别 2：在环境温度下易与水反应，放出易燃气体的最大速率大于或等于每小时 20L/kg，并且不符合类别 1 准则的任何物质或混合物；类别 3：在环境温度下与水缓慢反应，放出易燃气体的最大速率大于或等于每小时 1L/kg，并且不符合类别 1 和类别 2 的任何物质或混合物。

2.1.1.13　氧化性液体

氧化性液体是本身未必燃烧，但通常因放出氧气可能引起或促使其他物质燃烧的液体。

氧化性液体的分类：

类别 1：受试物质（或混合物）与纤维素之比按质量 1:1 的混合物进行试验时可自燃；或受试物质与纤维素之比按质量 1:1 的混合物的平均压力上升时间小于 50% 高氯酸与纤维素之比按质量 1:1 的混合物的平均压力上升时间的任何物质或混合物。

类别 2：受试物质（或混合物）与纤维素之比按质量 1:1 的混合物进行试验时，显示的平均压力上升时间小于或等于 40% 氯酸钠水溶液与纤维素之比按质量 1:1 的混合物的平均压力上升时间；并且不属于类别 1 的标准的任何物质或混合物。

类别 3：受试物质（或混合物）与纤维素之比按质量 1:1 的混合物进行试验时，显示的平均压力上升时间小于或等于 65% 硝酸水溶液与纤维素之比按质量 1:1 的混合物的平均压力上升时间；并且不属于类别 1 和类别 2 标准的任何物质或混合物。

2.1.1.14　氧化性固体

氧化性固体是本身未必燃烧，但通常因放出氧气可能引起或促使其他物质燃烧的液体。

氧化性固体的分类：

类别 1：受试样品（或混合物）与纤维素 4:1（质量比）的混合物进行试验时，显示的平均燃烧时间小于溴酸钾与纤维素之比按质量 3:2（质量比）的混合物的平均燃烧时间的任何物质或混合物。

类别 2：受试样品（或混合物）与纤维素 4:1 或 1:1（质量比）的混合物进行试验时，显示的平均燃烧时间小于溴酸钾与纤维素之比按质量 2:3（质量比）的混合物的平均燃烧时间的任何物质或混合物，并且未满足类别 1 的标准的任何物质或混合物。

类别 3：受试样品（或混合物）与纤维素 4:1 或 1:1（质量比）的混合物进行试验时，显示的平均燃烧时间小于溴酸钾与纤维素之比按质量 3:7（质量比）的混合物的平均燃烧时间的任何物质或混合物，并且未满足类别 1 和类别 2 的标准的任何物质或混合物。

2.1.1.15　有机过氧化物

有机过氧化物是含有—O—O—结构的液态或固态有机物质，可以看作是一个或两个氢原子被有机基替代的过氧化氢衍生物。该术语也包括有机过氧化物配方（混合物）。有机过氧化物是热不稳定物质或混合物，容易放热自加速分解。另外，它们可能具有下列一种或几种性质：

1）易于爆炸分解；

2）迅速燃烧；

3）对撞击或摩擦敏感；

4）与其他物质发生危险反应。

如果有机过氧化物在实验室试验中，在封闭条件下加热时组分容易爆炸，迅速爆燃或表现出剧烈效应，则可认为它具有爆炸性质。

2.1.1.16　金属腐蚀剂

腐蚀金属的物质或混合物是通过化学作用显著损坏或毁坏金属的物质或混合物。在试验温度55℃下，钢或铝表面的腐蚀速率超过每年6.25mm。如果对钢或铝进行的第一次试验表明，接受试验的物质或混合物具有腐蚀性，则无须再对另一金属进行试验。

2.1.2　常用危险化学品的标识

2.1.2.1　常用危险化学品标志规定

常用危险化学品标志由《GB 13690—2009 化学品分类和危险性公示通则》规定。该标准主要内容与适用范围是对常用危险化学品按其主要危险特性进行了分类，并规定了危险品的包装标志。在该标准的附录部分列出了997种常用危险化学品分类明细表。并给出每种危险化学品的品名、别名、英文名、分子式、主要危险性类别、次要危险性类别、危险特性及危险标志。标准适用于常用危险化学品的分类及包装标志，也适用于其他化学品的分类和包装标志。

标准中根据常用危险化学品的危险特性和类别，设主标志16种，副标志11种。标志的图形中，主标志由表示危险特性的图案、文字说明、底色和危险品类别号四个部分组成的菱形标志。副标志图形中没有危险品类别号。在标志使用过程中，当一种危险化学品具有一种以上的危险性时，应用主标志表示主要危险性类别，并用副标志来表示重要的其他的危险性类别，标志的尺寸、颜色及印刷、使用方法仍按 GB 190 的有关规定执行。

2.1.2.2　常用危险化学品标志

表 2-1 给出了 16 种主标志和 11 种副标志的图案。

表 2-1　常用危险化学品标志

主标志	
底色：橙红色 图形：正在爆炸的炸弹(黑色) 文字：黑色	底色：正红色 图形：火焰(黑色或白色) 文字：黑色或白色
 <center>标志 1　爆炸品标志</center>	 <center>标志 2　易燃气体标志</center>

续表

主标志	
底色：绿色 图形：气瓶(黑色或白色) 文字：黑色或白色	底色：绿色 图形：骷髅头和交叉骨形(黑色) 文字：黑色
 标志 3　不燃气体标志	 标志 4　有毒气体标志
底色：红色 图形：火焰(黑色或白色) 文字：黑色或白色	底色：红白相间的垂直宽条(红 7、白 6) 图形：火焰(黑色) 文字：黑色
 标志 5　易燃液体标志	 标志 6　易燃固体标志
底色：上半部白色 图形：火焰(黑色或白色) 文字：黑色或白色	底色：蓝色，下半部红色 图形：火焰(黑色) 文字：黑色
 标志 7　自燃物品标志	 标志 8　遇湿易燃物品标志

续表

主标志	
底色：柠檬黄色 图形：从圆圈中冒出的火焰(黑色) 文字：黑色	底色：柠檬黄色 图形：从圆圈中冒出的火焰(黑色) 文字：黑色
 标志9　氧化剂标志	 标志10　有机过氧化物标志
底色：白色 图形：骷髅头和交叉骨形(黑色) 文字：黑色	底色：白色 图形：骷髅头和交叉骨形(黑色) 文字：黑色
 标志11　有毒品标志	 标志12　剧毒品标志
底色：白色 图形：上半部三叶形(黑色)，下半部白色，下半部两条 垂直的红色宽条　文字：黑色	底色：上半部黄色 图形：上半部三叶形(黑色)，下半部一条垂直的红色宽 条　文字：黑色
 标志13　一级放射性物品标志	 标志14　二级放射性物品标志

续表

主标志	
底色：上半部黄色，下半部白色 图形：上半部三叶形(黑色) 下半部三条垂直的红色宽条　文字：黑色	底色：上半部白色 图形：上半部两个试管中液体分别向 金属板和手上滴落(黑色) 文字：(下半部)白色
 标志 15　三级放射性物品标志	 标志 16　腐蚀品标志
副标志	
底色：橙红色 图形：正在爆炸的炸弹(黑色) 文字：黑色	底色：红色 图形：火焰(黑色) 文字：黑色或白色
 标志 17　爆炸品标志	 标志 18　易燃气体标志
底色：绿色 图形：气瓶(黑色或白色) 文字：黑色	底色：白色 图形：骷髅头和交叉骨形(黑色) 文字：黑色
 标志 19　不燃气体标志	 标志 20　有毒气体标志

续表

<table>
<tr><td colspan="2" align="center">副标志</td></tr>
<tr>
<td>底色：红色
图形：火焰(黑色)
文字：黑色</td>
<td>底色：红白相间的垂直宽条(红7、白6)
图形：火焰(黑色)
文字：黑色</td>
</tr>
<tr>
<td align="center">
标志 21　易燃液体标志</td>
<td align="center">
标志 22　易燃固体标志</td>
</tr>
<tr>
<td>底色：上半部白色，下半部红色
图形：火焰(黑色)
文字：黑色或白色</td>
<td>底色：蓝色
图形：火焰(黑色)
文字：黑色</td>
</tr>
<tr>
<td align="center">
标志 23　自燃物品标志</td>
<td align="center">
标志 24　遇湿易燃物品标志</td>
</tr>
<tr>
<td>底色：柠檬黄色
图形：从圆圈中冒出的火焰(黑色)
文字：黑色</td>
<td>底色：白色
图形：骷髅头和交叉骨形(黑色)
文字：黑色</td>
</tr>
<tr>
<td align="center">
标志 25　氧化剂标志</td>
<td align="center">
标志 26　有毒品标志</td>
</tr>
</table>

续表

副标志	
底色：上半部白色，下半部黑色 图形：上半部两个试管中液体分别向金属板和手上滴落（黑色） 文字：（下半部）白色	
 标志 27　腐蚀品标志	

2.1.3　危险化学品的安全管理

2.1.3.1　危险化学品的仓储管理

危险化学品的仓储管理是保障危险化学品安全的重要环节。2015 年 8 月的天津滨海新区的爆炸事故就是典型的危险化学品仓储违规而引发的重大责任事故。

1. 定义

1）隔离储存：在同一房间或同一区域内，不同的物料之间分开一定的距离，非禁忌物料间用通道保持空间的储存方式。

2）隔开储存：在同一建筑或同一区域内，用隔板或墙，将其与禁忌物料分离开的储存方式。

3）分离储存：在不同的建筑物或远离所有建筑的外部区域内的储存方式。

4）禁忌物料：化学性质相抵触或灭火方法不同的化学物料。

2. 化学危险品储存的基本要求

1）储存化学危险品必须遵照国家法律、法规和其他有关的规定。

2）化学危险品必须储存在经公安部门批准设置的专门的化学危险品仓库中。储存化学危险品及储存数量必须经公安部门批准，未经批准不得随意设置化学危险品储存仓库。

3）化学危险品露天堆放，应符合防火、防爆的安全要求，爆炸物品、一级易燃物品、遇湿燃烧物品、剧毒物品不得露天堆放。

4）储存化学危险品的仓库必须配备有专业知识的技术人员，其库房及场所应设专人管理，管理人员必须配备可靠的个人安全防护用品。

5）化学危险品按 GB 13690 的规定分为八类，前已述及，包括爆炸品，压缩气体和液化气体，易燃液体，易燃固体、自燃物品和遇湿易燃物品，氧化剂和有机过氧化物，毒害品，放射性物品，腐蚀品。

6）标志。储存的化学危险品应有明显的标志，标志应符合 GB 190 的规定。同一区域储存两种或两种以上不同级别的危险品时，应按最高等级危险物品的性能标志。

7）储存方式。化学危险品储存方式分为三种：

① 隔离储存。

② 隔开储存。

③ 分离储存。

8）根据危险品性能分区、分类、分库储存。各类危险品不得与禁忌物料混合储存。

9）储存化学危险品的建筑物、区域内严禁吸烟和使用明火。

3. 储存场所的要求

1）储存化学危险品的建筑物不得有地下室或其他地下建筑，其耐火等级、层数、占地面积、安全疏散和防火间距，应符合国家有关规定。

2）储存地点及建筑结构的设置，除了应符合国家的有关规定外，还应考虑对周围环境和居民的影响。

3）储存场所的电气安装：

① 化学危险品储存建筑物、场所消防用电设备应能充分满足消防用电的需要，并符合GBJ 16 第十章第一节的有关规定。

② 化学危险品储存区域或建筑物内输配电线路、灯具、火灾事故照明和疏散指示标志，都应符合安全要求。

③ 储存易燃、易爆化学危险品的建筑，必须安装避雷设备。

4）贮存场所通风或温度调节：

① 储存化学危险品的建筑必须安装通风设备，并注意设备的防护措施。

② 储存化学危险品的建筑通排风系统应设有导除静电的接地装置。

③ 通风管应采用非燃烧材料制作。

④ 通风管道不宜穿过防火墙等防火分隔物，如必须穿过时应用非燃烧材料分隔。

⑤ 储存化学危险品建筑采暖的热媒温度不应过高，热水采暖不应超过80℃，不得使用蒸汽采暖和机械采暖。

⑥ 采暖管道和设备的保温材料，必须采用非燃烧材料。

4. 化学危险品储存安排

化学危险品储存安排取决于化学危险品分类、分项、容器类型、储存方式和消防的要求。

1）储存量及储存安排。储存量及储存安排见表 2-2 所示。

表 2-2　危险品储存量及储存安排

储存类别储存要求	露天储存	隔离储存	隔开储存	分离储存
平均每天储存量/（t/m²）	1.0~1.5	0.5	0.7	0.7
单一储存区最大储量/t	2000~2400	200~300	200~300	400~600
垛距宽度/m	2	0.3~0.5	0.3~0.5	0.3~0.5
通道宽度/m	4~6	1~2	1~2	5
墙距宽度/m	2	0.3~0.5	0.3~0.5	0.3~0.5
与禁忌品距离/m	10	不得同库储存	不得同库储存	7~10

2）遇火、遇热、遇潮能引起燃烧、爆炸或发生化学反应，产生有毒气体的化学危险品不得在露天或在潮湿、积水的建筑物中储存。

3）受日光照射能发生化学反应引起燃烧、爆炸、分解、化合或能产生有毒气体的化学危险品应储存在一级建筑物中。其包装应采取避光措施。

4）爆炸物品不准和其他类物品同储，必须单独隔离限量储存，仓库不准建在城镇，还应与周围建筑、交通干道、输电线路保持一定安全距离。

5）压缩气体和液化气体必须与爆炸物品、氧化剂、易燃物品、自燃物品、腐蚀性物品隔离储存。易燃气体不得与助燃气体、剧毒气体同储；氧气不得与油脂混合储存，盛装液化气体的容器属压力容器的，必须有压力表、安全阀、紧急切断装置，并定期检查，不得超装。

6）易燃液体、遇湿易燃物品、易燃固体不得与氧化剂混合储存，具有还原性氧化剂应单独存放。

7）有毒物品应储存在阴凉、通风、干燥的场所，不要露天存放，不要接近酸类物质。

8）腐蚀性物品，包装必须严密，不允许泄漏，严禁与液化气体和其他物品共存。

5. 危险化学品的分类仓储

（1）爆炸品仓储管理

1）爆炸品仓库应选择在人烟稀少的空旷地带，与周围的居民和住宅及工厂有一定的安全距离。

2）阴凉通风，远离火源、热源，防止阳光直照，温度在 $15 \sim 30℃$ 为宜，湿度在 $65\% \sim 75\%$ 之间。

3）严禁与氧化剂、自燃物品、酸、碱、盐类、易燃物品、金属粉末和钢铁器材混储。

4）加强仓库检查。

（2）压缩气体和液化气体

1）储存于阴凉、干燥、通风良好的不燃仓间。

2）仓内温度不宜超过 $30℃$。远离火种、热源，防止阳光直射。应与氧气、压缩空气、卤素（氟、氯、溴）、氧化剂等分开存放。

3）储存间内的照明、通风等设施应采用防爆型，开关设在仓外。罐储时要有防火防爆技术措施。

4）禁止使用易产生火花的机械设备和工具。槽车运送时要灌装适量，不可超压超量运输。搬运时轻装轻卸，防止钢瓶及附件破损。

（3）易燃液体

1）易燃性液体应放于阴凉通风库房，远离火种、热源、氧化剂及酸，低闪点的液体应有降温冷藏措施。仓库温度一般不超过 $30℃$。

2）库房有防爆设施，如导除静电装置、灭火器材等。

3）专库专存，不得与其他危险化学品存放，转移要轻拿轻放。

4）加强库房检查

（4）易燃固体、自燃物品和遇湿易燃物品

1）易燃固体：

① 储存于阴凉通风库房，远离火种、热源、氧化剂及酸类，不可与其他危险化学品混放。

② 在储存中，对不同品种的事故要区别对待。如发现红磷冒烟，应立即将其抢救出仓库，用黄沙、干粉扑灭。如发现硫黄冒烟应用水扑灭。镁铝等金属粉末燃烧要用干沙干粉灭火。

2）自燃物品和遇湿易燃物品：

① 储存于阴凉通风库房，远离火种、热源、防止阳光直照。

② 根据物品的属性专库存放。严禁与其他危险化学品混存混放，即使是少量也应隔离存放。

3）遇湿易燃物品：

① 此类物品严禁露天存放。库房必须干燥，严防漏水或雨雪浸入。

② 库房必须远离火种和热源。附近不得存放盐酸、硝酸等散发酸雾物品。

③ 不得与其他危险化学品混存。特别是酸类、氧化剂、含水物质、潮解性物质等。

④ 严禁酸碱、泡沫灭火剂；活泼金属不得用二氧化碳。

（5）氧化剂和有机过氧化物

1）氧化剂应储存于清洁、阴凉、通风干燥的库房中。远离火种、热源、防止日光曝晒，照明设备要防爆。

2）严禁与酸类、易燃物、有机物、还原剂、自燃物品、遇湿易燃物品等混合储存。仓库不得漏水，防止酸雾侵入。

3）不同品种的氧化剂，应选择适当的库房存放。

（6）有毒品及易制毒品

1）有毒品必需存放在仓库中，不得露天存放。还应远离明火、热源，库房通风良好。

2）严禁有毒品与食品或食品添加剂混储混运。

3）搬运毒品注意人身安全。作业人员戴好防护设施。操作中严禁饮食，作业后要洗澡更衣。

4）剧毒品应严格遵守五双制度，即双人验收，双人发货，双人保管，双人双锁，双人账目。

5）加强检查管理。

（7）易制毒品

1）统计各车间当天使用硫酸、盐酸的使用数量和总仓库硫酸、盐酸出入库的数量相符合，并认真做好工作日记。

2）认真做好各种硫酸出入库数量，做到台账、物料卡与库存实数相符合。

3）每周对仓库存量和公司财务登记的出入库数量进行核对，内部进行盘点，做到数量准确无误。

4）供应商送货的数量和购买证填写的数量要符合，并做好入库登记手续，认真进行核对。

5）供应商送完货物后，所开具的增值税发票，必须与购买证采购订单数量相符合，认真进行核对，如果有问题及时上报上级部门进行处理。

6）要求每次安排供应商送货前，必须认真核实库存和配送货物的数量，严禁超量存储，实设计库容量。

7）各类危险化学品材料必须按其危险特性、类别进行隔离存储，所有存储我仓库的危险化学品原料，必须由供应商提供资料齐全的安全技术说明书，否则严禁入库。

8）仓库采购的易制毒品原材料，必须按规定分开存储，台账与实物必须相符，严禁混放，记录要清楚。

9）易制毒品仓库各类原材料的出、入库记录，必须按规定对供应商来货的品名、批次、来货日期，进行区分。

（8）放射性物品

1）严格遵守本单位《放射性物品库安全防范管理规定》和《放射性物品技术防范系统管理规定》等制度。

2）负责放射性物品出入库和保管工作。

3）严格执行双人双锁制度，不得将分管钥匙交与他人。

4）两名保管员要相互监督，要同时进出库房，不得单独一人进入库房作业。

5）严格履行放射性物品出入库登记手续。对放射性物品出入库应进行核查登记，认真核对并记录时间、品名、活度、国家编码等内容，并让有关人员在出入库流向记录上签字，记录应具有可追溯性。

6）严格履行放射性物品库出入人员登记手续。认真对入库的检查人员、管理人员进行登记，严禁无关人员进入库房。

7）清楚库内放射性物品的账目、账物情况。生产、经营单位保管员应每天核对放射性物品出入库情况，日清日结；其他单位保管员每月不少于一次核对库存放射性物品数量和出入库情况，并做相应记录，记录应具有可追溯性。

8）严格执行放射性物品按需出库原则。

9）发现库内放射性物品账物不符或防盗门、窗或技防设施等异常时，及时向单位领导汇报。

10）保持放射性物品库内环境卫生和放射性物品的码放整齐。

（9）腐蚀品

1）易燃、易挥发的如甲酸、溴乙酰等应放于阴凉通风处。

2）受冻易结冰的如冰醋酸、甲醛（低温易变质）等放于冬暖夏凉处。

3）有机腐蚀品应储存于远离火种、热源及氧化剂、易燃物品、遇湿易燃物品。

4）遇水分解的腐蚀品如三氯化铝、三氯化铁等应放置于干燥库房中。

5）漂白粉等应避光保存。

6）碱类与酸类分开保存。

7）氧化性酸远离易燃品。

8）加强检查管理。

2.1.3.2 实验室废料废液的管理

为规范和加强实验室化学废弃物的管理工作，使有害、有毒等化学废弃物的处理工作落到实处，保障操作人员的身体健康，结合实际情况要对废料废液进行有效管理。

实验室废液废弃物收集处理包括：废液收集、废料收集、废瓶收集、医疗废物收集、废物回收登记制度。

1. 废液收集

1）实验产生的废液必须倒入专用的收集桶内，严禁倒入下水道。

2）存放废液的专用桶必须远离电源、气源、火源，采取严格的安全措施。

3）专用桶内倒入废液后必须将桶盖盖紧，以防挥发、溢出等引发安全隐患。

4）凡存放废液的桶上必须用标签纸标明所存废液的主要成分名称。

5）严禁将化学试剂瓶（包括空瓶或装有废液的瓶）扔进桶内（包括空桶或已装有废液的桶），以免给后续的收集处理造成困难和麻烦。

6）桶内废液存放至 4/5 时，应置换新桶。

7）废液收集的基本原则：有机废液和无机废液分开收集，无机酸类与碱类分开收集，各试剂之间避免发生反应。

2. 废料收集

1）实验产生的固体废料，由各实验室收集以整瓶装袋（箱），置于废液室统一处理。

2）实验产生的废料严禁随意到室外乱倒乱扔，影响环境。

3. 废瓶收集

1）实验产生的化学试剂空瓶，由各实验室负责集中收集装箱，置于废液室统一处理。

2）留有未用完化学试剂的瓶，如需废弃的，应将残留试剂倒入废液桶后作为空瓶收集处理。

3）严禁将废瓶未经处理扔入垃圾收集桶或随意到室外乱倒乱扔，以免影响环境。

4. 医疗废物收集

1）实验产生的医疗废物，由各实验室密封包装，所有的医疗废物均使用外表面明显的警示标识和警示说明的专用黄色包装或容器，袋装 3/4 时严密封闭袋口。

2）实验所产生动物尸体密封装好放到专用冰箱。

3）非动物尸体类医疗废物密封标记完毕放置在指定的专用医疗废物中转箱。

4）任何人员不得随意丢弃医疗废物，不得转让、出卖医疗废物，发现收集的医疗废物流失时应立即向管理监控部门报告。

5. 废物回收登记制度

1）各实验室产生的废物移交至平台统一处理时，必须登记，并注明需要处理废物的种类、数量、来源、时间。

2）各实验室领用临时周转废液筒时必须登记。

3）登记必须认真、详细，登记资料至少保存 3 年以上以备查。

4）环保公司处理记录由平台保存，并提供给全院查询。

2.2　实验室安全管理

2.2.1　实验室一般安全守则

1）实验室人员进入实验室应穿戴实验服、实验鞋、实验帽。

2）实验室人员应严格遵守劳动纪律、坚守岗位、精心操作。

3）实验室人员必须认真学习安全防护和事故处理的有关知识。

4）实验室人员必须熟悉仪器、设备性能和使用方法，按规程要求进行操作。

5）进入实验室开始工作前应了解气体总阀门、水阀门及电闸所在处。离开实验室时，一定要将室内检查一遍，应将水、电、气的开关关好，门窗锁好。

6）开启高压气瓶时，操作者须站在气瓶出气口的侧面，气瓶应直立，然后缓缓旋开瓶阀。气体必须经减压阀减压，不得直接放气。开关高压气瓶瓶阀时，要用手或专门扳手，不得随便使用凿子、钳子等工具硬扳，以防损坏瓶阀。使用装有易燃、易爆、有毒气体的气瓶工作地点，应保证良好的通风换气，专人负责使用和维护。气瓶内气体不得全部用尽，要剩余残压。余压一般应为 $2kg/cm^2$ 左右，至少不得低于 $0.5kg/cm^2$。

7) 使用电器设备(如烘箱、恒温水浴、离心机、电炉等)时，严防触电；绝不可用湿手或在眼睛旁视时开关电闸和电器开关。应该用试电笔检查电器设备是否漏电，凡是漏电的仪器，一律不能使用。

8) 使用浓酸、浓碱，必须极为小心地操作，防止溅出。用移液管量取这些试剂时，必须使用橡皮球。开启盛有刺激性物品的瓶子时应戴防护眼镜，瓶口要向外、向无人处开启。开启腐蚀性物品若不慎溅在实验台上或地面，必须及时用湿抹布擦洗干净。如果触及皮肤应立即治疗。

9) 不准使用无标签(或标志)容器盛放的试剂、试样。

10) 使用可燃物，特别是易燃物(如乙醚、丙酮、乙醇、苯、金属钠等)时，应特别小心。不要大量放在桌上，更不要放在靠近火焰处。只有在远离火源时，或将火焰熄灭后，才可大量倾倒易燃液体。低沸点的有机溶剂不准在火上直接加热，只能在水浴上利用回流冷凝管加热或蒸馏。

11) 进行危险性实验时，操作人员应先检查防护措施，确认防护妥当后，才可进行实验。实验中不得擅自离开，实验完成后立即做好清理和善后工作，不留隐患。

12) 如果不慎倾出了相当量的易燃液体，则应按下法处理：

① 立即关闭室内所有的火源和电加热器。

② 关门，开启窗户。

③ 用毛巾或抹布擦拭洒出的液体，并将液体拧到大的容器中，然后再倒入带塞的玻璃瓶中。

13) 用油浴操作时，应小心加热，不断用温度计测量，不要使温度超过油的燃烧温度。

14) 易燃和易爆炸物质的残渣(如金属钠、白磷、火柴头)不得倒入污物桶或水槽中，应收集在指定的容器内。

15) 实验中产生的废液、废物应集中处理，不得任意排放。强酸、强碱或有毒品溅落时，应及时清理和除毒。

16) 毒物应按实验室的规定办理审批手续后领取，使用时严格操作，用后妥善处理。

17) 实验室应配备消防器材。实验人员要熟悉其使用方法并掌握有关的灭火知识。

18) 实验室内所有器材、耗材、药品等均不可随意带出实验室。

2.2.2　实验室用电安全

实验室是用电比较集中的地方，人员多、设备多、线路多，实验室的安全用电是一个非常重要的问题。为保证实验室的工作人员和国家财产的安全，保证工作、教学、科研的正常开展，本着做好技术安全工作必须遵循的"安全第一，预防为主"的原则，必须对实验室的安全用电问题进行安全有效的管理。

1. 防止触电

触电事故主要是指电击。通过人体的电流愈大，伤害愈严重。造成触电事故的主要原因是漏电，电源裸露部分或电线绝缘性能下降，接头、插座、插头损坏，电器接线错误和接地措施损失等都会造成漏电。另外，如果电器设备上累积的静电电压达到 $3\sim4kV$ 时，静电放电时产生的瞬间产生的冲击性电流通过人体也会给人造成不同程度的伤害。所以要遵循以下原则防止触电。

1）不用潮湿的手接触电器。

2）电源裸露部分应有绝缘装置（例如电线接头处应裹上绝缘胶布）。

3）所有电器的金属外壳都应保护接地。

4）实验时，应先连接好电路后才接通电源。实验结束时，先切断电源再拆线路。

5）修理或安装电器时，应先切断电源。

6）不能用试电笔去试高压电。使用高压电源应有专门的防护措施。

7）如有人触电，应迅速切断电源，然后进行抢救。

2. 防止引起火灾和短路

电着火和仪器损坏也是常见的用电事故。电击穿和静电堆积都能造成电着火和仪器损坏。由于用电过载，绝缘材料下降或失效、接线错误、水等导电液体溅入电源或电器设备和机械损伤等都会引起短路，导致电流瞬间加大，产生大量热，会使电器设备绝缘损坏或设备烧坏，甚至引起电着火。电路中电连接件由于生锈、松动等造成接触不良，致使电荷堆积，达到一定的电压后，可能发生点击穿，损坏仪器。若实验室空气中含有可燃性物质，则发生点击穿时产生的电火花就可能引发燃烧爆炸。

因此，实验室用电安全涉及电源、线路和电器设备等各部分的设计、安装、使用、维护等各个环节。作为化学实验室工作者，应严格遵循实验室用电注意事项，保证实验室用电安全。注意事项如下：

1）使用的保险丝要与实验室允许的用电量相符。

2）电线的安全通电量应大于用电功率。

3）室内若有氢气、煤气等易燃易爆气体，应避免产生电火花。继电器工作和开关电闸时，易产生电火花，要特别小心。电器接触点（如电插头）接触不良时，应及时修理或更换。

4）如遇电线起火，立即切断电源，用沙或二氧化碳、四氯化碳灭火器灭火，禁止用水或泡沫灭火器等导电液体灭火。

5）线路中各接点应牢固，电路元件两端接头不要互相接触，以防短路。

6）电线、电器不要被水淋湿或浸在导电液体中，例如实验室加热用的灯泡接口不要浸在水中。

3. 电器仪表的安全使用

1）在使用前，先了解电器仪表要求使用的电源是交流电还是直流电，是三相电还是单相电以及电压的大小（380V、220V、110V 或 6V）。须弄清电器功率是否符合要求及直流电器仪表的正、负极。

2）仪表量程应大于待测量。若待测量大小不明时，应从最大量程开始测量。

3）实验之前要检查线路连接是否正确。

4）在电器仪表使用过程中，如发现有不正常声响，局部温升或嗅到绝缘漆过热产生的焦味，应立即切断电源，并进行检查。

2.2.3　实验室防火安全

1. 实验室灭火规则

1）实验中一旦发生了火灾切不可惊慌失措，应保持镇静。首先立即切断室内一切火源和电源。然后根据具体情况正确地进行抢救和灭火。

在可燃液体燃着时，应立即拿开着火区域内的一切可燃物质，关闭通风器，防止扩大燃烧。若着火面积较小，可用抹布、湿布、铁片或沙土覆盖，隔绝空气使之熄灭。但覆盖时要轻，避免碰坏或打翻盛有易燃溶剂的玻璃器皿，导致更多的溶剂流出而再着火。

2）酒精及其他可溶于水的液体着火时，可用水灭火。

3）汽油、乙醚、甲苯等有机溶剂着火时，应用石棉布或砂土扑灭。绝对不能用水，否则反而会扩大燃烧面积。

4）金属钠着火时，可把砂子倒在它的上面。

5）衣服烧着时切忌奔走，可用衣服、大衣等包裹身体或躺在地上滚动，以灭火。

6）发生火灾时应注意保护现场。较大的着火事故应立即报警。

7）导线着火时不能用水及二氧化碳灭火器，应切断电源或用四氯化碳灭火器灭火。

2. 灭火原理

物质燃烧必须同时备三个条件：可燃物、助燃物、引火源，当其中一个条件被去掉时，就不能发生燃烧。由此归纳出四种基本的灭火原理：冷却灭火法；隔离灭火法；窒息灭火法；抑制灭火法。

（1）冷却灭火

冷却灭火主要是喷水或使用其他有冷却作用的灭火剂。由于可燃物质着火必须具备一定的温度和足够的热量，灭火时，将具有冷却降温和吸热作用的灭火剂直接喷射到燃烧物体上，以降低燃烧物质的温度。当其温度降到燃烧所需最低温度以下时，火就熄灭了也可将水喷洒在火源附近的可燃物质上，使其温度降低，防止将火源附近的可燃物质烤着起火。

冷却灭火方法是灭火的常用方法，主要用水来冷却降温。一般物质如木材、纸张、棉花、布匹、家具、麦草等起火，都可以用水来冷却灭火。

（2）窒息灭火

窒息灭火就是阻止空气进入燃烧区不让火接触到空气，让氧气与燃烧物隔绝使火熄灭。根据着火时需要大量空气这个条件，灭火时采用捂盖的方式，使空气不能进入燃烧区或进入很少。常用方法：

向燃烧区充入大量的氮气、二氧化碳等不助燃的惰性气体，减少空气量。

封堵建筑物的门窗，燃烧区的氧一旦被耗尽，又不能补充新鲜空气，火就会自行熄灭。

用石棉毯、湿棉被、湿麻袋、砂土、泡沫等不燃烧或难燃烧的物品覆盖在燃烧物体上，以隔绝空气使火熄灭。

（3）隔离灭火

隔离灭火就是将燃烧物与附近有可能被引燃的可燃物分隔开，燃烧就会因缺少可燃物而熄灭。这也是一种常用的灭火方法。

灭火时迅速将着火部位周围的可燃物移到安全地方。

将着火物移到没有可燃物质的地方。

关闭可燃气体、液体管道的阀门，减少和中止可燃物质进入燃烧区域。

拆除与火源相毗连的易燃建筑，形成阻止火势蔓延的空间地带。

（4）抑制灭火

抑制灭火是将化学灭火药剂喷入到燃烧区，使之参与燃烧的化学反应，而使燃烧反应停止。一般用于扑救计算机等精密仪器设备、家用电器、档案资料和各种可燃气体火灾。但灭火后要采取降温措施，防止发生复燃。

以上四种灭火方法，既可单独采用，也可综合使用。表 2-3 为某些物质燃烧时选择的灭火剂，这也是和物质性质及适于使用的灭火方法相关联的。

表 2-3   某些物质燃烧时选择的灭火剂

燃烧物质	应选用灭火剂	燃烧物质	应选用灭火剂
苯胺	泡沫、二氧化碳、水	松节油	喷射水、泡沫
乙炔	水蒸汽、二氧化碳	火漆	水
丙酮	泡沫、二氧化碳、四氯化碳	磷	砂、二氧化碳、泡沫、水
硝基化合物	泡沫	赛璐珞	水
氯乙烷	泡沫、二氧化碳	纤维素	水
钾、钠、钙、镁	砂	橡胶	水
松香	水、泡沫	煤油	泡沫、二氧化碳、四氯化碳
苯	泡沫、二氧化碳、四氯化碳	漆	泡沫
重油	喷射水、泡沫	蜡	泡沫
润滑油	同上	石蜡	喷射水、二氧化碳
植物油	同上	二硫化碳	泡沫、二氧化碳
石油	同上	醇类(高沸点 175℃以上)	水
醚类(高沸点 175℃以上)	水	醇类(高沸点 175℃以下)	泡沫、二氧化碳
醚类(高沸点 175℃以下)	泡沫、二氧化碳		

2.2.4   实验室的防毒安全[5]

实验室使用的化学药品几乎都有一定的毒性。而真正实验室安全防护的重点首先是防毒，需要强调的是慢性毒害，因为急性的毒害是很容易引起警觉并加以避免的，比如误食氰化钾，吸入氯气等。为避免有毒气体进入呼吸道，可以选择防毒面具做好呼吸防护。

中毒的症状很难察觉，多数为失眠、易怒、记忆力减退、情绪失常等，通常会未老先衰，早逝。在进行实验之前，一定要首先查阅有关文献，了解所用试剂的毒性，采取相应的防毒措施。

1. 有毒化学品对人体的毒害途径

通常有毒化学品对人体的毒害途径包括：

（1）吸入

吸入是最常见的吸毒方式。有毒物质可以以气体、蒸气、粉尘、烟雾的形式被吸入。在使用挥发性试剂时，要在通风橱内进行。蒸馏或回流时冷凝管要有效。用嗅法鉴别化学物质时必须十分小心。化学实验产生有毒有害气体可以选择 3M 防毒面具或者防毒口罩预防中毒。

（2）体表吸收

有毒物质可以以气体、液体的形式被皮肤吸收。接触有毒物质时要戴上防化手套，如果防化手套有破洞，要及时更换。为防止化学品溶剂飞溅，可以穿戴防化服。如果有毒物质接触皮肤，应立即用大量水冲洗，然后用肥皂水清洗。

（3）消化道侵入

误食毒物，有毒物质由消化系统经胃肠吸收进入血液。因毒物性质不同，加之消化道体液的作用，中毒症状反应可能较迟，易造成错觉，故不可忽视。

2. 毒物的分类

毒物是指在一定条件下，经生物体吸收后，引起生物机体功能性或器质性损害的化学物质。毒物是相对的概念。

1）根据毒理作用分类，毒物可分为以下几类：

① 腐蚀毒。对所有接触的机体局部产生腐蚀作用的毒物。如强酸、强碱、硝酸银、酚类和铜盐等。

② 实质毒。吸收后引起实质脏器病理损害的毒物。如砷、汞、铅等重金属盐、无机磷等。

③ 酶系毒。抑制特异酶系的毒物。如有机磷农药抑制胆碱酯酶，氰化物抑制细胞色素氧化酶，二氧化碳影响蛋白溶解酶等。

④ 血液毒。引起血液变化的毒物。如一氧化碳、亚硝酸盐、硝基苯、硫化氢以及某些蛇毒等。

⑤ 神经毒。引起中枢神经系统功能障碍的毒物。如醇类、麻醉药以及催眠药等抑制中枢神经系统，士的宁、烟碱、咖啡等兴奋中枢神经系统。

2）根据毒物的理化性质、分类方法及途径，在毒物分析中一般将毒物分为以下几类：

① 挥发性毒物。此类毒物一般相对分子质量较小，结构简单，具有较大的挥发性。常见的有氢氰酸、氰化物、甲醇、乙醇、苯酚、硝基苯和苯胺。

② 气体毒物。此类毒物在常温、常压下为气体。常见的有一氧化碳、液化石油气、天然气和硫化氢等。

③ 水溶性毒物。此类毒物主要包括一些易溶于水的物质。常见的有强酸、强碱和亚硝酸盐等。

④ 金属毒物。此类毒物包括一些金属和类金属化合物。常见的有砷、汞、铅、镉、铊等。

⑤ 不挥发性有机毒物。此类毒物大部分为相对分子质量较大、结构复杂的一些药物。常见的有催眠安定药、兴奋剂、致幻剂及有显著生理作用的天然药物及动物毒素，如生物碱、强心苷等。

⑥ 农药。农药的种类很多，其中相当一部分对人、畜有较大毒性，易引起中毒。常见有机杀虫剂、除草剂、杀鼠剂等，其中大部分为有机农药。

3）根据毒物的应用范围分类，毒物可分为以下几类：

① 工业性毒物，如强酸、强碱及溶剂。

② 农业性毒物，如农药。

③ 生活性毒物，如煤气、杀鼠剂、消毒剂。

④ 药物性毒物，如各种安眠药、麻醉药。

⑤ 军事性毒物，如沙林、芥子气。

4）混合分类法

按毒物的来源、用途和毒性作用综合分类。

① 腐蚀性毒物。包括有腐蚀作用的酸类、碱类，如硫酸、盐酸、硝酸、苯酚、氢氧化钠、氨及氢氧化铵、铜盐等．

② 金属毒物。又称实质性毒物，包括所有以损害器官组织的实质细胞为主，并产生不同程度形态学变化的金属毒物。如砷、汞、钡、铅、铬、镁、铊及其他重金属盐类。

③ 障碍功能的毒物。进入机体发挥作用后，改变系统功能而出现中毒症状的毒物。如脑脊髓功能障碍性毒物，如酒精、甲醇、催眠镇静安定药、番木鳖碱、阿托品、异烟肼、阿片、可卡因、苯丙胺、致幻剂等；呼吸功能障碍性毒物，如氰化物、硫化氢、亚硝酸盐和一氧化碳等。

④ 农药。如有机磷、氨基甲酸酯类、似除虫菊酯类、有机汞、有机氯、有机氟、无机氟、矮壮素、灭幼脲、百菌清、百草枯、薯瘟锡、溴甲烷、化森锌等。

⑤ 杀鼠剂。磷化锌、敌鼠强、安妥、敌鼠钠、杀鼠灵等。

⑥ 有毒植物。如乌头碱植物、钩吻、曼陀罗、夹竹桃、毒蕈、莽草、红茴香、雷公藤等。

⑦ 有毒动物。如蛇毒、河豚、斑蝥、蟾蜍、鱼胆、蜂毒、蜘蛛毒等。

⑧ 细菌及真菌毒素。指致病微生物产生的毒素。如沙门菌、肉毒杆菌、葡萄球菌等细菌，以及黄曲霉素、霉变甘蔗、黑斑病甘薯等真菌。

3. 中毒的预防

预防措施如下：

1）严格毒害物品管理制度，设专人管理，防止有毒物品扩散。剧毒品要执行"五双"制度。

2）尽量用五毒或低毒物质代替有毒或高毒物质，以减少人员中毒的机会。使用毒物时，工作人员应充分了解毒物的性质、注意事项及急救方法。

3）实验室应通风良好，并有排毒设施，防止有毒物在室内积聚。发生毒物泄入室内，应立即打开通风设备，并停止实验，切断电源，熄灭火源，撤出人员。

4）做好人员防护。禁止在有毒环境内存放食物、食具及吸烟进食等，实验室做好适当的防护，嗅闻试验时不得正对口鼻，并保持一定距离，有毒的防护用品必须认真清洗干净，以免污染扩散，若工作中感到不适，应立即到空气新鲜的地方休息。

5）避免有毒污染扩散。做好有毒物品的封装、标签清楚、用后清洗除毒，有毒废水、废物进行妥善除毒后再进一步处理。

6）认真执行劳动保护条例，尽量减少人员接触有毒品的时间，定期进行针对性体检。

4. 化学实验室中毒的应急处理办法

（1）吸入时的处理方法

应先将中毒者转移到室外，解开衣领和纽扣，让患者进行深呼吸，必要时进行人工呼吸。待呼吸好转后，立即送医院治疗。

（2）吞食药品时的处理方法

1）为了降低胃液中药品的浓度，延缓毒物被人体吸收的速度并保护胃黏膜，可饮食下列食物：如牛奶、打溶的鸡蛋、面粉、淀粉、土豆泥的悬浮液以及水等。也可在 500mL 的蒸馏水中，加入 50g 活性炭。用前再加 400mL 蒸馏水，并把它充分摇动润湿，然后给患者分次少量吞服。一般 10~15g 活性炭可吸收 1g 毒物。

2）催吐。用手指或匙子的柄摩擦患者的喉头或舌根，使其呕吐。若用上述方法还不能催吐时，可在半酒杯水中，加入 15mL 吐根糖浆（催吐剂之一），或在 80mL 热水中溶解一茶匙食盐饮服。但吞食酸、碱之类腐蚀性药品或烃类液体时，由于易形成胃穿孔，或胃中的食物一旦吐出易进入气管造成危险，因而不要进行催吐。

3）吞服万能解毒剂（2 份活性炭、1 份氧化镁和 1 份丹宁酸的混合物）。用时可取 2~3 茶匙此药剂，加入一酒杯水，调成糊状物吞服。

（3）药品溅入口内的处理方法

药品溅入口内后，应立即吐出并用大量清水漱口。

常见化学药品中毒的应急处理方法如下：

（1）强酸（致命剂量 1mL）

吞服强酸后，应立即服 200mL 氧化镁悬浮液，或氢氧化铝凝胶、牛奶及水等，迅速将毒物稀释。然后至少再吃十几个打溶的鸡蛋作为缓和剂。由于碳酸钠或碳酸氢钠会产生大量二氧化碳气体，故不要使用。

（2）强碱（致命剂量 1g）

吞食强碱后，应立即用食道镜观察，直接用 1% 的醋酸水溶液将患处洗至中性。然后迅速服用 500mL 稀的食用醋（1 份食醋，加 4 份水）或鲜橘子汁将其稀释。

（3）氨气

应立即将患者转移到室外空气新鲜的地方，然后输氧。当氨气进入眼睛时，让患者躺下，用水洗涤眼角膜 5~8min 后，再用稀醋酸或稀硼酸溶液洗涤。

（4）卤素气体

应立即将患者转移到室外空气新鲜的地方，保持安静。吸入氯气时，给患者嗅 1:1 的乙醚与乙醇的混合蒸气。吸入溴蒸气时，则应给患者嗅稀氨水。

（5）二氧化硫、二氧化氮、硫化氢气体

应立即将患者转移到室外空气新鲜的地方，保持安静。当气体进入眼睛时，应用大量水冲洗，减少对眼结膜等的伤害，并用水洗漱咽喉。

（6）汞（致命剂量 70mg $HgCl_2$）

吞服后，应立即洗胃，也可口服生蛋清、牛奶和活性炭作沉淀剂。导泻用 50% 硫酸镁。常用的汞解毒剂有二巯基丙醇、二巯基丙磺酸钠。

（7）钡（致命剂量 1g）

将 30g 硫酸钠溶于 200mL 水中，给患者服用，也可用洗胃导管注入胃内。

（8）硝酸银

将 3~4 茶匙食盐溶于一杯水中，给患者服用。然后服用催吐剂，或者进行洗胃，或者给患者饮牛奶。接着用大量水吞服 30g 硫酸镁。

（9）硫酸铜

将 0.1~0.3g 亚铁氰化钾溶于 1 杯水中，给患者服用。也可饮用适量肥皂水或碳酸钠溶液。

（10）氰（致命剂量 0.05g）

吸入氰化物后，应立即将患者转移到室外空气新鲜的地方，使其横卧。然后将沾有氰化物的衣服脱去，立即进行人工呼吸。

吞食氰化物后，同样应将患者转移到空气新鲜的地方，并用手指或汤匙柄摩擦患者的舌根部，使之立刻呕吐，决不要等待洗胃工具到来才处理。因为患者在数分钟内即有死亡的危险。不管怎样，要立即进行处理。每隔 2min 给患者吸入亚硝酸异戊酯 15~30s。这样氰基便与高铁血红蛋白结合，生成无毒的氰络高铁血红蛋白。接着再给患者饮用硫代硫酸盐溶液，使氰络高铁血红蛋白解离，并生成硫氰酸盐。

（11）烃类化合物（致命剂量 10~50mL）

将患者转移到室外空气新鲜的地方。如果呕吐物进入呼吸道，则会发生严重的危险事故。所以，除非患者平均每公斤体重吞食烃类化合物超过 1mL，否则应尽量避免洗胃或使用催吐剂。

（12）甲醇（致命剂量 30~60mL）

可用 1%~2% 的碳酸氢钠溶液充分洗胃。然后将患者转移到暗室，以控制二氧化碳的结合能力。为了防止酸中毒，每隔 2~3h 吞服 5~15g 碳酸氢钠。同时，为了阻止甲醇代谢，在 3~4d 内，每隔 2h，以平均每公斤体重 0.5mL 的量口服 50% 的乙醇溶液。

（13）乙醇（致命剂量 300mL）

首先用自来水洗胃，除去未吸收的乙醇。然后一点一点地吞服 4g 碳酸氢钠。

（14）酚类化合物（致命剂量 2g）

吞食酚类化合物后，应立即给患者饮自来水、牛奶或吞食活性炭以减缓毒物被吸收的程度。然后应反复洗胃或进行催吐。再口服 60mL 蓖麻油和硫酸钠溶液（将 30g 硫酸钠溶于 200mL 水中）。千万不可服用矿物油或用乙醇洗胃。

（15）乙醛（致命剂量 5g）和丙酮

可用洗胃或服用催吐剂的方法除去胃中的药物。随后应服泻药。若呼吸困难，应给患者输氧。丙酮一般不会引起严重的中毒。

（16）草酸（致命剂量 4g）

应给患者口服下列溶液使其生成草酸钙沉淀：①在 200mL 水中溶解 30g 丁酸钙或其他钙盐制成的溶液；②可饮服大量牛奶，也可饮用牛奶打溶的鸡蛋白，起镇痛作用。

（17）氯代烃

吞食氯代烃后，应用自来水洗胃，然后饮服硫酸钠溶液（将 30g 硫酸钠溶于 200mL 水中）。千万不要喝咖啡之类的兴奋剂。吸入氯仿后，应将患者的头降低，让患者伸出舌头，保持呼吸道畅通。

（18）苯胺（致命剂量 1g）

如果苯胺沾到皮肤上，应用肥皂和水将污物擦洗除去。若吞食，应先洗胃，然后服用泻药。

（19）三硝基甲苯(致命剂量 1g)

沾到皮肤上时，应用肥皂和水尽量将污物擦洗干净。若吞食，首先应洗胃或用催吐剂进行催吐，待大部分三硝基甲苯排出体外后，再服用泻药。

（20）甲醛(致命剂量 60mL)

吞食甲醛后，应立即服用大量牛奶，再用洗胃或催吐等方法进行处理，待吞食的甲醛排出体外，再服用泻药。如果可能，可服用 1%的碳酸铵水溶液。

（21）二硫化碳

吞食二硫化碳后，首先应洗胃或用催吐剂进行催吐，让患者躺下，并加以保暖，保持通风良好。

（22）一氧化碳(致命剂量 1g)

首先应熄灭火源。并将患者转移到室外空气新鲜的地方，使患者躺下，并加以保暖。为了使患者尽量减少氧气的消耗量，一定要使患者保持安静。若呕吐时，要及时清除呕吐物，以确保呼吸道畅通，同时要进行输氧。

一些常见的毒物所引起的症状如表 2-4 所述。

表 2-4　常见毒物所引起的症状

症　状		毒　物
特殊面容	颜面樱红	CN^-、CO
	颜面潮红	阿脱品、河豚
	口唇青紫	NO_2^-、苯胺、硝基苯
特殊气味	杏仁味	CN^-、硝基苯
	消毒水味	酚、来苏尔
	蒜臭味	有机磷、磷化锌
	霉臭味	六六六
血液系统	血液正常不凝	敌鼠钠盐
	溶血	砷化氢、二硝基苯、三硝基苯
	造血障碍	苯、甲苯、二甲苯
消化泌尿系统	流涎	有机磷、有机氟、砷、汞
	剧烈腹痛	酚、砷、汞、磷化锌、河豚
	剧烈呕吐与腹泻痛	砷、汞、巴豆、桐油、蓖麻
	血尿	汞、蓖麻、敌鼠
	大小便失禁	氟乙酰胺、毒鼠强
	中毒性肝炎	四氯化碳、硝基苯、砷、磷、铍
肾脏	中毒性肾炎	溴化钾、有机氯、升汞、溴化物
呼吸系统循环系统	轻者上呼吸道刺激	刺激性气体
	重者肺水肿	
	呼吸浅慢、血压下降	安眠镇静药、吗啡
	肺水肿	有机磷
	心跳加剧、心律紊乱、出汗	氟乙酰胺、强心甙类、氨茶碱
	大量出汗	
	体温升高	有机磷
	皮肤发红、其他	有机磷、有机氯、阿托品
	皮肤下有出血斑	斑蝥、巴豆、强酸
		敌鼠、氯敌鼠

续表

症　状	毒　物
闪击样昏倒迅速死亡	CN⁻、烟碱
昏睡	安眠镇静药、吗啡、CO
痉挛	CN⁻、有机碳、氟乙酰胺、毒鼠强
强直性痉挛	士的宁、有机磷、氰化物、CO
震颤	有机磷、有机氯、鱼藤
幻觉	颠茄、曼佗罗、大麻、芥草
狂躁不安	氟乙酰胺、颠茄、曼佗罗
口唇四肢发麻	河豚、蟾蜍、大麻
视觉障碍、复视、失明	甲醇
瞳孔缩小	有机磷、吗啡、氯丙嗪、磷化锌颠茄类、大麻、
瞳孔放大	奎宁
中枢神经系统麻痹	硫化氢
神经衰弱	铅、四乙基铅、汞、锰、苯、甲苯

(神经系统)

5. 实验室化学灼伤急救处理

化学灼伤在化学实验过程中也是经常出现的安全事故，例如：

眼睛灼伤是眼内溅入碱金属、溴、磷、浓酸、浓碱等化学药品和其他具有刺激的物质对眼睛造成灼伤。

皮肤灼伤有酸灼伤，如氢氟酸能腐烂指甲、骨头，滴在皮肤上，会形成痛苦的、难以治愈的烧伤。碱灼伤，如溴灼伤，是很危险的。被溴灼伤后的伤口一般不易愈合，必须严加防范。

在烧熔和加工玻璃物品时容易被烫伤；在切割玻璃管或木塞、橡皮塞中插入温度计、玻管等物品时容易发生割伤等。

(1) 化学灼伤事故的预防

1) 最重要的是保护好眼睛，在化学实验室里应该一直配戴护目镜(平光玻璃或有机玻璃眼镜)，防止眼睛受刺激性气体薰染，防止任何化学药品特别是强酸、强碱、玻璃屑等异物进入眼内。

2) 禁止用手直接取用任何化学药品，使用毒品时除用药匙、量器外必须配戴橡皮手套，实验后马上清洗仪器用具，立即用肥皂洗手。

3) 尽量避免吸入任何药品和溶剂蒸气，处理具有刺激性的、恶臭的和有毒的化学药品时，如 H_2S、NO_2、Cl_2、Br_2、CO、SO_2、SO_3、HCl、HF、浓硝酸、发烟硫酸、浓盐酸、乙酰氯等，必须在通风橱中进行。通风橱开启后，不要把头伸入橱内，并保持实验室通风良好。

4) 严禁在酸性介质中使用氰化物。

5) 禁止口吸吸管移取浓酸、浓碱、有毒液体，应该用洗耳球吸取。禁止冒险品尝药品试剂，不得用鼻子直接嗅气体，而是用手向鼻孔扇入少量气体。

6) 不要用乙醇等有机溶剂擦洗溅在皮肤上的药品，这种做法反而增加皮肤对药品的吸收速度。

7) 实验室里禁止吸烟进食，禁止赤膊穿拖鞋。

(2) 眼睛灼伤的急救

1) 眼睛灼伤或掉进异物。一旦眼内溅入任何化学药品，立即用大量水缓缓彻底冲洗。

实验室内应备有专用洗眼水龙头。洗眼时要保持眼皮张开，可由他人帮助翻开眼睑，持续冲洗 15min。忌用稀酸中和溅入眼内的碱性物质，反之亦然。对因溅入碱金属、溴、磷、浓酸、浓碱或其他刺激性物质的眼睛灼伤者，急救后必须迅速送往医院检查治疗。

2）玻璃屑进入眼睛内是比较危险的。这时要尽量保持平静，绝不可用手揉擦，也不要试图让别人取出碎屑，尽量不要转动眼球，可任其流泪，有时碎屑会随泪水流出。用纱布轻轻包住眼睛后，将伤者急送医院处理。

3）若系木屑、尘粒等异物，可由他人翻开眼睑，用消毒棉签轻轻取出异物，或任其流泪，待异物排出后，再滴入几滴鱼肝油。

（3）皮肤灼伤

1）酸灼伤。先用大量水冲洗，以免深度受伤，再用稀 $NaHCO_3$ 溶液或稀氨水浸洗，最后用水洗。皮肤若被氢氟酸灼烧后，应先用大量水冲洗 20min 以上，再用冰冷的饱和硫酸镁溶液或 70% 酒精浸洗 30min 以上；或用大量水冲洗后，用肥皂水或 2%~5% $NaHCO_3$ 溶液冲洗，用 5% $NaHCO_3$ 溶液湿敷。局部外用可的松软膏或紫草油软膏及硫酸镁糊剂。

2）碱灼伤。先用大量水冲洗，再用 1% 硼酸或 2% HAc 溶液浸洗，最后用水洗。

3）溴灼伤。凡用溴时都必须预先配制好适量的 20% $Na_2S_2O_3$ 溶液备用。一旦有溴沾到皮肤上，立即用 $Na_2S_2O_3$ 溶液冲洗，再用大量水冲洗干净，包上消毒纱布后就医。在受上述灼伤后，若创面起水泡，均不宜把水泡挑破。

4）铬酸。先用大量的水冲洗后，然后用 5% 硫代硫酸钠溶液或者 1% 硫酸钠溶液洗涤。

5）氢氟酸。立即用大量的水冲洗，直至伤口表面发红，然后用 5% 的碳酸氢钠溶液洗涤，再涂以甘油和氧化镁（2:1）悬浮剂，或调上如意黄散，然后用消毒纱布包扎。

6）磷。如有磷颗粒附着在皮肤上，应将局部浸入水中，用刷子清除，不可将创面暴露在空气中，如感觉火红用油脂涂抹，再用 1%~2% 的硫酸铜溶液冲洗数分钟，然后以 5% 碳酸氢钠溶液洗去残留的硫酸铜，最后用生理盐水湿敷，用绷带扎好。

7）苯酚。用大量水冲洗，或用 4 体积乙醇（7%）与 1 体积氯化铁（1/3mol/L）混合液洗涤，再用 5% 碳酸氢钠溶液湿敷。

8）氯化锌、硝酸银。用水冲洗，再用 5% 碳酸氢钠溶液洗涤，涂油膏即磺胺粉。

9）三氯化砷。用大量水冲洗，再用 2.5% 氯化铵溶液湿敷，然后涂上 2% 二巯丙醇软膏。

10）焦油、沥青（热烫伤）。以棉花蘸乙醚或二甲苯，消除黏在皮肤上的焦油或沥青，然后涂上羊毛脂。

（4）烫伤、割伤等外伤

在烧熔和加工玻璃物品时最容易被烫伤；在切割玻璃管或向木塞、橡皮塞中插入温度计、玻管等物品时最容易发生割伤。玻璃质脆易碎，对任何玻璃制品都不得用力挤压或造成张力。在将玻管、温度计插入塞中时，塞上的孔径与玻璃管的粗细要吻合。玻璃管的锋利切口必须在火中烧圆，管壁上用几滴水或甘油润湿后，用布包住用力部位轻轻旋入，切不可用猛力强行连接。

外伤急救方法如下：

1）割伤。先取出伤口处的玻璃碎屑等异物，用水洗净伤口，挤出一点血，涂上红汞药水后用消毒纱布包扎。也可在洗净的伤口上贴上"创口贴"，可立即止血，且易愈合。若严重割伤大量出血时，应先止血，让伤者平卧，抬高出血部位，压住附近动脉，或用绷带盖住伤口直接施压，若绷带被血浸透，不要换掉，再盖上一块施压，立即送医院治疗。

2）烫伤。一旦被火焰、蒸气、红热的玻璃、铁器等烫伤时，立即将伤处用大量水冲淋或浸泡，以迅速降温避免温度烧伤。若起水泡不宜挑破，用纱布包扎后送医院治疗。对轻微烫伤，可在伤处涂些鱼肝油或烫伤油膏或万花油后包扎。

2.3　实验室其他事物管理

实验室其他方面的管理还包括，化学药品库的管理，要处理好一般化学试剂的保管、非危险化学试剂的分类储存、危险化学试剂的分类储存、化学试剂的管理、实验室废液处理方法等。部分管理规范在前面章节已经叙述，其他事项参照相应文献要求，要在实验室管理中执行，确保实验室的规范管理和安全运行。

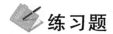 练习题

1. 下列说法不正确的是(　　　)。

A. 无机酸、碱类废液应先中和后，再进行排放。

B. 铬酸废洗液先用废铁屑还原，再用废碱或石灰中和成低毒的 $Cr(OH)_3$ 沉淀。

C. 实验中产生的少量有毒气体，可以通过排风设备排出室外，用空气稀释。

D. 含酚、砷或汞的废液应先进行稀释再排放。

2. 烫伤或烧伤按其(　　　)可分为三级。

A. 烧伤面积　　　　　B. 皮肤烧伤颜色　　　　C. 伤势轻重　　　　D. 烧伤疼痛程度

3. 在实验室中不小心被烧伤，如果属于一级或二级烧伤应该立即用(　　　)。

A. 冰块间断地敷于伤处　　　　　　　　B. 自来水不断冲洗

C. 牙膏涂抹于伤处　　　　　　　　　　D. 烫伤膏涂抹于伤处

4. 遇到触电事故，首先应该使触电者迅速脱离电源，可以拉下电源开关或(　　　)。

A. 徒手将触电者拉开　　　　　　　　　B. 用绝缘物即将电源线拨开

C. 请医护人员帮忙　　　　　　　　　　D. 用较粗铁棒将电源线拨开

5. 化学烧伤时，应迅速解脱衣服，清楚皮肤上的化学药品，并用(　　　)。

A. 大量干净的水冲洗　　　　　　　　　B. 200g/L 的硼酸溶液淋洗

C. 30g/L 碳酸氢钠溶液淋洗　　　　　　D. 20g/L 醋酸溶液淋洗

6. 毒害品可通过(　　　)三种途径引起中毒。

A. 呼吸系统　消化系统　淋巴系统　　　B. 呼吸系统　消化系统　循环系统

C. 呼吸系统　消化系统　神经系统　　　D. 呼吸系统　消化系统　接触中毒

7. 当收到化学毒物急性损害时，应采取得现场自救、互救、急救措施不正确的是(　　　)。

A. 施救者要做好个人防护，佩戴防护器具

B. 迅速将患者移至空气新鲜处

C. 对氰化物中毒者，要马上做人工呼吸

D. 口服中毒患者应首先催吐

8. 当眼睛受到碱性灼伤时，最好的方法是立即用洗瓶的水流冲洗，然后用(　　)。

A. 油脂类涂抹　　　　　　　　　　B. 200g/L 的硼酸溶液淋洗

C. 高锰酸钾溶液淋洗　　　　　　　D. 30g/L 碳酸氢钠溶液淋洗

9. 在对发生机械伤害的人员进行急救时，根据伤情的严重主要分为人工呼吸，心肺复苏、(　　)及搬运转送四个步骤。

A. 胸外心脏按摩　　B. 包扎伤口　　　　C. 止血　　　　　　D. 唤醒伤者

10. 机械伤害造成的受伤部分可以遍及我们全身各个部位，若发生机械伤害事故后，现场人员应先(　　)，接着摸脉搏、听心跳，再查瞳孔。

A. 测血压　　　　　　　　　　　　B. 检查局部有无创伤

C. 看神志、呼吸　　　　　　　　　D. 让伤者平躺

第3章 分析数据的数理统计

3.1 定量分析中的误差

定量分析的任务是准确测定试样中各组分的含量，所以必须使分析结果具有一定的准确度。但定量分析中的误差是客观存在的，难以避免的，所以我们应该了解分析过程中产生误差的原因和误差出现的规律，以便采取相应的措施减少误差，并能对分析结果的准确度(可信程度)进行评价，从而得出尽量接近真实值的分析结果。

3.1.1 误差及其产生原因[6]

1. 误差

误差为分析结果与真实值之间的差值。

绝对误差：表示测定值与真实值之差，表示为：

$$绝对误差(E) = 测得值(x) - 真实值(x_T)$$

相对误差：误差在真实值(结果)中所占百分率，表示为：

$$RE = \frac{x - x_T}{x_T} \times 100\%$$

绝对真实值是存在的，但是难以测定，通常实际工作中人们常将用标准方法通过多次重复测定所求出的算术平均值作为真实值。

根据误差的性质与产生的原因，可将误差分为系统误差和偶然误差。

2. 系统误差

又称为可测误差，是由于测定过程中某些经常性的原因所造成的误差。

系统误差对分析结果的影响比较恒定。存在系统误差时，可以有很高的精密度但不会有高的准确度。系统误差按产生的原因不同又分为以下几种：

(1) 方法误差

是由于分析方法本身不够完善而产生的误差。

(2) 仪器误差

是由于仪器本身的缺陷造成的误差。

(3) 试剂误差

这是由于所使用的试剂不纯导致的测定结果与实际结果之间的偏差。

(4) 主观误差

是由于操作人员主观原因造成的误差。

系统误差影响结果的准确度，它的特点是：具有重复性、单向性，并且误差大小基本不变。

回收率实验可检查有无系统误差，回收率定义为：

$$回收率 = (x_3 - x_1)/x_2 \times 100\%$$

式中，x_3 为加入标样后的测得总量；x_2 为加入量；x_1 为原含量。计算时各量单位要一致。通过多次计算可以检查出是否有系统误差，以及单向趋势。

3. 随机误差(偶然误差)

随机误差又称为未定误差或不可测误差。

平行测定的一系列数据误差正负不定，有的出现正误差，有的出现负误差，这就是随机误差。随机误差是由于某些偶然因素造成的，如室温、气压、温度的波动。随机误差影响精密度。

随机误差的分布是有一定规律的，我们可以用图 3-1 来描述。

随机误差的分布有以下特点：

(1) 对称性

大小相似的正误差和负误差出现的机会相等。

(2) 单峰性

小误差出现的频率高，大误差出现的频率低，误差分布曲线只有一个峰值。即偶然误差的分布情况是符合正态分布的。

(3) 有界性

大误差出现的频率非常小。

(4) 抵偿性

误差的算术平均值的极限为零。

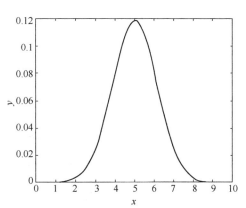

图 3-1 随机误差的分布

$$\lim \sum_{i=1}^{n} \frac{d}{n} = 0 (n \to \infty)$$

减免的方法：减小偶然误差的办法是增加测定次数，最后取平均值。

4. 过失

过失是由于操作者粗心大意、不认真操作所引起的。它不属于我们讨论的误差范围。

【例 3-1】 有一天平的称量绝对误差为 ±0.1mg。如称取样品 0.05g，其相对误差是多少？如称取样品 1g，其相对误差是多少？

解：

称取 0.05g 时的相对误差为：

$$相对误差 = \frac{\pm 0.1}{0.05 \times 10^3} \times 100\% = \pm 0.2\%$$

称取 1g 时的相对误差为：

$$相对误差 = \frac{\pm 0.1}{1 \times 10^3} \times 100\% = \pm 0.01\%$$

【例 3-2】 某重量法测定 Se 的溶解损失为 1.3mg Se，如果用此法分析约含 15% Se 的样品，当称样量为 0.600g 时，测定的相对误差是多少？

解：

$$真值 = 0.600 \times 15\% = 90(mg)$$

$$测定值 = (90 - 1.3)(mg)$$

$$相对误差 = \frac{(90 - 1.3) - 90}{90} \times 100\% = -1.4\%$$

因为此法溶解损失是固定的（绝对误差一定），所以称样量越大，引入的相对误差越小。

【例3-3】　已知分析天平能称准至±0.2mg，要使称样的称量误差不大于0.1%，至少要称多少克试样？

解：

能称准至±0.2mg，也就是说称量的绝对误差不大于±0.2mg，

而相对误差要想≤0.1%，则：$\frac{0.2}{x} \leqslant 0.1\%$　　$x \geqslant 200mg = 0.2g$。

所以我们利用分析天平来称取基准物时，如果称样量小于0.2g，则称量误差将大于0.1%，要使称量误差<0.1%，必须扩大称样量。

5. 准确度

准确度是指测得值与真值之间的符合程度。准确度的高低常以误差的大小来衡量。即误差越小，准确度越高；误差越大，准确度越低。

3.1.2　偏差与精密度

偏差：表示几次平行测定结果相互接近的程度。

1. 偏差的表示

绝对偏差：单项测定与平均值的差值，表示为：$d = \bar{x} - x$。

相对偏差：绝对偏差在平均值所占百分率或千分率，表示为：$d' = \frac{d}{\bar{x}} \times 100\%$。

精密度是指相同条件下几次重复测定结果彼此相符的程度。

精密度大小由偏差表示，偏差愈小，精密度愈高。实际工作中平均偏差的使用较普遍。

2. 平均偏差

是指单项测定值与平均值的偏差（取绝对值）之和，除以测定次数，表示为：

$$平均偏差 \ \bar{d} = \frac{\sum |x - \bar{x}|}{n} \tag{3-1}$$

$$相对平均偏差 = \frac{\bar{d}}{\bar{x}} \times 100\% \tag{3-2}$$

【例3-4】　已知某实验数据43.23、43.26、43.21、43.23、43.24。计算：$\bar{x}$，$\bar{d}$以及相对平均偏差。

$$\bar{x} = \frac{43.23 + 43.26 + 43.21 + 43.23 + 43.24}{5} = 43.23$$

$$\bar{d} = \sum (\bar{x} - x)/n = -0.004 \quad \frac{\bar{d}}{\bar{x}} = \frac{-0.004}{43.23} \times 100\% = -0.0093\%$$

3. 标准偏差 s

$$s = \sqrt{\sum (x - \bar{x})^2 / (n - 1)} = 0.040 \qquad (3-3)$$

相对标准偏差$= s/\bar{x} \times 100\%$

在一般分析中，通常多采用平均偏差来表示测量的精密度。而对于一种分析方法所能达到的精密度的考察，一批分析结果的分散程度的判断以及其他许多分析数据的处理等，最好采用相对标准偏差等理论和方法。用标准偏差表示精密度，可将单项测量的较大偏差和测量次数对精密度的影响反映出来。

【例 3-5】 甲：1.2，1.3，1.5，1.1，1.0，1.3，1.1，1.6，1.4
乙：1.0，1.1，1.7，1.2，1.1，1.2，1.6，1.3，1.3

计算：第一组和第二组即甲组和乙组的 $\bar{d}$ 和 $\bar{S}$
第一组：

$$\bar{x} = \frac{1.2 + 1.3 + 1.5 + 1.1 + 1.0 + 1.3 + 1.1 + 1.6 + 1.4}{9} = 1.3$$

$$\bar{d} = \sum (\bar{x} - x)/n = 0.02$$

第二组：

$$\bar{x} = \frac{1.0 + 1.1 + 1.7 + 1.2 + 1.1 + 1.2 + 1.6 + 1.3 + 1.3}{9} = 1.3$$

$$\bar{d} = \sum (\bar{x} - x)/n = -0.14$$

第一组： $\qquad s_1 = \sqrt{\sum (x - \bar{x})^2 / (n - 1)} = 0.040$

第二组： $\qquad s_2 = \sqrt{\sum (x - \bar{x})^2 / (n - 1)} = 0.055$

由此说明：第一组的精密度好。

4. 准确度与精密度的关系(举例说明)

甲、乙、丙三人，每人做了四组实验，实验数据如表 3-1 所示。试验的标准值为 1.35。

表 3-1 甲、乙、丙三人的实验数据

	1	2	3	4	平均值
甲	1.30	1.20	1.18	1.27	1.24
乙	1.40	1.30	1.25	1.23	1.30
丙	1.34	1.38	1.34	1.33	1.35

由甲、乙、丙三人的实验数据分析结果：

对于甲而言，数据的精密度很高，但平均值与标准样品数值相差很大，说明准确度低。对于乙而言，精密度不高，准确度也不高。对于丙而言，精密度高，准确度也高。甲、乙、丙三人的实验数据体现出的精密度和准确度的关系如图 3-2 所示。从上例可以看出，准确度高必须精密度高，但精密度高并不等于准确度高。

3.1.3 误差消除的方法

1. 偶然误差在分析操作中是无法避免的

对于同一试样进行多次分析，得到的分析结果仍不完全一致的原因为偶然误差的存在。

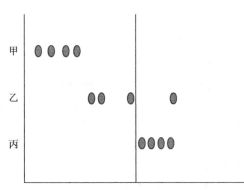

图 3-2　准确度与精密度数据示意图

偶然误差难以找出确定原因，似乎没有规律，但如果进行很多次测定，便会发现数据的分布符合统计规律，即：

1）正误差和负误差出现的机会相等。

2）小误差出现的次数多，大误差出现的次数少，个别特别大的误差出现的次数极少。

3）在一定条件下，有限次测定值中，其误差的绝对值不会超过一定界限。

2. 提高分析结果准确度的方法

（1）选择合适的分析方法

化学分析：滴定分析，重量分析灵敏度不高，高含量较合适。

仪器分析：微量分析较合适。

（2）减小测量误差

例如：在重量分析中，测量步骤是称重，这时就应设法减少称量误差。

例如：天平的称量误差在 ±0.0002g，如使测量时的相对误差在 0.1% 以下，试样至少应该称多少克？

$$相对误差 = \frac{绝对误差}{试样重} \times 100\%$$

$$试样重 = \frac{E}{RE} = \frac{0.0002}{0.1\%} = 0.2g（试样重即真实值）$$

称重必须在 0.2g 以上，才可使测量时相对误差在 0.1% 以下。所以适当增大样品量是减少测量误差的方法。

（3）增加平行测定的次数、减小偶然误差

平行测定的次数，偶然误差越小。一般要求在 2~4 次，一般平行测定三次，即可以得到比较满意的结果。

（4）消除测量过程中的系统误差

1）空白试验：指不加试样，按分析规程在同样的操作条件进行的分析，得到的空白值。然后从试样中扣除此空白值就得到比较可靠的分析结果。

2）对照试验：用标准品样品代替试样进行的平行测定。

$$校正系数 = \frac{标准试样组分的标准含量}{标准试样测得含量}$$

$$被测组分含量 = 测得含量 \times 校正系数$$

这是最有效的消除系统误差的方法。

3）校正仪器：分析天平、砝码、容量器皿都要进行校正。

3.1.4　有效数字

1. 有效数字

有效数字：具体地说，是指在分析工作中实际能够测量到的数字。能够测量到的是包括最后一位估计的、不确定的数字。我们把通过直读获得的准确数字叫做可靠数字，把通过估读得到的那部分数字叫做存疑数字。把测量结果中能够反映被测量大小的带有一位存疑数字的全部数字叫有效数字。

【例 3-6】　读取滴定管上的刻度：

甲：16.13mL　　　乙：16.12mL　　　丙：16.14mL　　　丁：16.43mL

在这四组数据中有效数字是 4 位，最后一位是估读的数据，前三位数为可靠数字。

2. 有效数字中"0"的意义

有效数字中"0"的意义是人们经常概念混淆的概念。如例题 3-7 给出了不同含"0"数据下，数据的有效数字。

【例 3-7】

0.1	6×10^5	一位
32	0.0019	二位
0.0654	2.26×10^{-10}	三位
0.1430	22.25%	四位
2.0006	65232	五位

"0"在有效数字中可作为数字定位或有效数字双重作用。

由所给例题，可以做如下总结：

1）数字之间和小数点后末尾的"0"是有效数字；

2）数字前面所有的"0"只起定位作用。

说明：2.6×10^3（2 位）；3.20×10^3（3 位）；6.301×10^3（4 位）。

3. 数字修约规则

数字修约规则为"四舍六入五成双"，由科学技术委员会颁布，其意义如下：

1）当尾数≤4 时舍去；

2）当尾数≥6 时进位；

3）当尾数=5，5 后无数，全部为零时前一位奇数进 1 位，前一位偶数不进；5 后并非全部为零时则进 1。

4. 有效数字计算规则

1）加减法：保留有效数字的位数，以小数点后位数最少的为准。绝对误差最大的为准。

【例 3-8】　0.10342+12.324+3.24=15.66

修约步骤：（a）先按修约规则，全部保留小数点的后二位；

　　　　　（b）再计算；

　　　　　（c）不允许计算后再修约。

0.10	0.10342
12.32	12.324
+ 3.24	+ 3.24
15.66	15.66742
正确	不正确

按保留两位计算结果为 15.67，而正确结果为 15.66，因此不正确。

2）乘除法：保留有效数字的位数，以位数最少的数为准。

【例3-9】　$0.124 \times 23.22 \times 5.23686 = ?$

三个乘数中，有效数字位数最小的是0.124，固有：

$0.124 \times 23.2 \times 5.24 = 15.074432 = 15.1$（结果要求是三位）

当以相对误差最大的为准时，如下计算可知，仍然是以0.124为准。

$$0.124 \qquad RE = \frac{x - x_T}{x_T} \times 100\% = \frac{\pm 0.001}{0.124} \times 100\% = \pm 0.81\%$$

$$23.22 \qquad RE = \frac{\pm 0.01}{23.22} \times 100\% = \pm 0.043\%$$

$$5.23686 \qquad RE = \frac{\pm 0.00001}{5.23686} \times 100\% = \pm 0.0002\%$$

5. 自然数

【例3-10】　水的相对分子质量 $= 2 \times 1.008 + 16.00 = 18.02$

其中最后一位 $2 \neq$ 有效数字，非测量所得是自然数，其有效位数为无限。

3.2　分析结果数据处理

3.2.1　基本概念[7]

1. 基本概念

总体：所考察对象的全体。

样本：自总体中随机抽取的一组测量值。

样本容量 n：样本中所含测量值的个数。

自由度 $f = n - 1$。

真值 x_T

2. 算术平均值和总体平均值

若样本容量为 n，则样本的算术平均值为：

$$\bar{x} = \frac{1}{n} \sum_{i=1}^{n} x_i \, (n \text{ 为有限次})$$

总体平均值是表示总体分布集中趋势的特征值为：

$$\mu = \frac{1}{n} \sum_{i=1}^{n} x_i \, (n \to \infty)$$

在无限次测量中用 μ 描述测量值的集中趋势，而在有限次测量中则用算术平均值 $\bar{x}$ 描述测量值的集中趋势。

3. 数据分散程度的表示方法

数据分散程度可以用平均偏差、标准偏差来衡量。在用统计方法处理数据时，广泛采用标准偏差来衡量数据的分散程度。平均偏差、标准偏差的定义前面已经给定。

4. 数据分散程度的表示方法

1）总体标准偏差 σ：无限次测量，单次偏差均方根。

$$\sigma = \sqrt{\dfrac{\sum\limits_{i=1}^{n}(x_i - \mu)^2}{n}} \tag{3-4}$$

2）样本标准偏差 s：

$$s = \sqrt{\dfrac{\sum\limits_{i=1}^{n}(x_i - \bar{x})^2}{n-1}} \qquad n \to \infty \ \text{时，} \bar{x} \to \mu, \ s \to \sigma$$

衡量数据分散度标准偏差比平均偏差合理。

5. 随机误差的正态分布

系统误差前已述及，该误差可校正消除。

偶然误差前已述及，它不可测量，无法避免，可用统计方法研究。偶然误差的分布具有一定的规律性，其特点在前面已述，即：①大小相近的正误差和负误差出现的概率相等；②小误差出现的概率高，大误差出现的概率低，很大的误差出现的概率非常小。

偶然误差的这种规律性，可用图 3-1 和图 3-3 的曲线表示，称之为误差的正态分布曲线，从曲线可以看出，随着平行测定次数的增加，偶然误差的算术平均值逐渐减小，因此，在消除系统误差的前提下，测定次数愈多，测定结果的算术平均值越接近真实值。实验表明当重复测定多于 10 次以上时，误差的算术平均值已减少到可以忽略的程度。

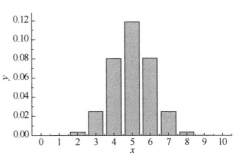

图 3-3　正态分布示意图

偶然误差的正态分布：

$$y = f(x) = \dfrac{1}{\sigma\sqrt{2\pi}}e^{-(x-\mu)^2/2\sigma^2} \tag{3-5}$$

正态分布具有离散特性，即各数据是分散的，波动的。

总体标准偏差 σ：$\sigma = \sqrt{\dfrac{\sum\limits_{i=1}^{n}(x_i - \mu)^2}{n}}$

体现了数据的集中趋势，测定数据有向某个值集中的趋势。

μ 表示总体平均值：

$$\lim_{n\to\infty}\dfrac{1}{n}\sum_{i=1}^{n}x_i = \mu \tag{3-6}$$

总体平均偏差：

$$\delta = \dfrac{\sum\limits_{i=1}^{n}|x_i - \mu|}{n} \tag{3-7}$$

6. 有限次测量数据的统计处理

t 分布曲线：

$N \to \infty$：偶然误差符合正态分布，(μ, σ)

n 有限时，偶然误差差符合 t 分布，采用 $\bar{x}$ 和 s 代替 μ，σ。

$$\mu = \bar{x} \pm \frac{t \times s}{\sqrt{n}} \tag{3-8}$$

曲线下一定区间的积分面积，即为该区间内偶然误差出现的概率。

t 为在选定的某一置信度（概率）下的概率，可根据测定次数由表3-2中查，当 $f \rightarrow \infty$ 时，t 分布 $\rightarrow$ 正态分布。对于不同测定次数及不同置信度下的 t 值，如表3-2所示。

表3-2　不同置信度下的 t 值

$f = n-1$	置信度，显著性水平			
	$P = 0.50$ $\alpha = 0.50$	$P = 0.90$ $\alpha = 0.10$	$P = 0.95$ $\alpha = 0.05$	$P = 0.99$ $\alpha = 0.01$
1	1.00	6.31	12.71	63.66
2	0.82	2.92	4.30	9.93
3	0.76	2.35	3.18	5.84
4	0.74	2.13	2.78	4.60
5	0.73	2.02	2.57	4.03
6	0.72	1.94	2.45	3.71
7	0.71	1.90	2.37	3.50
8	0.71	1.86	2.31	3.36
9	0.70	1.83	2.26	3.25
10	0.70	1.81	2.23	3.17
20	0.69	1.73	2.09	2.85
∞	0.67	1.65	1.96	2.58

7. 平均值的置信区间

置信度：真值可能在某一区间出现的几率。

置信区间：一定置信度（概率）下，以平均值为中心，能够包含真值的区间（范围），如：$\mu \pm \sigma$，$\mu \pm 2\sigma$，$\mu \pm 3\sigma$ 等。两者的关系体现为，置信度越高，置信区间越大。对于有限次测定，随机误差服从 t 分布，根据 t 分布函数可推导出置信区间的计算公式为 $\mu = \bar{x} \pm t \cdot \frac{s}{\sqrt{n}}$，即某一区间包含真值（总体平均值）的概率，在某一置信度下，真值出现的区间为：$\mu = \bar{x} \pm \frac{t \times s}{\sqrt{n}}$。

t 为某一置信度下的几率系数，从表3-2可看出，在同一置信度下，测定次数越多，t 越小，置信区间越小，说明分析结果越可靠；另外，在相同的测定次数时，置信度越高，t 值越大，即置信区间越大。

【例3-11】　测定石英砂中 SiO_2 的百分含量，得到下列数据：13.64、13.58、13.75、13.45、13.52、13.23，分别计算置信度为90%和95%时的置信区间。

解：首先应计算平均值：

$$\bar{x} = \frac{13.64 + 13.58 + 13.75 + 13.45 + 13.52 + 13.23}{6} = 13.53$$

还应计算标准偏差：

$$s = \sqrt{\frac{\sum\limits_{i=1}^{n}(x_i - \bar{x})^2}{n-1}} = 0.18$$

查表 3-2，$n=6$，置信度为 90% 时 $t=2.02$，则：

$$\mu = \bar{x} \pm \frac{t \times s}{\sqrt{n}} = 13.53 \pm 0.15$$

置信度为 95% 时，$t=2.57$，则：

$$\mu = \bar{x} \pm \frac{t \times s}{\sqrt{n}} = 13.53 \pm 0.19$$

如果该分析只测定了前三次数据，则可计算出：$\bar{x}=13.66$，$s=0.086$

查表：$n=3$，置信度为 95% 时，$t=4.30$，则：

$$\mu = \bar{x} \pm \frac{t \times s}{\sqrt{n}} = 13.66 \pm 0.21$$

可见，相同置信度，测定次数从 6 次减少到 3 次，置信区间扩大了。

8. 显著性检验

显著性检验的目的是检验是否存在系统误差。

（1）t 检验法

1）平均值与标准值的比较：为了检查分析数据是否存在较大的系统误差，可对标准试样进行若干次分析，再利用 t 检验法比较分析结果的平均值与标准值之间是否存在显著性差异。

进行 t 检验时，首先按下式计算 t 值：$\mu = \bar{x} \pm \dfrac{t \times s}{\sqrt{n}}$

$$t = \sqrt{n}\,\frac{|\bar{x} - \mu|}{s} \tag{3-9}$$

如果 t 值大于表 3-2 中的 t 值，则认为存在显著性差异，否则不存在显著性差异。在分析化学中，通常以 95% 的置信度为检验标准，即显著性水准为 5%。

【例 3-12】 采用一种新的方法测定试样中含铜量，标准试样其铜含量为 10.77%，共进行了 9 次测量，所得数据如下：10.74%，10.77%，10.77%，10.77%，10.81%，10.82%，10.73%，10.86%，10.81%，判断该方法是否可行？（是否存在系统误差，假设置信度为 95%）

解：$n=9$，$\bar{x}=10.79\%$，$s=0.045\%$

根据：$t=\sqrt{n}\,\dfrac{|\bar{x}-\mu|}{s}=1.33$

查表 3-2，$p=0.95$ 时，$t_{表}(0.95, n=6)=2.57$。

$t<t_{表}$，故 $\bar{x}_1$ 与 μ 之间不存在显著性差异，即采用新方法后，没有引起明显的系统误差。

2）两组平均值的比较：不同分析人员或同一分析人员采用不同方法分析同一试样，所得到的平均值，经常是不完全相等的。要判断这两个平均值之间是否有显著性差异，亦可采用 t 检验法。

设两组分析数据为：n_1，s_1，$\bar{x}_1$；n_2，s_2，$\bar{x}_2$。

s_1 和 s_2 分别表示第一组和第二组分析数据的精密度，它们之间是否有显著性差异，可采用后面介绍的 F 检验法进行判断。如果证明它们之间没有显著性差异，则可认为 $s_1 \approx s_2$，用下式求得合并标准偏差 $s_{合}$：

$$s_{合} = \left(\frac{偏差平方和}{总自由度}\right)^{0.5} = \sqrt{\frac{\sum(x_{1i} - \bar{x}_1)^2 + \sum(x_{2i} - \bar{x}_2)^2}{(n_1 - 1) + (n_2 - 1)}}$$

或

$$s_{合} = \sqrt{\frac{\sum(x_{1i} - \bar{x}_1)^2 + \sum(x_{2i} - \bar{x}_2)^2}{(n_1 - 1) + (n_2 - 1)}}$$

然后计算出 t 值：

$$t = \frac{|\bar{x}_1 - \bar{x}_2|}{s_{合}}\sqrt{\frac{n_1 n_2}{n_1 + n_2}} \tag{3-10}$$

在一定置信度时，查出表值 $t_{表}$（总自由度 $f = n_1 + n_2 - 2$），若 $t > t_{表}$ 时，两组平均值存在显著性差异；如果 $t \leqslant t_{表}$，则不存在显著性差异。

（2）F 检验法

F 检验法是通过比较两组数据的方差 s，以确定它们的精密度是否有显著性差异的方法。统计量 F 的定义为：两组数据的方差的比值，分子为大的方差，分母为小的方差，即：

$$F = \frac{s_{大}^2}{s_{小}^2}$$

将计算所得 F 与表 3-3 所列 F 值进行比较。如果两组数据的精密度相差不大，则 F 值趋近于 1。如果两者之间存在显著性差异，F 值就较大。在一定的置信度时，若 F 值大于表 3-3 所示值，则认为它们之间存在显著性差异（置信度 95%）；若 $F \leqslant F_{表}$，则不存在显著性差异。

表 3-3　F 值（置信度 0.95）

$f_小$ ＼ $f_大$	2	3	4	5	6	7	8	9	10	∞
2	19.00	19.16	19.25	19.30	19.33	19.36	19.37	19.38	19.39	19.50
3	9.55	9.28	9.12	9.01	8.94	8.88	8.84	8.81	8.78	8.53
4	6.94	6.59	6.39	6.26	6.16	6.09	6.04	6.00	5.96	5.63
5	5.79	5.41	5.19	5.05	4.95	4.88	4.82	4.78	4.74	4.36
6	5.14	4.76	4.53	4.59	4.28	4.21	4.15	4.10	4.06	3.67
7	4.74	4.35	4.12	3.97	3.87	3.79	3.73	3.68	3.63	3.23
8	4.46	4.07	3.84	3.69	3.58	3.50	3.44	3.39	3.34	2.93
9	4.26	3.86	3.63	3.48	3.37	3.29	3.23	3.18	3.13	2.71
10	4.10	3.71	3.48	3.33	3.22	3.14	3.07	3.02	2.97	2.54
∞	3.00	2.60	2.37	2.21	2.10	2.01	1.94	1.88	1.83	1.00

注：$f_大$ 是标准差对应的自由度；$f_小$ 是标准偏差对应的自由度。

【例 3-13】　在吸光光度分析中，用一台旧仪器测定溶液的吸光度 6 次，得标准偏差

$s_1 = 0.045$，再用一台性能稍好的新仪器测定 4 次，得偏差 $s_2 = 0.016$。试问新仪器的精密度是否显著地优于旧仪器的精密度？

解：已知　　　　　　　　$n_1 = 6$，$s_1 = 0.045$；$n_2 = 4$，$s_2 = 0.016$

$$S_{\text{大}}^2 = 0.0020，S_{\text{小}}^2 = 0.00048 = 0.00026$$

$$F = \frac{S_{\text{大}}^2}{S_{\text{小}}^2} = \frac{0.0020}{0.00026} = 7.69$$

查表 3-3，$f_{\text{大}} = 6-1 = 5$，$f_{\text{小}} = 4-1 = 3$，$F_{\text{表}} = 9.01$，

$F < F_{\text{表}}$，故两种仪器的精密度之间不存在统计学上的显著性差异，即不能做出新仪器显著地优于旧仪器的结论。由表中给出的置信度可知，做出这种判断的可靠性达 95%。

3.2.2　可疑数据的取舍——过失误差的判断

1. Grubbs 法

步骤：

1）从小到大排序：$x_1 < x_2 < x_3 < \cdots < x_n$；

2）计算平均值及标准偏差 s；

3）计算 $G_{\text{计算}} = \dfrac{\bar{x} - x_1}{s}$ 或 $G_{\text{计算}} = \dfrac{x_n - \bar{x}}{s}$；

4）查表 3-4 得某一置信度时的临界值 $G_{\text{表}}$；

5）比较：若 $G_{\text{计算}} > G_{\text{表}}$，弃去 x_1 或 x_n，否则保留。

表 3-4　确定置信度下的 $G_{p,n}$ 值

测定次数	置信度 P		测定次数	置信度 P	
n	95%	99%	n	95%	99%
3	1.15	1.15	12	2.29	2.55
4	1.46	1.49	13	2.33	2.61
5	1.67	1.75	14	2.37	2.66
6	1.82	1.94	15	2.41	2.71
7	1.94	2.10	16	2.44	2.75
8	2.03	2.22	17	2.47	2.79
9	2.11	2.32	18	2.50	2.82
10	2.18	2.41	19	2.53	2.85
11	2.23	2.48	20	2.56	2.88

【例 3-14】　一组平行测定数据为：22.38、22.39、22.36、22.40、22.44，试根据 Grubbs 法判断 22.44 能否弃去(要求置信度为 95%)。

解：

（a）排序：22.36、22.38、22.39、22.40、22.44

（b）$\bar{x} = \dfrac{22.36 + 22.38 + 22.39 + 22.40 + 22.44}{5} = 22.39$

（c）$s = \sqrt{\dfrac{\sum (x_i - \bar{x})^2}{n-1}} = 0.03$

（d）$G_{计算} = \dfrac{\bar{x} - x_n}{s} = 1.67$

（e）查表 3-4，$n = 5$ 时，$G_{表} = 1.67$

（f）$G_{计算} = G_{表}$，则 22.44 应予保留。

2. Q 值检验法

步骤：

1）从小到大排序：$x_1 < x_2 < x_3 < \cdots < x_n$

2）求极差：$x_n - x_1$

3）求 $x_n - x_{n-1}$ 或 $x_2 - x_1$

4）求 $Q = \dfrac{X_n - X_{n-1}}{X_n - X_1}$ 或 $Q = \dfrac{X_2 - X_1}{X_n - X_1}$

5）同置信度下，舍弃可疑数据的 Q 值见表 3-5

6）将 Q 与 Q_x（如 Q_{90}）相比

若 $Q > Q_x$ 舍弃该数据；（过失误差造成）

若 $Q < Q_x$ 保留该数据；（偶然误差所致）

当数据较少时，舍去一个后，应补加一个数据。

表 3-5　相同置信度下，舍弃可疑数据的 Q 值表

测定次数	Q_{90}	Q_{95}
3	0.94	0.98
4	0.76	0.85
5	0.64	0.73
8	0.47	0.54

【例 3-15】　测定某溶液 c，得到结果：0.1014，0.1012，0.1016，0.1025，问 0.1025 是否应弃去（置信度为 90%）？

解：　　　　　$Q_{计算} = \dfrac{0.1025 - 0.1016}{0.1025 - 0.1012} = 0.69 < Q_{0.90}(4) = 0.76$

所以 0.1025 应该保留。

【例 3-16】　一组实验数据如下：13.36、13.38、13.39、13.40、13.44，用 Q 值检验法判断 13.44 能否弃去（要求置信度为 95%）。

解：（a）排序：13.36、13.38、13.39、13.40、13.44

（b）$x_n - x_1 = 13.44 - 13.36 = 0.08$

（c）$x_n - x_{n-1} = 13.44 - 13.40 = 0.04$

（d）$Q = \dfrac{X_n - X_{n-1}}{X_n - X_1} = 0.5$

（e）查表 3-5，$n = 5$ 时，$Q_{0.95表} = 0.73$

∵ $Q < Q_{0.95表}$，则 13.44 应予保留。

如果排序以后，x_1、x_2、…、x_n 中有一个以上的值（两头）可疑，先检验相差较大的值。

由上面两例题可知，Grubbs 法检验可疑值效果更好。

用 Grubbs 法和 Q 值法检验法时，测定次数要大于 3 次，否则应补测 1~2 次。

分析数据的处理方法，一般的步骤是：首先检验是否存在较大的系统误差，校正系统误差后，对一组平行测定数据中的可疑数据进行取舍，然后对取舍后的数据求平均值、标准偏差，最后计算出要求置信度下的置信区间，最后报告的分析结果也就是某一置信度下的置信区间。

3.4 $\overline{d}$ 法

偏差大于 $4\overline{d}$ 的测定值可以舍弃。

步骤：

求异常值（Q_u）以外数据的平均值和平均偏差，如果 $Q_u - \overline{x} > 4\overline{d}$，舍去。

3.3　标准曲线的回归分析

在分析化学中，经常使用校正曲线法获得未知溶液的浓度。以吸光光度法为例，标准溶液的浓度 c 与吸光度 A 之间的关系，在一定范围内，可以用直线方程描述，这就是常用的比尔定律。但是由于测量仪器本身的精密度及测量条件的微小变化，即使同一浓度溶液，两次测量结果也不会完全一致。因而各测量点对于以比尔定律为基础所建立的直线，往往会有一定的偏离，这就需要用数理统计方法找出对各数据点误差最小的直线。如何得到这一条直线，如何估计直线上各点的精密度以及数据之间的相关关系？较好的办法是对数据进行回归分析。最简单的单一组分测定的线性校正模式可用一元线性回归。

3.3.1　一元一次线性回归方法[8]

在讨论吸光光度法的校正模式时，通常假设浓度值（x）具有足够的精密度，所有的随机误差都来源于测量值（y）。

对于 n 个实验点，x_i, y_i，$i = 1, 2, 3, \cdots, n$，需要确定自变量和因变量之间的一个近似函数关系式来反映二者之间的关系，即

$$y = f(x)$$

目的是使该函数关系与实验曲线之间的总体误差在一定意义下为最小。寻求这样的近似函数关系式的过程即为回归，在数学上也称为函数逼近，在几何学上称为曲线拟合。

回归过程所选的函数称为回归函数（回归方程）。回归函数所表达的曲线称为回归曲线。凡是回归曲线是一元函数的回归方程称为一元回归，当回归函数是参数的线性函数的回归称为线性回归。

例如：

$$y = bx + a \qquad 一元一次线性回归函数式$$
$$y = bx^2 + cx + a \qquad 一元二次线性回归函数式$$

一元线性回归时，将测量数据用数理统计的方法求出线性方程。此方程能够在最大程度上准确的反应出自变量和因变量之间的关系，根据这个方程，可以由测定的因变量值计

算出被测的自变量，避免了制作曲线与从曲线上查浓度引起的误差。

在定量分析中的标准(工作)曲线都属于一元一次线性回归，自变量取某一值时 $x_i(i=1，2，3，\cdots，n)$，测得变量的对应值为 $y_i(i=1，2，3，\cdots，n)$，若 x 和 y 之间呈直线关系，则它们的关系式为：

$$y = bx + a \qquad \text{一元一次线性回归函数式} \qquad (3\text{-}11)$$

式中　a——截距；

　　　b——回归直线的斜率，也称为回归系数。

y_i 为测定值，y 是回归值，二者间的误差为：

$$\Delta y = y_i - y = y_i - a - bx_i \qquad (3\text{-}12)$$

由于各实验点并不都落在的直线上，因此需要采用回归方法使实验点与这一直线方程函数差方和最小，即：

$$Q = \sum_{i=1}^{n}(y_i - y)^2 = \sum_{i=1}^{n}(y_i - a - bx_i)^2 = \text{最小值} \qquad (3\text{-}13)$$

对 a 和 b 求偏微分，并使它等于"零"得：

$$\frac{\partial Q}{\partial a} = -2\sum_{i=1}^{n}(y_i - a - bx_i) = 0$$

$$\frac{\partial Q}{\partial b} = -2\sum_{i=1}^{n}x_i(y_i - a - bx_i) = 0$$

$$Q = \sum_{i=1}^{n}(y_i - y)^2 = \sum_{i=1}^{n}(y_i - a - bx_i)^2 = \text{最小值}$$

运算后得：

$$b = \frac{\sum_{i=1}^{n}(x_i - \overline{x})(y_i - \overline{y})}{\sum_{i=1}^{n}(x_i - \overline{x})^2} = \frac{\sum_{i=1}^{n}x_iy_i - n\,\overline{x}\,\overline{y}}{\sum_{i=1}^{n}x_i^2 - n\,\overline{x}^2} \qquad (3\text{-}14)$$

$$a = \overline{y} - b\,\overline{x} \qquad (3\text{-}15)$$

其中

$$\overline{x} = \frac{1}{n}\sum_{i=1}^{n}x_i \qquad \overline{y} = \frac{1}{n}\sum_{i=1}^{n}y_i$$

在进行线性回归时，应该注意以下问题：

1) 计算过程中，不可以过早地修约数字，应等获得 b 和 a 的具体数值时，才进行合理的数学修约。

2) b 的有效数字位数应与自变量 x_i 的有效数字位数相等或最多比 x_i 多保留 1 位有效数字。a 的最后一位数，则和因变量 y_i 数值的最后一位数取齐或最多比 y_i 多保留一位数。

【例 3-17】　根据下列数据(见表 3-6)确定分光光度法测定铁的质量浓度和吸光度之间的回归方程。

表 3-6　例题 3-17 数据

铁的质量浓度/(μg/mL)	0.000	0.200	0.400	0.600	0.800	1.000
吸光度	0.000	0.131	0.246	0.358	0.480	0.615

解：根据式(3-14)、式(3-15)求出 a 和 b。

$$a = 0.00257; \quad b = 0.6049$$

则线性回归方程为：

$$y = 0.6049x + 0.00257$$

线性回归直线如图 3-4 所示：

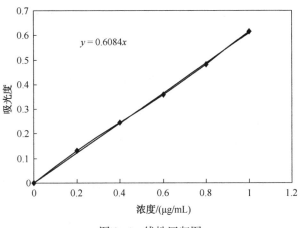

图 3-4　线性回归图

3.3.2　相关系数

当两个变量之间直线关系不够严格，数据的偏离较严重时，虽然也可以求得一条回归线，但是，实际上只有当两个变量之间存在某种关系时，这条回归线才有意义。判断回归线是否有意义，可用相关系数 γ 来检验。

相关系数的定义式为：

$$\gamma = b \sqrt{\frac{\sum\limits_{i=1}^{n} (x_i - \bar{x})^2}{\sum\limits_{i=1}^{n} (y_i - \bar{y})^2}} = \frac{\sum\limits_{i=1}^{n} (x_i - \bar{x})(y_i - \bar{y})}{\sqrt{\sum\limits_{i=1}^{n} (x_i - \bar{x})^2 \sum\limits_{i=1}^{n} (y_i - \bar{y})^2}}$$

相关系数的物理意义如下：

1）当所有的 y_i 值都在回归线上时，$\gamma = 1$。

2）y 与 x 之间完全不存在线性关系时，$\gamma = 0$。

3）当 γ 值在 0~1 之间时，表示 y 与 x 之间存在相关关系。γ 值愈接近 1，线性关系好就愈好。但是，以相关系数判断线性关系的好与不好时，还应考虑测量的次数及置信水平。

练习题

1. 什么是置信区间？

2. 什么是样品计算平均值？

3. 什么是样品计算标准偏差？

4. 什么是置信度？

5. 显著性检验有哪三种方法？分别介绍之。

6. 一般分析天平的称量误差为±0.0001g，称取一份试样需要称量两次，可能引起的最大误差是±0.0002g，为了使称量的相对误差不超过0.1%，则试样的最低质量应该是（　　）。

　　A. 0.1g　　　　　　　B. 0.2g　　　　　　　C. 0.3g　　　　　　　D. 0.4g

7. 分析铁矿石中铁含量，5次测定结果为37.45%、37.20%、37.50%、37.30%和37.25%，则测得结果的相对平均偏差为？

8. 比较两组测定结果的精密度（　　）。

甲组：0、19%、0、19%、0、20%、0、0、21%、0、0、21%

乙组：0、18%、0、20%、0、20%、0、0、21%、0、0、22%

　　A. 甲、乙两组相同　　B. 甲组比乙组高　　C. 乙组比甲组高　　D. 无法判别

9. 由计算器算得4.178×0.0037的结果为0.000255937，按有效数字运算规则应将结果修约为（　　）

　　A. 0.0002　　　　　B. 0.00026　　　　　C. 0.000256　　　　　D. 0.0002559

10. 下列数据中，有效数字位数为4位的是（　　）。

　　A. $[H^+]=0.002mol/L$　　　　　　　B. $pH=10.34$

　　C. $w=14.56\%$　　　　　　　　　　D. $w=0.031\%$

11. 下列数据中可认为是三位有效数字的是（　　）。

　　A. 0.85　　　　　B. 0.203　　　　　C. 7.90　　　　　D. 1.5×10^4

　　E. 0.78　　　　　F. 0.001

12. 测定某样品的百分含量，得到下列数据如下：126.62、128.54、127.52、128.47、126.87、127.96。试分别计算置信度为90%和95%时的置信区间？

13. 甲、乙二人对同一试样采用不同方法进行了测定，两组测定结果如下：

甲：3.26　3.25　3.22；乙：3.35　3.31　3.33　3.34。问这两种测量方法间有无显著性差异？

第4章 样品采集与制备

要检验某种东西的性质，或检验这种东西是否是预测的物质，又或者检验某物料是否纯净时，就要取少量的有代表性这种物质作为实验的原料，这种取有代表性物质的动作就被称为采样。所以采样是指从分析对象总体中取出用于分析的少量有代表性的物质，分析和测定工业物料的平均组成或是鉴定物质的种类。工业物料的组成复杂，数量庞大，有均匀物料，也有不均匀物料。所以，对样品的最基本、也是最重要的要求就是具有代表性，即所取出样品的待测定的性质应与分析对象总体完全一致。如果样品不具有代表性，分析工作就毫无意义，甚至可能导致得出错误的结论，从而失去对产品质量的监控作用。因此正确进行采样操作是分析工作中非常重要的步骤。

4.1 概　　述

4.1.1 基本术语

采样的常用词汇参阅国家标准 GB/T 4560—1998《工业用化学产品采样词汇》。下面给出部分基本术语。

1. 总体

研究对象的总体。

2. 采样

从分析对象总体中取出用于分析的少量有代表性的物质的操作。

3. 采样单元

具有界限的一定数量的物料。其界限可能是有形的，如一个容器，也可以是设想的，如物流的某一具体时间或间隔时间。

4. 份样

用采样器从一个采样单元中一次取得的一定量物料。

5. 样品

从数量较大的采样单元中取得的一个或几个采样单元，或从一个采样单元取得的一个或几个份样。

6. 原始样品

采集保持其个体性质的一组样品。

7. 实验室样品

为送进实验室供检验或测试而制备的样品。

8. 保存样品

与实验室样品同时同样制备的，日后有可能用作实验室样品的样品。

9. 代表样品

一种与被采物料有相同组成的样品，而此物料被认为是均匀的。

10. 试料

用以检验或观测所取得的一定量的样品。

11. 试样

由实验室制备的从中抽取试料的样品。

12. 子样

在规定采样点采取的规定量的物料，用于提供关于总体的信息。

13. 总样

合并所有的子样成为总样。

4.1.2　采样目的和原则

4.1.2.1　采样目的

1. 采样基本目的

采样的基本目的是从被检的总体物料中取得具有代表性的样品。通过对样品检测，得到在允许误差内的数据，从而求得被检物料的某一或某些特征的平均值及其变异性。

2. 采样具体目的

采样具体目的可以分为不同方面，目的不同，要求各异，在设计具体采样方案之前必须明确具体的采样目的和要求。

（1）技术目的

确定原材料、半成品的质量；控制生产工艺过程；鉴定未知物；确定污染的性质、程度和来源；验证物料的特性或特性值；测定物料随时间、环境的变化；鉴定物料的来源等。

（2）商业目的

确定销售价格；验证是否符合合同的规定；保证产品销售质量满足用户的要求等。

（3）法律目的

检查物料是否符合法令要求；检查生产过程中泄漏的有害物质是否超过允许极限；帮助法庭调查；确定法律责任；进行仲裁等。

（4）安全目的

确保物料是否安全或危险程度；分析事故发生的原因；按危险性进行物料的分类等。

4.1.2.2　采样的基本原则

为了掌握总体物料的成分、性能、状态等特性，往往需要按一定方案从总体物料中采得能代表总体物料的样品，通过对样品的检测了解总体物料的情况。因此，被采得的样品应具有充分的代表性。有时采样的费用较高，在设计采样方案时可以适当兼顾采样误差和费用。但首先是要满足对采样误差的要求。

4.1.3　采样基本程序[9]

要从一大批被检测对象中采取能代表整批物品质量的样品，必须遵从一定的采样程序和原则。一个完整的采样过程应该包括以下几个方面：制定采样方案；采样；采样后及时作好采样记录；根据各产品的有关规定确定保留样品的方法；确定处理废弃物的方法。只有真正做好以上工作，才能完成采样任务。

采样的国标有以下文献参照。包括：GB/T 3723，工业用化学产品采样安全通则；GB/T 6678，化工产品采样总则；GB/T 4650，工业用化学产品采样词汇；GB/T 6679，固体化工产品采用通则；GB/T 6680，液体化工产品采用通则；GB/T 6681，气体化工产品采用通则；GB/T 619，化学试剂采样及验收规则。

4.1.3.1 采样方案的制定

了解被采物料的所有信息及采样的具体目的和要求之后，分析工作者必须制定好采样方案。采样方案的内容应包括以下几个方面：确定总体物料的范围；确定采样单元和二次采样单元；确定样品数、样品量和采样部位；规定采样操作方法和采样工具；规定样品的加工方法；规定采样的安全措施等。

1. 样品数和样品量

在满足需要的前提下，样品数和样品量越少越好。随意增加样品数和样品量可能导致采样费用的增加和物料的损失。能给出所需信息的最少样品数和最少样品量为最佳样品数和最佳样品量。

（1）样品数的确定

一般化工产品都可用多单元物料来处理。

1）对于总体物料的单元数小于 500 的，可按表 4-1 来确定采样单元数。

表 4-1 采样单元数的选取

总体物料的单元数	选取的元数最少单	总体物料的单元数	选取的最少单元数
1~10	全部单元	182~216	18
11~49	11	217~254	19
50~64	12	255~296	20
65~81	13	297~343	21
82~101	14	344~394	22
102~125	15	395~450	23
126~151	16	451~512	24
152~181	17		

2）对于总体物料的单元数大于 500 的，采样单元数可按总体单元数立方根的三倍来确定，即：

$$n = 3 \times \sqrt[3]{N} \qquad (4-1)$$

式中　n——采样单元数；

　　　N——物料总体单元数。

注：上式计算结果中如遇到有小数时，都进为整数。

【例 4-1】　有一批工业物料，其总体单元数为 8000 桶，则采样单元数应为多少？

解：　　　　　$n = 3 \times \sqrt[3]{8000} = 60$（桶）

即应选取 60 桶。

（2）样品量的确定

一般情况下，样品量应至少满足以下需要：满足三次重复检测的需要；满足备考样品的需要；满足样品预处理的需要。

1）对于均匀样品，可按既定采样方案或标准规定方法从每个采样单元中取出一定量的样品混匀后成为样品总量，经缩分后得到分析用的试样。

2）对于一些颗粒大小不均匀、成分混杂不齐、组成极不均匀的物料，如矿石、煤炭、土壤等，选取具有代表性的均匀试样的操作较为复杂。根据经验，这类物料的样品选取量与物料的均匀度、粒度、易破碎程度有关，可用下式(称为采样公式)来计算。

$$Q = Kd^2 \tag{4-2}$$

式中　Q——采取平均试样的最小量，kg；

　　　d——物料中最大颗粒的直径，mm；

　　　K——经验常数，一般在 0.02~0.15 之间，kg/mm^2。

【例4-2】　现有一批矿物样品，已知 $K = 0.1kg/mm^2$，若此矿石最大颗粒的直径为80mm，则采样最小质量为多少？

解：已知 $K = 0.1kg/mm^2$，$d = 30mm$，由 $Q = Kd^2$ 得

$$Q = 0.1 \times 30^2 = 900(kg)$$

这样大的取样量，不适宜于直接分析，如果将上述物料中的最大颗粒破碎至直径为10mm，则取样量可减少为

$$Q = 0.1 \times 10^2 = 10(kg)$$

如继续破碎至1mm，则取样量可减少为

$$Q = 0.1 \times 1^2 = 0.1(kg)$$

取0.1kg制成试样就容易得多了。

2. 采样安全

采样规范除要求采样必须满足工作场所有害物质职业接触限值、职业卫生评价、工作场所环境条件对采样的要求外，还规范了一些具体的要求。但前提是无论所采样品的性质如何，都要遵守以下规定，即采样地点要有出入安全的通道，符合要求的照明、通风条件，设置在固定装置上的采样点还要满足所取物料性质的特殊要求。

对于所采物料本身是危险品的，应遵守的一般规定主要有以下七点。

1）在通过阀门取流体样品时，应采用具有随时限制流出总量和流速装置的采样设备，以避免阀门开关卡住时可能导致流体的大量流出；对液体和气体的采样，在任何时候都应该能用阀门安全地切断采样点与物料或管线的联系；为预防液体采样时液体溢出，应当准备排溢槽和漏斗，以便安全地收集溢出物，并为采样者设置常备防溅防护板。在任何情况下，采样者都必须确保所有被打开的管件和采样口按照要求被重新关闭好。

2）采样时应避免有害物质直接飞溅。

3）装有样品的容器，应便于操作并尽量减少样品容器的破损，及由此引起的危险性运载。

4）关注规范的更替，要按新的采样规范所规定的标准方法进行采样。

5）采样设备(包括所有的工具和容器)要与待采物料的性质相适应并符合使用要求。

6）应在采样前或尽早地在容器上做出标记，标明物料的性质及其危险性。

7）采样者要完全了解样品的危险性及预防措施，并接受过使用安全设施的训练。

4.1.3.2 采样记录与样品的保存

1. 采样记录

为明确分析工作内容，并为分析结果提供充分、准确的信息，采得样品后，要详细作好采样记录，对采用样品的相关信息进行严格记录，采样记录参考表4-2所示。

同时，样品盛入容器后，要及时在容器壁上贴上标签，标签内容与采样记录内容大致相同。

表4-2　采样记录内容表

样品名称及样品编号	分析项目名称
总体物料批号及数量	生产单位
采样点	样品量
气象条件	采样日期
保留日期	采样人姓名

2. 留样和废弃样品

（1）留样

留样就是留取、储存备考样品，是企业按规定保存的、用于质量追溯或调查的物料和产品样品。留样的作用包括考察分析人员检验数据的可靠性，作对照样品即复核备考用，以及对比仪器、试剂、试验方法是否存在分析误差或跟踪检验等。一些工业物料的化学组成在运输和储存期间，易受周围环境条件的影响而发生变化，因此，采得样品后一般应迅速处理。有的被测项目，应在采样现场检测，如不能及时检测，应采取措施予以保存，并在送到实验室后按有关规定处理。

处理后的样品应满足检测及备考的需要。采得的样品经处理后一般平分为两份，一份供检测用，一份留作备考。每份样品量至少应为检验需要量的3倍。

处理后的样品盛入容器后，应及时贴上写有规定内容的标签。盛样品的容器应符合下列要求，即具有符合要求的盖、塞或阀门，在使用前必须洗净、干燥，材质必须不与样品物质起作用、且不能有渗透性，对光敏性物料，盛样容器应是不透光的。

（2）弃样

样品的保存量（作为备考样）、保存环境、保存时间以及撤销办法等一般在产品采样方法标准或采样操作规程中都做了具体规定。备考样品储存时间一般不超过六个月，根据实际需要和物料的特性，可以适当延长和缩短。留样必须在达到或超过储存期才能撤销，不可提前撤销。样品应专门存放，防止错乱。

对剧毒、危险样品的保存和撤销，除遵守一般规则外，还必须严格遵守环保及毒物或危险物的有关规定，切不可随意随处撤销。关于有毒物或危险物品的有关规定参看第2章。

4.2　气体样品采集

工业气体按它们在工业上的用途大致可分为气体燃料、化工原料气、废气和厂房空气等。气体作为一种可压缩的流体，在生产过程中可以处于动态或者静态状态，可以在常压、正压、或者负压环境，可以处在高温或常温条件下。另外，气体具有易于渗透、易被污染和难以储存等特点。所以采样方法和装置都各不相同。有些气体毒性大，具有腐蚀性和刺激性，采样时应采取必要的安全措施，以保证人身安全。

气体物料一般都装在容器罐或者管道中，而且比较均匀，组成基本一致，每个罐可以作为采样单位，而管道中的气体采样数，可以以时间间隔编号来采集。实际工作中，通常对钢瓶中压缩或液化的气体、储罐中的气体和管道内流动的气体进行气体样品的采集。

4.2.1　取样点的确定

采取的气体样品类型有部位样品、混合样品、间断样品和连续样品。最小采样量应根据分析方法、被测组分的含量和重复分析测定的需要量来确定。依体积计量的样品，必须换算成标准状态下的体积。管道内输送的气体，采样与时间及气体的流速关系较大。采样点的选择应根据被采样的对象来合理设置，目的是能方便地采到真正反映物料组成的样品。

1. 储罐中取样

储罐中取样其采样点应设在储罐的中部因为下部往往存有积液及固体沉淀。对于液化气，绝不允许取储罐上层的气相部分来代替整个储罐组成。因为由于相平衡关系的存在，在平衡时，其气相和液相组成是不相同的。这样的样品，最好是用泵循环后在泵出口取其液相组分。

2. 管道中取样

管道中取样其采样点应设在主管道的气体流动部分其采样管要插入管道中心部位。因为在管道内，横截面上各部分的流速是不一样的，流体在管道中心部分流速最快，在管道壁处的气体流速最慢，缺乏代表性。

3. 塔设备中取样

塔设备中取样如果是正常的控制分析，采样点装在塔顶塔底各一个就可以。假若要考察其塔效时，需要在相应的塔板处增设采样点。

4. 泵或压缩机上采样

泵或压缩机上采样均以出口处为宜，但有时也有例外，例如要分析压缩机入口氧含量，这时要注意入口压力，在负压情况下，不得随便打开取样阀，若要采样时，应在管线上装置两个阀，用减压法采样。

4.2.2　气体采样工具

接触气体采样的采样设备材料应符合下列要求，即对样品不渗透、不吸收(或吸附)，在采样温度下无化学活性，不起催化作用，机械性能良好，容易加工和连接等。所以，采集气体样品时，对采样设备的要求较高。

气体的采样设备包括采样器、导管、样品容器、预处理装置、调节压力和流量装置、吸气器和抽气泵等。常用的采样设备主要包括采样器、导管和样品容器。

4.2.2.1　采样器

采样器按制造材料不同，可分为以下几种。

1) 硅硼玻璃采样器。廉价易制，适宜于<450℃时使用。

2) 石英采样器。适宜于<900℃时长时间使用。

3) 不锈钢和铬铁采样器。适宜于950℃时使用。

4) 镍合金采样器。适宜于1150℃在无硫气样中使用。

其他能耐高温的采样器材质有珐琅质、氧化铝瓷器、富铝红柱及重结晶的氧化铝等。

4.2.2.2 导管

导管分为不锈钢管、碳素钢管、铜管、铝管、特制金属软管、玻璃管、聚四氟乙烯或聚乙烯等塑料管和橡胶管。采集高纯气体，应采用不锈钢管或铜管。对纯度要求不高的，可采用橡胶管或塑料管。

4.2.2.3 样品容器

样品容器种类较多，常见的有吸气瓶(见图 4-1)、吸气管(见图 4-2)、真空瓶(见图 4-3)、金属钢瓶(见图 4-4)、双链球(见图 4-5)、吸附剂采样管(见图 4-6)、球胆及气袋等。

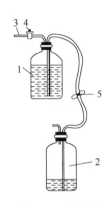

图 4-1 吸气瓶

1—气样瓶；2—封闭液瓶；

3—橡皮管；4—旋塞；5—弹簧夹

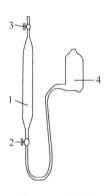

图 4-2 吸气管

1—气样管；2，3—旋塞；4—封闭液瓶

图 4-3 真空瓶

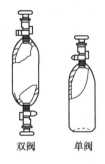

图 4-4 金属钢瓶

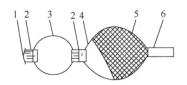

图 4-5 双链球

1—气体进口；2—止逆阀；3—吸气球；

4—储气球；5—防爆网；6—胶皮管

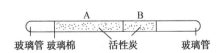

图 4-6 吸附剂采样管

注：管长 150mm、外径 6mm；A 段装 100mg

活性炭、B 段 50mg 活性炭

4.2.3 采样方法

4.2.3.1 常压气体的采样

常压或负压气体,将采样器的一端连接采样导管,另一端连接一个吸气器或抽气泵。抽入足量气体彻底清洗采样导管和采样器,先关闭采样器出口采样阀,再关闭采样器进口采样阀,移出采样器。通常使用封闭液取样法对常压气体进行取样,如果用此法仍感压力不足,则可用流水抽气泵减压法取样。

1. 封闭液取样法

(1)用吸气瓶取样

采集大量的气体样品时,可选用吸气瓶来取样。如图4-1所示。取样方法如下:

1)向瓶2中注满封闭液,旋转旋塞4,使瓶1与大气相通,打开弹簧夹5,提高瓶2,使封闭液进入并充满瓶1,将瓶1空气通过旋塞4排到大气中。

2)旋转旋塞4,使瓶1经旋塞4及橡胶管3和采样管相连。降低瓶2,气样进入瓶1,用弹簧夹5控制瓶1中封闭液的流出速度,使取样在一定的时间内进行至需要量,然后关闭旋塞4,夹紧弹簧夹5,从采样管上取下橡皮管3即可。

(2)用吸气管取样

采取少量气体样品时,可选用吸气管来取样,如图4-2所示。用吸气管取样的操作方法和用吸气瓶取样的操作方法相似。

2. 双链球取样法

双链球外形结构如图4-5所示,常用于在大气中采取气样。当需气样量不大时,用弹簧夹将橡皮管口封闭,在采样点反复挤压吸气球,被采气体进入储气球中;需气样量稍大时,在橡皮管上用玻璃管连接一个球胆,即可采样。在气体容器或气体管道中采样时,必须将采样管与双链球的气体进口连接起来,方可采样。

4.2.3.2 正压气体的采样

气体压力高于大气压力为正压气体。将清洁、干燥的采样器连接到采样管路上,打开采样阀,用相当于采样管路和容器体积至少10倍以上的气体清洗,然后关闭出口采样阀,再关闭进口采样阀,移去采样器。常用的取样容器有球胆、气袋等,也可以用吸气瓶、吸气管取样。如果气体压力过大,高压气体应先减压,则应调整采样管上的旋塞或者在采样装置和取样容器之间加装缓冲瓶,安装减压器、针形阀或节流毛细管等,至略高于大气压,再按照前一步所述方法采样。

4.2.3.3 负压气体的采样

气体压力低于大气压力为负压气体。如果气体的负压不太高,可以采用抽气泵减压法取样。若负压太高,则应用抽空容器取样法取样。抽空容器如图4-3所示,一般是0.5~3L的厚壁优质玻璃瓶或玻璃管,瓶和管口均有旋塞。取样前,用真空泵抽出玻璃瓶或玻璃管中的空气,直至瓶或管的内压降至8~13kPa以下时,关闭旋塞。取样时,用橡皮管将采样阀和抽空容器连接起来,再开启采样阀和抽空容器上的旋塞,被采气体则因抽空容器内有更高的负压而被吸入容器中。

其他要强调的是,连续样品的采集在整个采样期间,需要保持往样品容器中充气。间断样品的采集常用手动操作,也可用电子时间程序控制器接到气体采样系统,控制固定间隔时间自动采样。混合样品的采样方法通常有两种：一种是分取混合采样法，它是将不同容器内的气体分别接气体的体积采取等比例的气体样品，然后将其混合，此混合物可代表这几个容器内的气体混合后得到的样品。另一种是分段采样法，它是对一种气流，按规定距离由几个采样点采取部位样品，同时在每个采样点测量气体的流速，逐个分析这些样品。采集高纯气体应每瓶取样，需用 15 倍以上体积的样品气置换分析导管。

4.2.3.4 液化气体的采集

液化气体是指通过加压或降温加压转化成为液体后，再经精馏分离而得到可作为液体一样储运和处理的各种液化气体产品。例如低碳烃类液化气体（裂解碳四、液化气等）、有毒化工液化气体（如液氯）、低温液化气体（如液氯、液氧等）。采集这类气体必须特别注意安全，采样时严防爆炸、火灾、窒息、中毒、腐蚀、冻伤等事故的发生。因此，采样地点应有良好通风，远离火源。采样瓶必须严格按照国家发布的《气瓶安全监察规程》中的有关规定定期地进行技术检验。经检验符合规定压力的水压试验后，方准使用。采样时，采样钢瓶不能装满，通常只装至其容积的 80%，严防试样中低沸点组分挥发和外界杂质进入样品中，装有样品的采样器应防止高温、暴晒，存放在阴凉处。

4.2.3.5 样品的预处理

为了使样品符合某些分析仪器或分析方法的要求，需将气体样品加以处理。样品预处理是指消除干扰因素，完整保留被测成分，并使被测成份浓缩，以获得可靠的分析结果，处理过程包括过滤、脱水和改变温度等步骤。

1. 过滤

经过过滤操作可分离灰、湿气或其他有害物，但预先应确认所用干燥剂或吸附剂不会改变被测成分的组成。

2. 脱水方法

脱水方法的选择一般根据给定样品而定，但预先应确认所用干燥剂或吸附剂不会改变被测成分的组成。脱水方法有以下四种。

（1）化学干燥剂

常用的化学干燥剂有氯化钙、硫酸、五氧化二磷、过氯酸镁、无水碳酸钾和无水硫酸钙等。

（2）吸附剂

常用的有硅胶、活性氧化铝及分子筛，通常为物理吸附过程。

（3）冷阱

对难凝样品，可在 0℃ 以上几度的冷凝器中缓慢通过脱去水分。

（4）渗透

用半透膜让水由一个高分压的表面移至分压低的表面，通过压差为推动力脱除水分。

3. 改变温度

气体温度高的需加以冷却，以防止发生化学反应。同样，为了防止有些成分凝聚，有时需要加热。

4.3 液体样品采集

液体物料种类繁多，状态各异，可分为常温下的流动态液体、稍加热即成为流动态的液体、黏稠液体、多相液体和液化气体等几类。液体样品主要是水样(包括环境水样、排放的废水水样及废水处理后的水样、饮用水水样、高纯水水样)、饮料样品、油料样品(包括各种石油样品和植物油样品)、各种溶剂样品等,我们遇到最多的是水样。

液体物料均具有流动性,化学组成分布均匀,故容易采集平均样品。但不同的液体物料尚有相对密度、挥发性、刺激性、腐蚀性等方面的特性差异,生产中的液体物料还有高温、常温及低温的区别,所以在采样时,不仅要注意技术要求,还必须注意人身安全。

在工作中,在对液体物料进行采样前必须进行预检,并根据检查结果制定采样方案。预检内容包括了解被采物料的容器大小、类型、数量、结构和附属设备情况,检查被采物料的容器物料的容器是否受损、腐蚀、渗漏并核对标志,观察容器内物料的颜色、黏度是否正常,表面或底部是否有杂质、分层、沉淀、结块等现象,判断物料的类型和均匀性等。下面重点介绍一般液体样品的采集。

4.3.1 术语和定义

1. 部位样品

从物料的特定部位或物料流的特定部位和特定时间采得的一定数量的样品。

2. 表面样品

在物料表面采得的样品,以获得关于此物料表面的信息。

3. 底部样品

在物料的最低点采得的样品,以获得关于此物料在该部位的信息。对中小型容器,用开口采样管或带底阀的采样管(罐),从容器底部采得样品;对大型容器,则从排空口采得底部样品。

4. 上部样品

在液面下相当于总体积 1/6 的深处采得的一种部位样品。

5. 中部样品

在液面下相当于总体积中部一般 1/2 的深处采得的一种部位样品。

6. 下部样品

在液面下相当于总体积下部 5/6 的深处采得的一种部位样品。

7. 全液位取样

从容器内全液位采得的样品。采样时,用与被采物料粘度相适应的采样管两端开口慢慢放入液体中,使管内外液面保持同一水平,到达底部时封闭上端或下端,提出采样管,把所采得的样品放入样品瓶中;或用玻璃瓶加铅锤或者把玻璃瓶置于加重笼罐中,敞口放入容器内,降到底部后以适当速度上提,使露出液面时瓶灌满总体积的 3/4。

8. 平均样品

把采得的一组部位样品按一定比例混合成的样品。

9. 混合样品

把容器中物料混匀后随机采得的样品。

10. 批混合样品

把随机抽取的几个容器中采得的全液位样品混合后所得的样品。

4.3.2 样品的代表和注意事项

1. 代表性

如果被采容器内物料已经混合均匀，则采取混合样品作为代表样品，如果被采容器内物料未混合均匀，可采部位样品按一定比例混合成平均样品作为代表性样品。

2. 其他注意事项

（1）容器必须清洁

容器必须清洁、干燥、严密，容器不能用与被采物料起化学作用的材料制造，采样过程中防止被采物料受到环境污染和变质。

（2）样品的缩分

一般原始样品量大于实验室样品需要量，因此要把原始样品缩分为两份或三份小样，一份送检，一份保留，一份在必要时送给买方。

（3）样品标签和样品报告

样品装入容器后必须立即贴上标签，在必要时写出采样报告随同样品一起提交，其内容按 GB/T 6678 规定，样品报告参考表 4-2 所示。

4.3.3 液位采样工具

在对液体物料进行采样时，应根据容器情况和物料的种类来选择采样工具。常见的采样工具有以下几种。

1. 采样勺

采用不与物料发生化学反应的金属或聚乙烯塑料制成。有表面样品采样勺、混合样品采样勺以及采样杯。

2. 采样管

由玻璃、金属或者塑料制成的管子，能插到桶、罐、槽车所需要采样的液面，其构型如图 4-7 所示。它由金属长管制成，下端呈锥形，内有能与锥形管内壁密合的金属重砣，用长绳或金属丝控制重砣的升降。采取全液层样品时，提起重砣，将采样管慢慢地插入物料中直至底部，放下重砣，使下端管口闭合，提出采样管，将下端管口对准样品瓶口，提起重砣，使液体注入样品瓶内，此样品即为一个全液层子样。

3. 采样瓶

一般为 500mL 的具塞玻璃瓶，套上加重铅锤。其构型如图 4-8 所示。它是由底部附有重物的金属框和装在金属框内的小口采样瓶组成。金属框除用来放置、固定、保护采样瓶外，还兼做重锤用，框底附有铅块，以增加采样器质量，使其能沉入液体物料的底层。框架上有两根长绳或金属链，一根系在穿过框架上的小金属管同瓶塞相连的拉杆上，控制瓶塞的起落，另一根系住金属框，控制金属框的升降。

在一定深度的液层采样时，盖紧瓶塞，将采样器沉入液面以下预定深度，深度可由系住金属框的长绳上所标注的刻度指示。稍用力向上提取牵着瓶塞的绳子，拔出瓶塞，液体物料即进入采样瓶内。待瓶内空气被驱尽后，即停止冒出气泡时，再放下瓶塞，将采样器提离液面即可。

采取全液层样品时，先向上提起瓶塞，在将采样器由液面匀速地沉入物料底部，若采样器刚沉到底部时，气泡停止冒出，说明放下长绳的速度适当，已均匀地采得全液层样品，放下瓶塞，提出采样器，即完成采样。

此外，采样瓶在液层很深、液压很大时不容易拔出塞子，故不宜采取很深的液体物料。

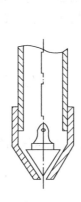　　　　　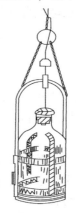

图 4-7　采样管局部构型　　　　图 4-8　玻璃采样瓶

4. 液态石油产品采样器

其构形如图 4-9 所示，它是一个有一定壁厚的金属圆筒。有固定在轴 1 上能沿轴翻转 90° 的盖，盖上面有两个挂钩 2 及挂钩 3，挂钩 3 上装有链条，用以升降采样器。挂钩 2 上也装有链条，用以控制盖的开闭，盖上还有一个套环 4，用以固定钢卷尺。

采样时，装好钢卷尺，放松挂钩 2 上的链条，用挂钩 3 上的链条将采样器缓缓沉入物料储存容器中，并在钢卷尺上观测沉入的深度。待采样器到达指定深度时，放松挂钩 3，

图 4-9　液态石油产品采样器
1—轴；2, 3—挂钩；4—套环

拉紧挂钩 2，使盖子打开，样液进入采样器内，与此同时，液面有气泡冒出。当液面停止冒气泡时，表明采样器已经满样液，放松挂钩 2，使塞子关闭，用挂钩 3 提出采样器，将采得的一个子样倾入样品瓶中。再用同样的方法采取另一个子样。

5. 石油液化气采样钢瓶

其构型如图 4-10 所示。它用不锈钢制成，有单阀型、双阀型、非预留容积管型和预留容器管型等。采样时，根据样品量选用不同规格、型号的采样瓶。钢瓶需经规定压力的水压实验和规定压力的气密性试验合格后，方准使用。

6. 金属杜瓦瓶

其构型如图 4-11 所示。金属杜瓦瓶隔热性能良好，一般在从储罐中采得低温液化气体(如液氯、液氧等)样品时使用。采样时，通过储罐上采样点中的延伸轴阀门采取样品。金属杜瓦瓶必须经有关规定的试验合格后，方准使用。

7. 有毒化工液化气采样钢瓶

它是带有一长一短双内管连通双阀门瓶头的小钢瓶，容积为 1~10L。钢瓶也需经检验符合规定压力的水压试验和规定压力的气密性试验后方可使用。

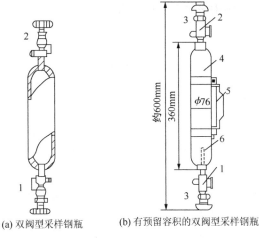

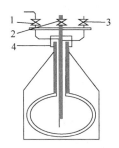

(a) 双阀型采样钢瓶   (b) 有预留容积的双阀型采样钢瓶

图 4-10 石油液化气采样钢瓶

1—进入阀；2—出口阀；3—安全阀；
4—钢瓶主体；5—提手；6—预留容积管

图 4-11 金属杜瓦瓶

1—排出阀；2—注入阀；
3—排气阀；4—螺旋口盖帽

4.3.4 采样方法

液体化工产品的采样，可根据其常温下的物理状态分为 4 大类来进行，常温下为流动态的液体，稍微加热为流动态的化工产品，黏稠液体和多相液体。下面主要介绍常温下为流动态的液体的采样方法。

4.3.4.1 储运工具的采样

1. 件装容器的采样

分为小瓶装产品(25~500mL)、大瓶装产品(1~10L)、小桶装产品(约 19L)和大桶装产品(约 200L)。对小瓶装液体产品进行采样时，按采样方案随机采得若干瓶产品，各瓶摇匀后分别倒出等量液体，混合均匀后作为代表样品；对大瓶或小桶装液体产品进行采样时，被采样的瓶或桶用人工搅拌或摇匀后，用适当的采样管采得混合样品。对大桶样品，可用采样管采得混合样品，如未事先混合，则用采样管采全液位样品或采部位样品混合成平均样品，在滚动或搅拌均匀后，用适当的采样管采的混合样品，如需知道表面或底部情况时，可分别采得表面样品和底部样品。

2. 储罐的采样

常见的储罐有立式圆柱形储罐和卧式圆柱形储罐。对立式圆柱形储罐中液体产品采样时，可从安装在储罐侧壁的上、中、下采样口采样。由于截面一样，采得的部位样品混合成平均样品作为代表样品。各种液面高度下的采样可按表 4-3 所示采得后混合成平均样品作为代表样品。当储罐上未安装上、中、下采样口时，可先把物料混匀，再从排料口采样；还可从顶部进口放入采样瓶(罐，管)，降到所需位置采取部位样品或全液位样品。

对卧式圆柱形储罐中液体产品采样时，可按表 4-4 中规定的采样液面位置采得上、中、下部位样品，并按相应比例混合成平均样品。也可以从顶部进口采得全液位样品。

储罐采样要防止静电危险，罐顶部要安装牢固的平台和梯子，相关国家标准 GB 13348《液体石油产品静电安全规程》中有规定。

表4-3　立式圆柱形储罐采样部位和比例

采样时液面情况	混合样品时相应的比例		
	上	中	下
满灌时	1/3	1/3	1/3
液面未达到上采样口，但更接近上采样口	0	2/3	1/3
液面未达到上采样口，但更接近中采样口	0	1/3	2/3
液面低于中部采样口	0	0	1

3. 槽车的采样

可从顶部进口处采取上、中、下部位样品，并按一定比例混合成平均样品。由于槽车罐是卧式圆柱形或椭圆形，所以采样位置和混合比例可按表4-4所示进行；也可采全液位样品。如在顶部无法采样而物料又较为均匀时，可用采样瓶在槽车的排料口采样。

表4-4　卧式圆柱形储罐采样部位和比例

液体深度（即直径的百分数/%）	采样液位(距底直径的百分数/%)			混合样品时相应的比例		
	上	中	下	上	中	下
100	80	50	20	3	4	3
90	75	50	20	3	4	3
80	70	50	20	2	5	3
70		50	20		6	4
60		50	20		5	5
50		40	20		4	6
40			20			10
30			15			10
20			10			10
10			5			10

4. 输送管道的采样

可分为管道出口端采样、探头采样和自动管线采样器采样。管道出口端采样，即周期性地在管道出口端放置一个样品容器，容器上放只漏斗以防外溢。采样时间间隔和流速成反比，混合体积和流速成正比。

管道采样分为与流量成比例的试样和与时间成比例的试样。当流速变化大于平均流速10%时，按流量比采样，如表4-5所示；当流速较平稳时，按时间比采样，如表4-6所示。

表4-5　与流量成比例的采样规定

输送数量/m³	采样规定
≤1000	在输送开始和结束时各一次
1000~10000	开始一次，以后每隔1000m³一次
>10000	开始一次，以后每隔2000m³一次

表 4-6　与时间成比例的采样规定

输送时间/h	采样规定
≤1	在输送开始和结束时各一次
1~2	在输送开始、中间、结束时各一次
2~24	在输送开始时一次，以后每隔 1h 一次
>24	在输送开始时一次，以后每隔 2h 一次

4.3.4.2　水样的采取

1. 水样的类型

（1）瞬时水样

瞬时水样是指在某一时间和地点从水体中随机采集的分散水样。当水体水质稳定，或其组分在相当长的时间或相当大的空间范围内变化不大时，瞬时水样具有很好的代表性；当水体组分及含量随时间和空间变化时，就应隔时、多点采集瞬时样，分别进行分析，摸清水质的变化规律。

（2）混合水样

混合水样是指在同一采样点、不同时间所采集的瞬时水样的混合水样，有时称"时间混合水样"，以与其他混合水样相区别。这种水样在观察平均浓度时非常有用，但不适用于被测组分在储存过程中发生明显变化的水样。

如果水的流量随时间变化，必须采集流量比例混合样，即在不同时间依照流量大小按比例采集的混合样。可使用专用流量比例采样器采集这种水样。

（3）综合水样

把不同采样点同时采集的各个瞬时水样混合后所得到的样品称综合水样。这种水样在某些情况下更具有实际意义。例如，当为几条排污河、渠建立综合处理厂时，以综合水样取得的水质参数作为设计的依据更为合理。

2. 地表水样的采集

（1）采样前的准备

采样前，要根据监测项目的性质和采样方法的要求，选择适宜材质的盛水容器和采样器，并清洗干净。此外，还需准备好交通工具。交通工具常使用船只。对采样器具的材质要求化学性能稳定，大小和形状适宜，不吸附待测组分，容易清洗并可反复使用。

（2）采样方法和采样器

在河流、湖泊、水库、海洋中采样，常乘监测船或采样船、手划船等交通工具到采样点采集，也可涉水和在桥上采集。

采集表层水水样时，可用适当的容器如塑料筒等直接采取。采集深层水水样时，可用简易采水器、深层采水器、采水泵、自动采水器等。

3. 地下水样的采集

（1）井水

从监测井中采集水样常利用抽水机设备。启动后，先放水数分钟，将积留在管道内的陈旧水排出，然后用采样容器接取水样。对于无抽水设备的水井，可选择适合的采水器采集水样，如深层采水器、自动采水器等。

（2）泉水、自来水

对于自来水，先将水龙头完全打开，将积存在管道中的陈旧水排出后再采样。地下水的水质比较稳定，一般采集瞬时水样即能有较好的代表性。对于自喷的泉水，可在涌水口处直接采样，对于不是自喷的泉水，必须使抽水管内的水全部被新水更替后，再在涌水口处进行采样。

（3）河水、湖水

1）在河水中采样时，应选择河水汇合之前的主流、支流及汇合之后的主流作为采样地点。在河流上游采样时，应选择河面窄、流速大、水体混合均匀、容易采样的部位作为采样点；对于河面宽的中等河流，应选择河流横断面上流速最大部位作为采样点；对于宽度在几十米以上的河流，除了在河流中心部位设点采样外，还要在河流的两岸增设采样点，以保证水质的均匀性。常用采样勺和简易采样器采取水样。

2）在湖泊中采样时，把具有代表性的湖心部位及河流进口处作为采样地点，用简易采样器在不同的深度取样。为了弄清各种成分的分布情况，应增设采样点。

4. 废（污）水样的采集

（1）工业废水

工业废水的采样地点分别为车间，工段以及工厂废水总排出口，废水处理设施的排出口等。若是连续地排放废水，则废水中有害物质的含量变化较小，可在 8h 内每隔 0.5~1h 采取一个子样，再混合成一个总样。如果有害物质含量变化较大，应缩短间隔时间，增加子样数目。如果是间歇地排放废水，则应在排放时采样。

（2）生活污水

生活污水成分复杂，变化很大，为使水样具有代表性，必须分多次采取后加以混合。一般是每 1h 采取一个子样，将 24h 内收集的水样混合作为代表性样品。

（3）采样地点

1）浅层废（污）水。从浅埋排水管、沟道中采样，用采样容器直接采集，也可用长把塑料勺采集。

2）深层废（污）水。对埋层较深的排水管、沟道，可用深层采水器或固定在负重架内的采样容器，沉入检测井内采样。

4.4　固体样品采集与制备

固体样品的采集参见 GB/T 6679《固体化工产品采样通则》，以及 GB/T 6678《化工产品检验总则》。规则规定了固体化工产品的采样技术、样品制备、产品报告。适用于固体化工产品的采样，不适用于气体中的固体悬浮物和浆状物的采样。

固体样品类型有部分样品、定向样品、代表样品、截面样品和几何样品。可以根据采样目的、采样条件、物料状况（批量大小、几何形状、粒度、均匀程度、特性值的变异性分布）确定样品类型。固体工业产品的化学组成和粒度较为均匀，杂质较少，采样方法比较简单，采样过程中除了要注意不应带进杂质以及避免引起物料变化（如吸水、氧化等）外，原则上可以在物料的任意部位进行采样。固体化工产品一般都使用袋（桶）包装，每一袋（桶）称为一件，即件装。采样单元可按表 4-1 来确定，同时在确定子样数目后，即可用取样钻或双套取样管对每个采样单元分别进行采样。化工产品总样质量一般不少于 500g，其他工业产品的总样质量应足够分析用。对于单元物料，其采样量和采样数在前面已经介绍。而对于散装物料则要以下规律计算：①批量少于 2.5t，采样为 7 个单元(或点)；②批量为 2.5~80t，采样为 $\sqrt{批量(t) \times 20}$ 个单元，计算到整数；③批量大于 80t，采样为 40 个单元(或点)。

而固体矿物的化学成分和粒度往往很不均匀，杂质较多，采样过程就较为繁琐、困难，一般采取随机取样，对所得样品进行分别检测，再汇总所有样品的检测结果，可以得到总体物料的特性平均值和变异性的估量值。由于固体均匀物料采样相对简单，故现以具有固体矿物代表性的商品煤样采集方法为例，重点介绍不均匀固体物料的采样方法，对于均匀物料的采样工具等也一并介绍。

4.4.1　子样数目与子样质量确定

在采样过程中，确定采样单元后，根据具体的情况确定采集的子样数目和子样质量，然后按照有关规定进行采样。对于商品煤，一般以 1000t 为一采样单元，进出口煤按品种，分别以交货量或一天的实际运量为一采样单元。采集的子样数目和子样质量按以下情况确定。

4.4.1.1　子样数目

1. 1000t 商品煤确定子样数目

对于 1000t 商品煤，可按表 4-7 的规定确定子样数目。

表 4-7　1000t 商品煤子样数目

煤　　种	原煤和筛选煤		炼焦用精煤	洗煤(中煤)
	干基灰分≤20%	干基灰分>20%		
子样数目	30	60	15	20

2. 煤量超过 1000t 的子样数目

煤量超过 1000t 的子样数目，按下式计算

$$N = n\sqrt{\frac{m}{1000}} \qquad (4-3)$$

式中　N——实际应采子样数目，个；

　　　n——表 4-7 所示的子样数目，个；

　　　m——实际被采样煤量，t。

3. 煤量少于 1000t 的子样数目

煤量少于 1000t 时，子样数目按表 4-8 规定的数目按比例递减，但不得少于表 4-7 规定的数目。

4.4.1.2　子样质量

商品煤每个子样的最小质量，应根据煤的最大粒度，按表 4-9 中的规定确定。人工采样时，如果一次采出的样品质量不足规定的最小质量，可以在原处再采取一次，与第一次采取的样品合并为一个子样。

表4-8 不足1000t商品煤子样数目表

煤 种			采 样 地 点				
			煤流	火车	汽车	船舶	煤堆
原煤、筛选煤	干基灰分/%	>20%	表3-7规定数目的1/3	18	18	表4-7规定数目的1/2	表4-7规定数目的1/2
		≤20%		18	18		
精煤				6	6		
其他选煤(包括中煤)和粒度大于100mm块煤				6	6		

表4-9 商品煤粒度与采样量对照表

商品煤最大粒度/mm	<25	25~50	50~100	>100
每个子样的最小质量/kg	1	2	4	5

4.4.2 固体采样工具

常用的固体采样工具有以下几种。

(1)自动采样器

自动采样器适用于从运输皮带、链板运输机等输送状态的固体物料流中定时定量地连续采样。用盛样桶或试样瓶来收集子样。

(2)舌形铲

能在采样点一次取出规定量的子样。适用于运输工具、物料堆或物料流中进行人工采样。可用于采集煤、焦炭、矿石等不均匀固体物料的样品。

(3)取样钻

适用于从包装袋或桶内采集细粒状工业产品的固体物料。取样时,将取样钻由袋口一角沿对角线方向插入袋内1/3~3/4处,旋转180°后抽出,刮出钻槽中的物料,作为一个子样。

(4)双套取样管

双套取样管,用不绣钢管或铜管制成。采样时,将双套取样管斜插入袋(桶)内,旋开内管,将双套取样管旋转180°,关闭内管,抽出双套取样管,将采得的物料由内管管口处转入试样瓶中,盖紧瓶塞,即得一个子样。

4.4.3 采样方法

对于粉末、小颗粒、小晶体的采样,当样品为件装时,用采样工具,从采样单元中,按一定方向,插入一定深度取定向样品,每个采样单元中所取得的定向样品的数量依容器中的物料的均匀度确定。当为散装时,分两种情况:①若为静止物料时,根据物料的大小和均匀程度,用勺、铲和采样探子从物料的一定部位或沿一定的方向取部位样品或局部样品。②当物料为运动物料时,用自动取样器、勺子或者其他合适的工具,从皮带运输机或物质的落流中,随机的或按一定的时间间隔取截面样品。

对于粗粒和规则的块状物料,当为件状样品时,直接沿一定方向,一定深度取定向样品。当为散装物料时，也分为两种情况：①若为静止物料，根据物料的大小和均匀程度，用勺、铲和采样探子从物料的一定部位或沿一定的方向取部位样品或局部样品。②用适当的工具或分流的方法，从皮带运输机或物质的落流中，随机的或按一定的时间间隔取截面样品。下面仍以煤为例说明采样过程。

4.4.3.1　从物料流中采样

从输送状态的物料流中采样时，先确定子样数目和子样质量，然后根据物料流量的大小及有效输送时间均匀地分布采样时间，每隔一定的时间采一个子样。当用采样铲在皮带运输机上采样时，采样铲必须紧贴传送皮带而不能悬空铲取样品。一个子样可以分成两次或三次采取，采用顺序必须按从左到右的方向进行，采样部位不能交错重复。

4.4.3.2　从运输工具中采样

1. 从火车上采样

煤量在 300t 以上时，对于炼焦用精煤、其他洗煤及粒度大于 100mm 的块煤，不论车厢容量大小，均按图 4-12 所示，在火车车厢内沿斜线方向在"1、2、3、4、5"位置上按五点循环采取子样。对于原煤、筛选煤，不论车厢容量大小，均按图 4-13 所示，在车厢内沿斜线方向采取 3 个子样。斜线的始末两点距离车角应为 1m，其余各点应均匀地分布在始末两点之间，各车皮的斜线方向应一致。

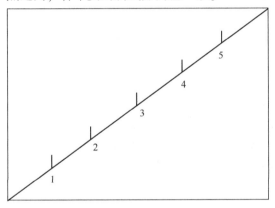

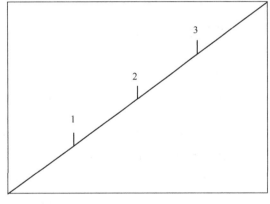

图 4-12　斜线五点法　　　　　　　　图 4-13　斜线三点法

煤量不足 300t 时，炼焦用精煤、其他洗煤及粒度大于 100mm 的块煤，应采取子样的最少数目为 6 个，原煤、筛选煤应采取子样的最少数目为 18 个(见表 4-8)。在每辆车厢内按图 4-12 或图 4-13 斜线上采取 5 个或 3 个子样。如果装煤的车厢数等于或少于 3，则多余的子样可在与图 4-12 的斜线上采取。

2. 从汽车等小型车辆上采样

从小型车辆中采集固体物料时，子样的数目应按具体规定执行。但由于汽车等小型车辆容积较小，可装车数远远超过应采取的子样数目，所以不能从每一辆车中采取子样。一般是将采取的子样数目平均分配于所装的车中，即每隔若干车采取一个子样。例如 1000t 商品煤，按规定应采集 60 个子样，如果汽车的载运量为 4t，应装 250 车，则每隔大约 4 车采取一个子样。

3. 从大型船舶中采样

大型船舶装运的固体物料一般不在船上直接采样，而应在装卸过程中于皮带输送机煤

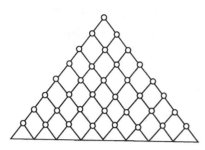

图 4-14　商品煤堆子样点分布示意图

流中，或其他装卸工具(如汽车)上采样。按前述中规定的子样数目和子样质量来采样。

4.4.3.3　从物料堆中采样

从物料堆中采样时，子样数目应根据商品煤量按前述中的表 4-8 的规定确定，每个子样的最小质量按表 4-9 确定。采样时，应根据煤堆的不同形状，先将子样数目均匀地分布在煤堆的顶部和斜面上。如图 4-14 所示。最下层采样部位应距离地面 0.5m。每个采样点上 0.2m 表层物料应除去，然后沿着和物料堆表面垂直的方向边挖边采样。

4.4.4　样品处理方法

固态物料的采样量较大，其粒度和化学组成往往不均匀，不能直接用来进行分析。因此，为了从总样中取出其物理性质、化学性质及工艺特性和总样基本相似的少量代表样，就必须将总样进行制备处理。样品的制备一般包括破碎、掺和、缩分等几个步骤。破碎、筛分、掺和、缩分等均可根据情况及可能，选用手工或机械方法进行。

1. 破碎

按规定用适当机械或人工减小样品粒度的过程称为破碎。一般要求分析试样能通过 100~200 目筛。

2. 筛分

按规定用适当的标准筛对样品进行分选的过程称为筛分。经过破碎的物料，必须用一定规格的标准筛进行过筛，将大于规定粒度的物料筛分出来，凡是未通过标准筛的物料，必须进一步破碎，不可抛弃，以保证所得样品能代表整个被测物料的平均组成。

化验室中使用的标准筛又称为分样筛或试验筛，其规格以"目"表示。目数越小，标准筛的孔径越大。目数越大，标准筛的孔径越小。筛号规格如表 4-10 所示。

表 4-10　筛号(网目)及其规格

筛号(网目)	20	40	60	80	100	120	200
筛孔(即每个孔的直径)	0.83	0.42	0.25	0.18	0.15	0.125	0.074

3. 掺和

按规定将样品混合均匀的过程称为掺和。经破碎后的样品，其粒度分布和化学组成仍不均匀，须经掺和处理。对于粉末状的物料，可用掺和器进行掺和。对于块粒状物料和少量的粉末状物料，可用堆锥法进行人工掺和。

4. 缩分

用分样器、分格缩分铲、或者其他适当的机械分样缩分样品。按规定减少样品质量的过程称为缩分。在条件允许时，最好使用分样器进行缩分。分样器如图 4-15 所示。缩分的次数是有要求的，在每次缩分时，试样的粒度与保留的试样量之间应符合公式 $Q=Kd^2$ 的要求，否则应进一步破碎后，再缩分。

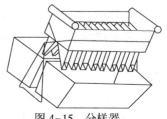

图 4-15　分样器

4.5　检验准备

4.5.1　实验室用水

在分析工作中，洗涤仪器、溶解样品、配制溶液均需要用水。一般天然水和自来水中常含有氯化物、碳酸盐、硫酸盐、泥沙等少量无机物和有机物，影响分析结果的准确度。作为分析用水，必须先经一定的方法净化，达到国家规定的实验室用水规格后，方可使用。

分析实验室用水的原水应为饮用水或适当纯度的水。分析实验室用水共分为三个级别：一级水、二级水和三级水。实验室用水的级别是分析质量控制的一个重要因素，它影响到空白值的大小以及分析方法的检出限，尤其在微量分析中对水质的要求更高。实验室中用于溶解、稀释和配制溶液的水，都必须先经过纯化。分析要求不同，对于水质纯度的要求也不同。

1. 实验室用水的级别

国家标准 GB/T 6682—2008《分析实验室用水规格和试验方法》中规定了实验室用水规格、等级、制备方法、技术指标和检验方法。

（1）一级水

用于有严格要求的分析试验，包括对颗粒有要求的试验，如高效液相色谱分析用水。一级水可用二级水经过石英设备蒸馏或交换混合床处理后，再经 $0.2\mu m$ 微孔滤膜过滤来制取。

（2）二级水

用于无机痕量分析等试验，如原子吸收光谱分析用水。二级水可用多次蒸馏或离子交换等方法制取。

（3）三级水

用于一般化学分析试验。三级水可用蒸馏或离子交换等方法制取。

2. 实验室用水的制备方法

各级水在储存期间，其沾污的主要来源是容器、可溶成分的溶解、空气中的二氧化碳和其他杂质。因此，一级水不可储存，需使用前制备。二级水、三级水可适量制备，分别储存在预先经同级水清洗过的相应容器中。

经过各种纯化方法制得的各种级别的分析实验室用水，纯度越高要求储存条件越严格，成本也越高，应该根据不同的分析方法的要求合理选用。表4-11列出了国家标准中规定的各级水的制备方法、储存条件及使用范围。

表 4-11　实验室用水

级别	制　备	储　存	使　用
一级水	可用二级水经过石英设备蒸馏或者离子交换混合床处理后，再经过 $0.2\mu m$ 微孔滤膜过滤制取	不可储存，使用前制备	有严格要求的分析实验，包括对颗粒有要求的试验，如高压液相色谱分析用水

级别	制备	储存	使用
二级水	可用多次蒸馏或离子交换等方法制取	储存于密闭的、专用的聚乙烯容器中	无机痕量分析等实验，如原子吸收光谱分析用水
三级水	可用蒸馏或离子交换等方法制取	储存于密闭的、专用的聚乙烯容器中，也可使用密闭的、专用的玻璃容器储存	一般化学分析实验

4.5.2 实验室用水检验

4.5.2.1 实验室用水的技术指标

国家标准 GB/T 6682—2008《分析实验室用水规格和试验方法》中规定了实验室用水规格、等级、制备方法、技术指标和检验方法。

分析实验室用水应符合的指标要求如表 4-12 所示。

表 4-12　分析实验室用水规格和技术指标

指标名称		一级	二级	三级
外光			无色透明	
pH 值范围(25 ℃)	≤	—	—	5.0~7.5
电导率(25 ℃)/(mS/m)	≤	0.01	0.1	0.5
可氧化物质（以氧计）/(mg/L)	<	—	0.08	0.4
吸光度(254nm，1cm 光程)	≤	0.001	0.01	—
蒸发残渣(105 ℃ ± 2 ℃)/(mg/L)	≤	—	1.0	2.0
可溶性硅(以 SiO_2 计)/(mg/L)	≤	0.01	0.02	—

4.5.2.2 实验室用水的检验方法[10]

分析实验室用水的质量检验，有标准方法和一般检验方法两种。GB/T 6682—2008 中详细规定了分析实验室用水的检验方法，为标准检验法。标准检验法规定了对水质的 pH 值、电导率、可氧化物质、蒸发残渣等指标的检验要求。按照该标准进行检验，至少应该取 3L 水样，且在取样前，要用待测水样反复清洗容器，取样时应避免沾污。试验环境要保持洁净，试验中均应使用分析纯试剂和相应级别的水。

4.5.3 化学试剂与溶液配制

4.5.3.1 化学试剂分类和规格

化学试剂根据纯度及杂质含量的多少，可将其分为以下几个等级：

1. 优级纯试剂

亦称保证试剂，为一级品，纯度高，杂质极少，主要用于精密分析和科学研究，常以 GR 表示。

2. 分析纯试剂

亦称分析试剂，为二级品，纯度略低于优级纯，杂质含量略高于优级纯，适用于重要分析和一般性研究工作，常以 AR 表示。

3. 化学纯试剂

为三级品，纯度较分析纯差，但高于实验试剂，适用于工厂、学校一般性的分析工作，常以 CP 表示。

4. 实验试剂

为四级品，纯度比化学纯差，但比工业品纯度高，主要用于一般化学实验，不能用于分析工作，常以 LR 表示。

以上按试剂纯度的分类法已在我国通用。我国化学试剂属于国家标准的附有 GB 代号，属于原化学工业部标准的附有 HG 或 HGB 代号。

根据原化学工业部颁布的"化学试剂包装及标志"的规定，化学试剂的不同等级分别用各种不同的颜色来标志，如表 4-13 所示。

表 4-13 我国化学试剂的等级及标志

纯度级别	优级纯	分析纯	化学纯	实验试剂
英文代号	GR Guarantee Reagent	AR Analytical Reagent	CP Chemical Pure	LR Laboratory Reagent
瓶签颜色	绿色	红色	蓝色	中黄色(或其他颜色)
适用范围	用作标准物质，主要用于精密的科学研究和分析实验	用于一般科学研究和分析实验	用于要求较高的无机和有机化学实验，或要求不高的分析实验	用于一般的实验和要求不高的科学实验

除上述化学试剂外，还有很多特殊规格的试剂，如指示剂、基准试剂、当量试剂、光谱纯试剂、生化试剂、生物染色剂、色谱用试剂及高纯工艺用试剂等。基准试剂相当或高于优级纯试剂，是专做滴定分析的标准物质，用以确定未知溶液的准确浓度或直接配制标准溶液，其主成分含量一般在 99.95%~100.0%，杂质总量不超过 0.05%。光谱纯试剂主要用于光谱分析中作标准物质，其杂质用光谱分析法测不出或杂质低于某一限度，纯度在99.99% 以上。

4.5.3.2 化学试剂的使用

实验室中一般只储存固体试剂和液体试剂，气体物质都是需要时临时制备。关于实验室试剂的安全使用在第 2 章已经述及。同时在具体操作过程中，还要注意以下方面，在取用和使用任何化学试剂时，首先要做到"三不"，即不用手拿，不直接闻气味，不尝味道。此外还应注意试剂瓶塞或瓶盖打开后要倒放桌上，取用试剂后立即还原塞紧。否则会污染试剂，使之变质而不能使用，甚至可能引起意外事故。打开易挥发试剂的瓶塞时，不可将瓶口对准脸部或他人。在夏季高温天气，有些试剂如氨水等，打开瓶塞时，很易冲出气液，最好先将试剂瓶在冷水中浸泡一段时间，再打开瓶塞。凡取出的试剂不允许再倒回原试剂瓶中。取完试剂后要盖紧瓶塞，不可错换瓶塞。要注意保护试剂上的标签。分装或配制试剂后要随手贴上标签。绝不允许在瓶内装上不是标签标示的物质等。

4.5.3.3 溶液浓度表示方法

溶液是由至少两种物质组成的均一、稳定的混合物，被分散的物质(溶质)以分子或更小的质点分散于另一物质(溶剂)中。在一般性讨论中，常用 A 代表溶剂，B 代表溶质。溶液的浓度通常是指在一定量的溶液中所含溶质的量。实验中常用的浓度表示方法分别讨论如下。

1. B 的物质的量浓度

B 的物质的量浓度，符号为 $c(B)$，定义为物质 B 的物质的量(n_B)除以混合物的总体积(V)。

$$c(B) = n_B/V \qquad\qquad (4-4)$$

物质的量浓度的国际(SI)单位为 mol/m^3，常用 mol/L 表示。

在使用物质的量浓度时必须指明基本单位。例如 $c(H_2SO_4) = 1.5$mol/L，即每升溶液中含有硫酸 $1.5×98.08 = 142.62$g，基本单元是硫酸分子。而 $c(1/5\ KMnO_7) = 0.1$mol/L，即每升溶液中含有高锰酸钾 3.16g，基本单元是 $1/5\ KMnO_7$。

需要强调的是，按 GB 3102.8—1993 规定，只说"浓度"二字，就是专指 B 的物质的量浓度，其他用"浓度"表示的混合物组成方式，均应附有限制词，不能省略。如"质量浓度"不能简称为浓度。

2. B 的质量浓度

B 的质量浓度，符号为 $\rho(B)$，定义为 B 的质量(m_B)除以混合物的总体积(V)。即

$$\rho(B) = m_B/V \qquad\qquad (4-5)$$

质量浓度的 SI 单位为 kg/m^3，常用 g/L 或 mg/mL 表示。例如 1L 溶液中含有 100g 溶质，其质量浓度即为 100g/L。

当溶液与溶剂体积相差不大时，常用溶剂的体积近似代表溶液的体积。这对于一般溶液而言，是完全可以满足要求的。但对于标准溶液而言，则必须在相应容积的容量瓶中准确定容。

3. B 的质量分数

B 的质量分数符号为 $w(B)$，定义为 B 的质量(m_B)与混合物的质量(m_0)之比。

$$W(B) = m_B/m_0 \qquad\qquad (4-6)$$

质量分数在量值上以纯数表达。例如 $w(H_2SO_4) = 0.98$，也可以用"%"表示，即 $w(H_2SO_4) = 98\%$，表述应为质量分数为 98% 的硫酸。市售的浓酸、浓碱大多用这种浓度表示。

4. B 的体积分数

B 的体积分数符号为 $\varphi(B)$，定义为 B 的体积(V_B)与相同温度 T 和相同压力 P 时的混合物体积(V)之比。

$$\varphi(B) = V_B/V \qquad\qquad (4-7)$$

$\varphi(B)$ 常用"%"表示。例如 $\varphi(C_2H_5OH) = 0.90$，也可写成 $\varphi(C_2H_5OH) = 90\%$，表示每 100mL 这种溶液中含乙醇 90mL。体积分数也常用于气体分析中表示某一组分的含量。如水煤气中含一氧化碳 $\varphi(CO) = 0.40$，表示一氧化碳的体积占水煤气体积的 40%。

5. 比例浓度

1) 体积比：体积比符号为 φ，定义为溶质的体积(V_B)与溶剂的体积(V_A)之比即

$$\varphi = V_B/V_A \qquad\qquad (4-8)$$

体积比常用比值的形式表示，即 $\varphi(B:A) = V(B):V(A)$，$\varphi(B:A)$ 中的 A 可省略，常用于由浓溶液配制成稀溶液。例如稀盐酸溶液 $\varphi(HCl) = 1:5$，即表示是由 1 体积的市售浓盐酸与 5 体积的纯水混合而成。有些书上，尤其是一些标准里，也用 $[V(B)+V(A)]$ 或 $[V(B):V(A)]$ 的形式表示体积比，例如(1+5)或(1:5)HCl 溶液，均表示为由 1 体积的市售

浓盐酸与 5 体积的纯水混合而成的溶液。

2）质量比：质量比符号为 ζ，定义为溶质的质量（m_B）与溶剂的质量（m_A）之比。即：

$$\zeta = m_B / m_A \tag{4-9}$$

在分析化学中，质量比常用于两种固体试剂相互混合的表示方法。例如用熔融法分解难熔样品时，混合试剂的组成常用质量比表示。例如 $\zeta(KNO_3 : K_2Cr_2O_7) = 1 : 4$，表示由 1 份质量的 KNO_3 与 4 份质量的 $K_2Cr_2O_7$ 相混合而成。

4.5.3.4　常用溶液的配制

1. 标准溶液浓度的计算

（1）标准溶液的配制

1）直接法：准确称取一定量已干燥的物质，溶解后，转入已校正的容量瓶中，用水稀释至刻度，摇匀，即成为标准滴定溶液，其浓度通过计算而得。

2）标定法：要求配制成所需的大致浓度，然后再用基准物质测定其准确浓度。

（2）基准物质

基准物质是直接配制标准溶液或标定标准溶液的物质。作为基准物质应满足以下条件：

1）纯度高，一般要求在 99.9% 以上；

2）组成与化学式相符，包括结晶水；

3）性质稳定，在空气中不吸湿，加热干燥时不分解，不与空气中的二氧化碳、氧气等作用；

4）具有较大的摩尔质量，以减少称量误差。

常用的基准物质及干燥条件和应用如表 4-14 所示。

表 4-14　常用的基准物质的干燥条件和应用

名称	化学式	使用前的干燥条件
碳酸钠	Na_2CO_3	270~300℃ 干燥 2~2.5h
邻苯二甲酸氢钾	$KHC_8H_4O_4$	110~120℃ 干燥 1~2h
重铬酸钾	$K_2Cr_2O_7$	研细，100~110℃ 干燥 3~4h
草酸钠	$Na_2C_2O_4$	130~140℃ 干燥 1~1.5h
氧化锌	ZnO	800~900℃ 干燥 2~3h
硝酸银	$AgNO_3$	在浓硫酸干燥器中干燥至恒重
氯化钠	$NaCl$	500~650℃ 干燥 40~45min

【例 4-3】　配制 0.02000mol/L $K_2Cr_2O_7$ 标准溶液 250.0mL，需称取多少 $K_2Cr_2O_7$？

解：已知 $K_2Cr_2O_7$ 摩尔质量为 $M_{K_2Cr_2O_7} = 294.2g/mol$，

因为物质的量为 $n = m/M$，所以加入的质量为

$$m = n \cdot M = c \cdot V \cdot M$$
$$= 0.02000mol/L \times 0.2500L \times 294.2g/mol$$
$$= 1.471(g)$$

【例 4-4】　已知浓盐酸的密度为 1.19g/mL，其中 HCl 含量为 37%。计算：

① 浓盐酸的浓度（物质的量浓度）；

② 欲配制浓度为 0.1mol/L 的稀盐酸 1.0×10³mL，需要量取上述浓盐酸多少毫升？

① 解：已知 HCl 的摩尔质量为 $M_{HCl} = 36.46g/mol$，以 1L，即 10^3mL 溶液为基本单元，

盐酸的浓度为

$$c_{\text{HCl}} = \left[1.19\text{g/mL} \times (1.0 \times 10^3\text{mL}) \times 0.37 \right] / 36.46\ \text{g/mol}/1\text{L} = 12\text{mol/L}$$

② 解：根据稀释定律

$$(n_{\text{HCl}}) \ 前 = (n_{\text{HCl}}) \ 后$$

$$(c_{\text{HCl}} \cdot V_{\text{HCl}}) \ 前 = (c_{\text{HCl}} \cdot V_{\text{HCl}}) \ 后$$

$$V_{\text{HCl}} = (0.1\text{mol/L} \times (1\text{L})) / 12\text{mol/L} = 8.3\text{mL}$$

2. 常用酸、碱、盐溶液的配制

（1）常用酸溶液的配制

常用酸溶液配制如表4-15所示。

表4-15　常用酸溶液配制

名称（化学式）	配制溶液的浓度/（mol/L）				配制方法
	6	2	1	0.5	
	配制1L溶液所需酸的体积/mL				
盐酸	500	167	83	42	用量筒量取所需浓盐酸(原装)，加到适量水中，稀释至1L
硫酸	334	112	56	28	用量筒量取所需浓硫酸(原装)，加到适量水中，稀释至1L
硝酸	400	133	67	33	用量筒量取所需浓硝酸(原装)，加到适量水中，稀释至1L
磷酸	400	133	67	33	用量筒量取所需浓磷酸(原装)，加到适量水中，稀释至1L
乙酸	353	118	59	30	用量筒量取所需冰乙酸(原装)，加到适量水中，稀释至1L

（2）常用碱溶液的配制

常用碱溶液的配制如表4-16所示。

表4-16　常用碱溶液配制

名称（化学式）	配制溶液的浓度/（mol/L）				配制方法
	6	2	1	0.5	
	配制1L溶液所需酸的体积/mL				
氢氧化钠	240g	80g	40g	20g	用台秤称取所需NaOH，溶于适量水中，搅拌，冷却后稀释至1L
氢氧化钾	337g	112g	56g	28g	用台秤称取所需KOH，溶于适量水中，搅拌，冷却后稀释至1L
氨水	400 mL	133 mL	67 mL	33mL	用量筒量取所需氨水(浓，原装)，加水稀释至1L

（3）常用盐溶液的配制

常用盐溶液的配制如表4-17所示。

表4-17　常用盐溶液配制

名称	化学式	浓度/（mol/L）	配制方法
硝酸银	$AgNO_3$	1	169.9g $AgNO_3$溶于适量水中，稀释至1L，用棕色瓶储存
氯化铝	$AlCl_3$	1	241.4g $AlCl_3 \cdot 6H_2O$溶于适量水中，稀释至1L

续表

名称	化学式	浓度/(mol/L)	配制方法
硝酸钡	$Ba(NO_3)_2$	0.1	26.1g $Ba(NO_3)_2$ 溶于适量水中,稀释至1L
氯化钙	$CaCl_2$	1	219.8g $CaCl_2 \cdot 6H_2O$ 溶于适量水中,稀释至1L
硝酸铬	$Cr(NO_3)_3$	0.1	23.8g $Cr(NO_3)_3$ 溶于适量水中,稀释至1L
硝酸铜	$Cu(NO_3)_2$	1	241.6g $Cu(NO_3)_2 \cdot 3H_2O$、5mL浓硝酸溶于适量水中,稀释至1L
氯化铜	$CuCl_2$	1	170.5g $CuCl_2 \cdot 2H_2O$ 溶于适量水中,稀释至1L
硫酸铜	$CuSO_4$	0.1	24.97g $CuSO_4 \cdot 5H_2O$ 溶于适量水中,稀释至1L
三氯化铁	$FeCl_3$	1	270.3g $FeCl_3 \cdot 6H_2O$ 溶于加了20mL浓盐酸的适量水中,再加水稀释至1L
硫酸亚铁	$FeSO_4$	0.1	27.8g $FeSO_4 \cdot 7H_2O$ 溶于加了10mL浓硫酸的适量水中,再加水稀释至1L,用时现配,短期保存
铁铵矾	$FeNH_4SO_4$	0.1	48.2g $FeNH_4SO_4 \cdot 12H_2O$ 溶于适量水中,加10mL浓硫酸,再加水稀释至1L,仅可短期保存
硫酸亚铁铵	$Fe(NH_4)_2(SO_4)_2$	0.1	39.2g $Fe(NH_4)_2(SO_4)_2 \cdot 6H_2O$ 溶于适量水中,加10mL浓硫酸,再加水稀释至1L,用时现配
硝酸汞	$Hg(NO_3)_2$	0.1	32.5g $Hg(NO_3)_2$ 溶于适量水中,稀释至1L
氯化钾	KCl	1	74.6g KCl溶于适量水中,稀释至1L
硝酸钾	KNO_3	1	101.1g KNO_3 溶于适量水中,稀释至1L
重铬酸钾	$K_2Cr_2O_7$	0.1	29.4g $K_2Cr_2O_7$ 溶于适量水中,稀释至1L
碘化钾	KI	1	166.0g KI溶于适量水中,稀释至1L,用棕色瓶储存
亚铁氰化钾	$K_4[Fe(CN)_6]$	0.1	36.8g $K_4[Fe(CN)_6]$ 溶于适量水中,稀释至1L
铁氰化钾	$K_3[Fe(CN)_6]$	0.1	32.9g $K_3[Fe(CN)_6]$ 溶于适量水中,稀释至1L
高锰酸钾	$KMnO_4$	0.1	15.8g $KMnO_4$ 溶于适量水中,稀释至1L
硫酸锰	$MnSO_4$	1	223.1g $MnO_4 \cdot 4H_2O$ 溶于适量水中,稀释至1L
硝酸锰	$Mn(NO_3)_2$	1	287.0g $Mn(NO_3)_2 \cdot 6H_2O$ 适量水中,稀释至1L
氯化铵	NH_4Cl	1	53.5g NH_4Cl 溶于适量水中稀释1L
乙酸铵	CH_3COONH_4	1	77.1g CH_3COONH_4 溶于适量水中,稀释至1L
草酸铵	$(NH_4)_2C_8O_4$	1	142.1g $(NH_4)_2C_8O_4 \cdot H_2O$ 溶于适量水中,稀释至1L
硫氰酸铵	NH_4SCN	1	76.1g NH_4SCN 溶于适量水中,稀释至1L
氯化钠	$NaCl$	1	58.4g NaCl溶于适量水中,稀释至1L
乙酸钠	CH_3COONa	1	136.1g $CH_3COONa \cdot 3H_2O$ 溶于适量水中,稀释至L
碳酸钠	Na_2CO_3	1	106.0g Na_2CO_3 溶于适量水中,稀释至1L
硫化钠	Na_2S	1	240.2g $Na_2S \cdot 9H_2O$ 和40gNaOH溶于适量水中,稀释至1L
硝酸钠	$NaNO_3$	1	85.0g $NaNO_3$ 溶于适量水中,稀释至1L
亚硝酸钠	$NaNO_2$	1	69.0g $NaNO_2$ 溶于适量水中,稀释至1L

续表

名称	化学式	浓度/(mol/L)	配制方法
硫酸钠	Na_2SO_4	1	322.2g $Na_2SO_4 \cdot 10H_2O$ 溶于适量水中，稀释至1L
硫代硫酸钠	$Na_2S_2O_3$	1	248.2g $Na_2S_2O_3 \cdot 5H_2O$ 溶于适量水中，稀释至1L
草酸钠	$Na_2C_8O_4$	0.1	13.4g $Na_2C_8O_4$ 溶于适量水中，稀释至1L
磷酸氢二钠	Na_2HPO_4	0.1	35.8g $Na_2HPO_4 \cdot 12H_2O$ 溶于适量水中，稀释至1L
硝酸铅	$Pb(NO_3)_2$	1	331.2g $Pb(NO_3)_2$ 溶于适量水中，加15mL 6mol/L的硝酸，稀释至1L
乙酸铅	$Pb(CH_3COO)_2$	1	379.3 $Pb(CH_3COO)_2 \cdot 3H_2O$ 溶于适量水中，稀释至1L
氯化亚锡	$SnCl_2$	1	225.6g $SnCl_2 \cdot 2H_2O$ 溶于170mL 浓盐酸中用水稀释至1L，并加入少量纯锡粒。用时现配
四氯化锡	$SnCl_4$	0.1	26.1g $SnCl_4$ 溶于6mol/L的盐酸中，再用该盐酸稀释至1L

（4）用试剂饱和溶液的配制

常用试剂饱和溶液的配制方法如表4-18所示。

表4-18　常用试剂饱和溶液的配制方法

试剂名称	浓度/(mol/L)	配制方法	
		试剂用量/g	水用量/mL
氯化铵	5.44	291	784
硝酸铵	10.80	863	449
草酸铵	0.295	48	982
硫酸铵	4.60	535	708
氯化钡	1.63	398	892
氢氧化钡	0.228	39	998
氢氧化钙	0.022	1.6	1000
氯化汞	0.236	64	986
氯化钾	4.00	298	876
氢氧化钾	14.50	813	737
碳酸钠	1.97	209	869
氯化钠	5.4	316	881
氢氧化钠	20.07	803	736
重铬酸钾	0.39	115	962
铬酸钾	3.00	583	858

3. 溶液的储存

配制溶液是指实验室人员自己配制的一系列标准滴定溶液、标准溶液、指示剂、缓冲溶液等。配制溶液的质量对试验结果的影响非常重要。影响试液质量的因素包括试液的稳定性、试液的储存期、容器的耐蚀性、容器的密闭性。

4.5.4　常用仪器、设备和器皿的准备

4.5.4.1　常用玻璃仪器分类

常用玻璃仪器如表4-19所示。

表4-19 常用玻璃仪器

名称	主要用途	注意事项
烧杯	a) 溶解样品，配制溶液； b) 作不挥发型物质的反应容器	a) 加热时要垫石棉网，不能干烧； b) 杯内的待加热液体体积不要超过总容积的2/3； c) 加热腐蚀性液体时，杯口要盖表面皿
锥形瓶(三角烧杯) ①无塞 ②具塞	a) 加热处理样品； b) 滴定分析中用作反应容器。	a) 加热时要垫石棉网，不能干烧； b) 磨口具塞锥形瓶加热时要打开盖子； c) 非标准磨口的塞子要保持原配
烧瓶 ① 圆(平)底 ② 普通蒸馏烧瓶 ③ 凯氏烧瓶(减压蒸馏) ④ 多口烧瓶	a) 加热条件下用作反应器或蒸馏器； b) 蒸馏；可做装置的气体发生器； c) 消化有机物； d) 机物的制备和合成	a) 不能直接加热，加热时要垫石棉网或油浴加热； b) 内容物不要超过总容积的2/3； c) 如需安装冷凝器等，应选短颈厚口烧瓶，根据待蒸馏药品的沸点选用： ① 低沸点：支管在上部； ② 一般沸点：支管在中部； ③ 高沸点：支管在下部。 d) 不能直接加热，瓶口不要对着人； e) 小瓶宜有斜口，以便安装温度计；大瓶宜用直口，便于安装搅拌器
试管 ① 一般试管；② 具支管试管； ③ 刻度试管；④ 离心试管	a) 少量试剂化学反应容器；定性分析中用于检验离子； b) 少量试剂蒸馏； c) 可代替量筒； d) 离心分离沉淀	a) 一般可干烧，但不能骤冷，加热前要擦干外壁； b) 加热液体时，内容物不要超过总容积的2/3；加热要均匀，试管要倾斜45度； c) 加热固体时，应先小火预热，加热时管口稍向下； d) 离心试管不能直接加热

续表

名称	主要用途	注意事项
量筒 ① 无塞　②具塞	粗略量取一定体积的液体	a) 不能加热、烘烤，不能盛热溶液，不能在其中配制溶液； b) 要认清分度值和起始分度； c) 操作时要沿壁加入或倒出液体
量杯	粗略量取一定体积的液体，精密度比量筒差	a) 不能加热、烘烤，不能盛热溶液，不能在其中配制溶液； b) 要认清分度值和起始分度； c) 操作时要沿壁加入或倒出液体
容量瓶(无色、棕色)	滴定分析中的精密量器，用于配制准确体积的标准溶液或被测溶液	a) 非标准的磨口的塞要保持原配； b) 漏水的容量瓶不能使用； 不能直接加热，可用水浴加热； c) 不能在烘箱中烧烤； d) 不能直接加热，可以水浴加热
细口试剂瓶(无色，棕色)	用于存放液体试剂或溶液	a)见光易分解、变质的液体用棕色瓶； b)存放碱性溶液时，要另配胶塞； c)不能在瓶内直接配制溶液； d)不能直接加热
广口试剂瓶(分磨口、具塞、无塞、无色，棕色等)	用于存放固体试剂或糊状溶液	a) 见光易分解、变质的液体用棕色瓶； b) 存放碱性溶液时，要另配胶塞
滴瓶	用于存放逐滴加入的试剂溶液	a) 见光易分解、变质的液体用棕色瓶； b) 滴管要保持原配； c) 滴管不要放置在其他地方； d) 不要将溶液吸入胶头； e) 滴管不能倒置

续表

名称	主要用途	注意事项
称量瓶 ①高型；②扁型 	a) 用于称量或烘干样品、基准物质； b) 测定固体样品中的水分	a) 平时要清洗、烘干（但不能盖紧瓶烘干），存放在干燥器中，以备随时使用； b) 磨口塞要保持原配； c) 称量时不要用手直接拿取，应用洁净纸或戴棉纱手套
滴定管 ①碱式滴定管； ②酸式滴定管 	滴定分析中的精密量器，用于准确测量滴加到试液中的标准溶液的体积	a) 活塞要保持原配； b) 漏水的容量瓶不能使用； c) 不能直接加热； d) 不能长期存放溶液； e) 碱式滴定管不能放置和胶管反应的标准溶液
移液管和吸量管 ① 移液管； ② 分度吸量管 	滴定分析中的精密仪器，用于准确量取一定体积的液体	a) 不能加热； b) 上端和尖端不能磕破
漏斗 ①短颈；②长颈；③波纹 	a) 一般过滤； b) 重量分析中用于过滤沉淀； c) 过滤胶体沉淀	a) 选择漏斗大小以沉淀量为依据； b) 滤纸铺好后应低于漏斗上边缘5mm； c) 倾入的溶液一般不超过滤纸高度的3/4； d) 可过滤热溶液
分液漏斗 ①球形；②梨形；③筒形 	a) 不能分离两种不互溶液体； b) 用于萃取分离和富集； c) 制备反应中向密闭反应器中加液	a) 活塞要涂凡士林，使之活动灵活，密闭不漏； b) 旋塞、活塞必须原配； c) 长期不用时，在磨口处垫上纸

续表

名称	主要用途	注意事项
抽滤瓶	在抽滤时用于承接滤液	a) 能耐负压，但不能加热； b) 安装时，漏斗颈口离抽气嘴尽量远些
水压真空泵 ①伽式；②艾式；③改良式	安装在自来水龙头上作为真空泵。真空度可达 130～400Pa。用于抽滤和减压蒸馏	a) 用厚壁胶管接在水龙头上，用铅丝绑紧； b) 如用于减压蒸馏，应与抽气管与实验装置间串联安全瓶，瓶上有活塞； c) 停止抽气后，应先放气后关水
干燥器 ①常压；②真空	内盛干燥剂，用于保持物料、器皿的干燥	a) 活塞要涂凡士林，使之活动灵活，保证密封； b) 揭开或盖上盖子时，要沿水平方向推动，取下的盖子要仰放； c) 搬动时要用双手端，按住盖子； d) 盛放热得物体后，要经常开盖以免盖子跳起； e) 不能将红热的物体放入
表面皿	液体加热时，可作为容器的盖子，也可直接作为容器使用	不能直接加热
洗瓶 ①玻璃；②塑料	洗涤仪器和沉淀	a) 塑料洗瓶使用方便卫生； b) 也能用平底烧瓶或者锥形瓶自制
胶帽滴管	吸取、滴加少量液体	不能将液体吸入胶帽中

续表

名称	主要用途	注意事项
冷凝管 ①空气冷凝管； ②直形冷凝管式； ③球形冷凝管； ④蛇形冷凝管	将蒸汽冷凝为液体 ① 回流； ② 冷凝效率差； ③ 冷凝效率高； ④ 冷凝效率最高	不能骤冷骤热； 冷却水从套管的下支管进入，上支管流出
比色管	用于目视比色分析	a) 不能加热，要保持管壁、尤其是管底的透明度； b) 成套使用，每套有6支、12支两种
吸收管 ①波式；②多孔滤板	用于吸收富集气体的样品中的被测物质	a) 通过气体的流量要适当； b) 磨口具塞要原配； c) 不能直接加热
研钵	用于研磨固体试剂及试样	a) 不能撞击； b) 不能烘烤； c) 不能研磨与玻璃作用的物质
标准磨口组合仪器	有机物的制备风力及测定	a) 磨口处无需涂凡士林； b) 安装时不能倾斜； c) 要按所需装置配齐购置

4.5.4.2 常用器具分类

常用器具如表4-20所示。

表4-20 常用器具

示意图	名称	用途
	水浴锅	水浴(或油浴)加热反应器皿，有时可用烧杯代替。电热恒温水浴更为方便

续表

示意图	名称	用途
① ②	① 铁架台； ② 铁三角架	固定放置反应容器。如要加热，在铁环或铁三角架上要垫石棉网或泥三角
	石棉网	加热容器时，垫在容器与热源之间，使加热均匀
	泥三角	灼烧坩埚时，垫在坩埚与热源之间
	坩埚钳	夹取灼热的坩埚，在实验台上放置时，钳口尖端向上
	双顶丝	用以把万能夹、烧瓶夹等固定在铁架台上
① ② ③	① 万能夹； ② 烧瓶夹； ③ 烧杯夹	夹持冷凝管、烧瓶等。头部要套耐热胶管，或缠绕细石棉绳
	移液管(吸量管)架	放置各种规格的移液管(吸量管)
	漏斗架	放置漏斗进行过滤
试管架	试管架	放置试管，有木制或铝制两种

续表

示意图	名称	用途
	比色管架	放置试管，做目视比色
	① 螺旋夹；② 弹簧夹	夹紧胶管。螺旋夹可调动松紧程度，以便控制管内物的流量
	打孔器	在橡皮管、软木塞上打孔
	升架台	组装仪器时，加高某些在操作中需要调节的部件

4.5.4.3 常用设备

1. 常用设备

温度计、架盘天平、马弗炉、酒精灯和酒精喷灯、离心机、显微镜、水压真空表、水浴锅、电炉、电热干燥箱。

2. 常用仪器、设备和器皿使用前的处理

（1）玻璃仪器的洗涤

在实验工作中，洗涤玻璃仪器不仅是实验前必须做的准备工作，也是一项技术性的工作。玻璃仪器洗涤是否符合要求，对实验结果的准确性和精密度均有影响。不同的分析工作对玻璃仪器有不同的洗净要求。

一般原则：先自来水冲洗，用洗涤液洗涤，再用自来水冲洗，用少量蒸馏水至少淋洗3次，直至仪器器壁不挂水珠。

1）一般的玻璃仪器（如烧瓶、烧杯等），先用自来水冲洗一下，然后用肥皂、洗衣粉等清洗，用毛刷刷洗，再用自来水清洗，最后用纯化水冲洗3次（应顺壁冲洗并充分震荡，以提高冲洗效果）。

2）计量玻璃仪器（如滴定管、移液管、量瓶等），也可用肥皂、洗衣粉洗涤，但不能用毛刷刷洗。

3）精密或难洗的玻璃仪器（滴定管、移液管、量瓶、比色管等），先用自来水冲洗后，沥干，再用铬酸清洁液处理一段时间（一般放置过夜），然后用自来水清洗，最后用纯化水冲洗3次。

4）洗刷仪器时，应首先将手用肥皂洗净，免得手上的油污物沾附在仪器壁上，增加洗刷的困难。

5）一个洗净的玻璃仪器应该不挂水珠(洗净的仪器倒置时，水流出后器壁不挂水珠)

（2）其他事项

1）残留物洗涤：

用以上方法洗涤后的仪器，经自来水冲洗后，还残留有 Ca^{2+}、Mg^{2+} 等离子，如需除掉这些离子，还应用去离子水洗 2~3 次，每次用水量一般为所洗涤仪器体积的 1/4~1/3。

清洗液的配方如表 4-21 所示。

表 4-21　清洗液配方

清洗液名称	配方	含量
强液	重铬酸钾	63g
	浓硫酸	1000mL
	蒸馏水	200L
次强液	重铬酸钾	120g
	浓硫酸	200mL
	蒸馏水	1000mL
弱液	重铬酸钾	100g
	浓硫酸	100mL
	蒸馏水	100mL

2）胶塞的清洗：

新购置的胶塞先用自来水冲洗干净后，再做常规处理。

常规洗涤方法：先浸泡在 2%NaOH 煮沸 10~20min，然后用自来水冲洗，再用 1% 稀盐酸浸泡 30min，再用自来水先冲洗，然后用蒸馏水再清洗 2~3 次，之后晾干备用。

3）烧结过滤器的洗涤：

玻璃砂坩埚、玻璃砂漏斗及其他玻璃砂芯滤器，由于滤片上的孔隙很小，极易被灰尘、沉淀物堵塞，又不能用毛刷刷洗，故需选用适宜的洗液浸泡抽洗，最后再用自来水、蒸馏水冲洗干净。

4）具有特殊要求的仪器的洗涤：

有些实验对仪器的洗涤有特殊要求，在用上述方法洗净后，还需做特殊处理。例如微量凯氏定氮仪，每次使用前都需用蒸气处理 5min 以上，以除去仪器中的空气。

 练习题

一、选择题

1. 采样的基本原则是(　　)。

A. 了解总体物料的状态　　　　　　B. 了解总体物料的性质

C. 减小分析误差　　　　　　　　　D. 采得的样品具有代表性

2. 化工产品采样样品数的确定可以按照多单元物料来处理。对于总体单元数小于 500 的，采样单元的选取数，按国家标准规定确定。对于总体单元数大于 500 的，则采样单元

数为( )。

   A. 总体单元数的立方根，如果有小数则退位为整数

   B. 总体单元数的立方根的三倍，如果有小数则退位为整数

   C. 总体单元数的立方根，如果有小数则进位为整数

   D. 总体单元数的立方根的三倍，如果有小数则进位为整数

3. 确定采样样品量时不需考虑的是( )。

   A. 对采得的样品物料如需做制样处理时，必须满足加工处理的需要

   B. 当需要留存备考样品时，必须满足备考样品的需要

   C. 至少满足三次重复检测的要求

   D. 总体样品量的多少

4. 对于液体样品，部位样品的定义是( )。

   A. 在液面下相当于总体积一半处采得的样品

   B. 在物料最低点采得的样品

   C. 在物料表面采得的样品

   D. 从物料的特定部位或物料流的特定部位和时间采得的一定数量或大小的样品，它代表瞬时或局部环境的一种样品

5. 正压气体采样容器不包括( )。

   A. 球胆   B. 抽空容器   C. 气袋   D. 钢瓶

6. 常压气体采样时要用( )。

   A. 了解总体物料的状态   B. 了解总体物料的性质

   C. 减小分析误差   D. 采得的样品具有代表性

7. 如果正压气体的压力较高则需先安装( )，降低气体压力至( )。

   A. 干燥管、等于大气压   B. 减压阀、等于大气压

   C. 减压阀、略高于大气压   D. 干燥管、略高于大气压

8. 常温下液体采样时，如果样品为小瓶装液体，则应各瓶摇匀后分别倒出( )混合均匀作为代表样品。

   A. 同一部位，不等量液体   B. 不同部位液体

   C. 不等量液体   D. 等量液体

9. 常温下液体采样时，如果样品为立式圆形储罐并配有上、中、下采样口时，当物料装满储罐时，平均样品的采取应该是( )。

   A. 上采样口采取

   B. 上、下采样口各采取1/2，混合后作为平均样品

   C. 下采样口采取

   D. 上、中、下采样口各采取1/3，混合后作为平均样品

10. 采取石油液化气时应该使用( )。

   A. 简易采样器   B. 石油液化气采样钢瓶

   C. 采样管   D. 液体石油产品采样器

11. 采集非挥发性样品时，如果是管道采样则可以根据流速变化大小采取不同的采样方法。当流速变化大于平均流速10%时，按( )采样，当流速较平稳时，按( )采样。

A. 流量比、流量比　　　　　　　　　　B. 时间比、时间比

C. 时间比、流量比　　　　　　　　　　D. 流量比、时间比

12. 当从袋或桶中采取固体均匀试样时，在确定采样单元后，可以用（　　）进行采样。

A. 舌形铲　　　　　　　　　　　　　　B. 采样铲

C. 取样钻或双套取样管　　　　　　　　D. 自动采样器

13. 如果用取样钻采取包装袋中的物料，应该将取样钻由袋口一角沿（　　）方向插入袋中（　　）处，旋转180°后抽出，刮出钻槽中的物料，作为一个子样。

A. 直线、1/2~1/4　　　　　　　　　　B. 对角线、1/2~1/4

C. 直线、1/3~3/4　　　　　　　　　　D. 对角线、1/3~3/4

14. 固体试样的制备步骤不包括（　　）。

A. 破碎　　　　　B. 筛分　　　　　　C. 掺和　　　　　D. 溶解

15. 保留样品的储存时间一般（　　）。

A. 大于一年　　　　　　　　　　　　　B. 不超过一年

C. 大于6个月　　　　　　　　　　　　D. 不超过6个月

16. 蒸馏法制纯水的方法有（　　）。

A. 蒸馏法和离子交换法　　　　　　　　B. 亚沸法和离子交换法

C. 蒸馏法和亚沸法　　　　　　　　　　D. 离子交换法和电渗析法

17. 分析实验室用水的检验项目不包括（　　）检验。

A. pH 值　　　　　　　　　　　　　　B. 电导率

C. 化学耗氧量　　　　　　　　　　　　D. 吸光度

18. 分析纯的试剂标签颜色为（　　），英文标志为（　　）。

A. 金光红色　CP　　　　　　　　　　　B. 金光黄色　CP

C. 金光黄色　AR　　　　　　　　　　　D. 金光红色　AR

19. 欲配制 $c(Na_2CO_3)=0.5mol/L$ 的溶液，下面操作正确的是（　　）。［已知 $M(Na_2CO_3)=105.99g/mol$］

A. 称取 Na_2CO_3 26.5g 溶于水中，并定容至 500mL，混匀

B. 准确称取 Na_2CO_3 26.50g 于水中，并定容至 500mL，混匀

C. 称取 Na_2CO_3 26.5g 溶于水中，并用水稀释至 500mL，混匀

D. 称取 Na_2CO_3 13.25g 溶于水中，并用水稀释至 500mL，混匀

20. 下列化学试剂中，不属于标准试剂的是（　　）。

A. 标准物　　　　　　　　　　　　　　B. pH 标准物

C. 特效试剂　　　　　　　　　　　　　D. 杂质分析标准溶液

21. 制备标准溶液用水，在未注明其他要求时，应符合 GB/T 6682—1992（　　）的规格。

A. 一级水　　　　　B. 二级水　　　　　C. 三级水　　　　　D. 自来水

22. 硝酸银标准溶液应保存在（　　）。

A. 白色塑料瓶中　　　　　　　　　　　B. 棕色玻璃瓶中

C. 白色玻璃瓶中　　　　　　　　　　　D. 白色容量瓶中

23. 配制一般溶液用（　　）来量取溶液体积即可。

A. 容量瓶　　　　B. 移液管　　　　　　C. 量筒或量杯　　　　D. 滴定管

24. 配制 0.1mol/L 的盐酸标准溶液 1000mL，下列说法中正确的是(　　　)。[已知浓盐酸的含量为 37.2%，密度为 1.19g/mL，$M(HCl)=36.46g/mol$]

A. 用吸量管移取 8.24mL 浓盐酸于 1000mL 容量瓶中，用蒸馏水定容至刻度

B. 称取浓盐酸溶液 9.8011g，稀释后转移至容量瓶定容至刻度

C. 用量筒取 8.5mL 浓盐酸于烧杯中，稀释后转移至 1000mL 容量瓶中，并定容至刻度

D. 用量同取 8.5mL 浓盐酸于试剂瓶中，用蒸馏水稀释至 1000mL

25. 欲配制 0.1mol/L 的 NaOH 标准滴定溶液 500mL，下列操作正确的是(　　　)。[已知 $M(NaOH)=40.00g/mol$]

A. 称取 NaOH 2.000g 溶解，后转移至 500mL 容量瓶，并用蒸馏水稀释至刻度。

B. 称取 NaOH 2.000g 用少量无 CO_2 的蒸馏水洗涤表面后溶解，转移至 500mL 容量瓶并定容至刻度

C. 吸取饱和 NaOH 溶液 4mL 至玻璃试剂瓶中，用蒸馏水稀释至 500mL

D. 吸取饱和 NaOH 溶液 4.3mL 至塑料试剂瓶中，用无 CO_2 的蒸馏水稀释至 500mL

26. 1.0g 酚酞指示剂溶于 100mL 乙醇中，其质量浓度为(　　　)。

A. 10g/L　　　　B. 1.0mg/mL　　　　C. 0.1g/L　　　　D. 0.01g/L

27. 在 18℃ 时 NaCl 的溶解度为 35.9，则该溶液的浓度近似为(　　　)。[已知 $M(NaCl)=58.44g/mol$]

A. 0.6mol/L　　　　B. 0.61mol/L　　　　C. 6.1mol/L　　　　D. 6.14mol/L

28. 已知 20℃ 时 $CuCl_2 \cdot 2H_2O$ 的溶解度为 72.7，则该溶液的质量分数为(　　　)。[已知 $M(CuCl_2)=134.45g/mol$]

A. 29.8%　　　　B. 33.2%　　　　C. 52.6%　　　　D. 72.7%

29. 在质量分数为 10% 的 NaCl 的溶液配制的叙述中，不正确的是(　　　)。

A. 要配制 10% 的 NaCl 溶液时，先称取 10.0g 的固体 NaCl，置于 250mL 烧杯中

B. 用量杯量取 100mL 蒸馏水，沿烧杯壁倒入烧杯中

C. 用玻璃棒充分搅拌，使 NaCl 溶解

D. 将溶解后的溶液倒入 250mL 白色玻璃试剂瓶内，并贴好标签

二、判断题

1. (　　)采样误差是无法用样品的检测来补偿的。

2. (　　)压力高于大气压力的气体称负压气体。

3. (　　)略高于大气压的正压气体采样时要先减压。

4. (　　)当液体样品贮存在不同容器中时，样品的采样部位的选取也不一样。

5. (　　)流动物料的单元为一个特定的时间间隔。

6. (　　)袋装化肥属于不均匀物料。

7. (　　)国家标准规定，任何采样装置在正式使用前均应进行可行性实验。

8. (　　)取样钻一般适用于细粒状均匀物料的采集。

9. (　　)按规定减少样品质量的过程称为缩分。

10. (　　)留样必须达到或超过规定的储存期才能撤销。

11. (　　) 离子交换法制备的去离子水的电导率为 0。

12. (　　) 配制一般溶液精度要求不高，1~2 位有效数字即可。

13. (　　) 配制盐酸标准滴定溶液可以采用直接法配制。

14. (　　) 配制 NaOH 标准滴定溶液应采用间接法配制，一般取一定的饱和 NaOH 溶液用新煮沸并冷却的蒸馏水进行稀释至所需体积。

15. (　　) 优级纯试剂的指标与标准物完全相同。

16. (　　) 制备的标准溶液的浓度与规定浓度相对误差不得大于 5%。

17. (　　) 已知 1L 氯化镁溶液中，含有 0.02mol 氯离子，则该溶液的物质的量浓度为 0.01mol/L。

18. (　　) 将溶解度换算成物质的量浓度时，可将 100g 溶剂按 100mL 去估算体积。

19. (　　) $c(HCl) = 0.1000mol/L$ 的 HCl 溶液对 Na_2CO_3 的滴定度为 5.300mg/mL。[已知 $M(Na_2CO_3) = 105.99g/mol$]

20. (　　) 在配制 20g/L 的 $FeCl_3$ 溶液时，用硫酸纸称取 $2.0gFeCl_3$ 置于 200mL 烧杯中，加 100mL 蒸馏水，并用玻璃棒搅拌，待试样溶解后，将该溶液倒入 250mL 白色玻璃试剂瓶内，并贴好标签。

三、简答题

1. 如何确定固体试样的采样量和采样数目？

2. 常用的气体采样工具有哪些？如何进行正压气体采样？

3. 在液体样品的采集中，如何在储罐和槽车中采样？

4. 分析实验室中三个级别的水在应用上有何区别？

5. 我国化学试剂按纯度和使用要求不同，可分为哪几种规格？

6. 什么是物质的量浓度？什么是质量浓度？什么是质量分数？三者之间有何关系？

7. 制备标准滴定溶液有几种方法？制备盐酸、氢氧化钠以及重铬酸钾标准滴定溶液分别应采用哪种方法，具体如何配制？

四、计算题

1. 在 20℃ 时，NH_4Cl 的溶解度为 37.2，则该溶液的浓度近似为多少？[已知 $M(NH_4Cl) = 53.49g/mol$]

2. 欲配制 0.1mol/L 的盐酸溶液 500mL，应取含量 37% 的浓盐酸多少毫升？[已知 $\rho = 1.19g/mL$，$M(HCl) = 36.46g/mol$]

3. 要加多少毫升水到 1000mL $c(HCl) = 0.2000mol/L$ 的 HCl 溶液中，使得稀释后的 HCl 对 CaO 的滴定度 $T_{CaO/HCl} = 0.005000mg/mL$？[已知 $M(CaO) = 56.08g/mol$]

第5章 化学分析与仪器分析方法

本章主要讲述化学分析与仪器分析方法。由于大部分的化工类院校,化学分析在无机化学和分析化学中已经详述,所以本章只对化学分析部分进行简述。而对仪器分析部分,主要根据高级检验员对仪器分析能力的要求,重点介绍分光光度法和气相色谱分析方法。

5.1 化学分析方法

5.1.1 分析化学法定计量单位及计算基础[11]

5.1.1.1 法定计量单位

法定计量单位:由国家以法令形式规定使用或允许使用的计量单位。

我国的法定计量单位:以国际单位制单位为基础,结合我国的实际情况制定。国际单位制 SI,如表 5-1 所示。

表 5-1 国际单位制列表

量的名称	单位名称	符号	量的名称	单位名称	符号
长度	米	m	热力学温度	开[尔文]	K
质量	千克(公斤)	kg	物质的量	摩[尔]	mol
时间	秒	s	光强度	坎[德拉]	cd
电流	安[培]	A			

5.1.1.2 分析化学中常用法定计量单位

1. 物质的量

物质的量表示符号为 n_B,单位名称为摩尔,单位符号为 mol。1mol 表示系统中物质单元 B 的数目与 0.012kg 碳 12 的原子数目相等。

注意基本单元应予指明。例如原子、分子、离子、电子及其他粒子等。比如:以 H_2SO_4 为基本单元,98.08g 的 H_2SO_4 为 1mol。

2. 质量

习惯上称为重量,用符号 m 表示,单位为 kg,在分析化学上常用 g、mg 和 μg 表示。

换算关系:1kg = 1000g,1g = 1000mg,1mg = 1000μg。

3. 体积

体积用符号 V 表示,SI 单位为立方米(m^3),在分析化学上常用 L、mL 和 μL 表示。

换算关系:$1\ m^3 = 1000L$,1L = 1000mL,1mL = 1000μL。

4. 摩尔质量

摩尔质量=质量/物质的量,摩尔质量的符号 M_B,单位为千克/摩尔(kg/mol)。

$$M_B = m/n_B \qquad (5-1)$$

在分析化学中摩尔质量单位常用 g/mol 表示。

常用物质的量的单位如表 5-2 所示。

表 5-2 常用物质的量

名称	化学式	式量	基本单元	M_B/（kg/mol）
盐酸	HCl	36.46	HCl	36.46
硫酸	H_2SO_4	98.08	$1/2H_2SO_4$	49.04
氢氧化钠	NaOH	40.00	NaOH	40.00
氨水	$NH_3 \cdot H_2O$	35.05	$NH_3 \cdot H_2O$	35.05
碳酸钠	Na_2CO_3	105.99	$1/2Na_2CO_3$	53.00
氯化钠	NaCl	58.45	NaCl	58.45
高锰酸钾	$KMnO_4$	158.04	$1/5KMnO_4$	31.61

5. 元素的相对原子质量

元素的相对原子质量是元素的平均原子质量与 ^{12}C 原子质量的 1/12 之比，元素的相对原子质量用符号 A_r 表示，量纲为 1，以前称为原子量，例如 Fe 的相对原子质量为 55.85。

6. 物质的相对分子质量

物质的相对分子质量是物质的分子或特定单元平均质量与 ^{12}C 原子质量的 1/12 之比，物质的相对分子质量用符号 M_r 表示，量纲为 1，以前称为分子量。例如 FeO 的相对分子质量为 71.84。

分析化学中常用的量及其单位的名称和符号如表 5-3 所示。

表 5-3 分析化学中常用的量及其单位的名称和符号

量的名称	符号	单位名称	单位符号	常用单位
物质的量	n_B	摩[尔]	mol	mmol
质量	m	千克	kg	g, mg, μg
体积	V	立方米	m^3	L, mL
摩尔质量	M_B	千克每摩[尔]	kg/mol	g/mol
摩尔体积	V_m	立方米每摩[尔]	m^3/mol	L/mol
密度	ρ	千克每立方米	kg/m^3	g/mL, g/m^3
物质的量浓度	c_B	摩每立方米	mol/m^3	mol/L
质量分数	w_B			
质量浓度	ρ_B	千克每立方米	kg/m^3	g/L, g/mL
体积分数	ϕ_B			
滴定度	V_m	克每毫升	g/mL	

5.1.2 化学分析概述

定义：以物质的化学反应为基础，历史悠久，也称为经典分析法，主要是滴定分析（容量分析）法和重量分析法。

如：用酸碱滴定法测定醋中的醋酸的含量，依据反应如下：

$$NaOH + HAc \Longrightarrow NaAc + H_2O$$

5.1.2.1 重量分析法

根据某一化学计量反应

$$X（待测组分）+ R（试剂）= P（反应产物）$$

从 P（一般是沉淀）的质量来计算 X 在试样中的含量。

重量法的特点：重量法适用于含量在 1% 以上的常量组分的测定，准确度可达 0.1% ~ 0.2%，但操作较麻烦，耗时长。

5.1.2.2 滴定分析法（容量分析法）

将已知准确浓度的试剂（即标准溶液、滴定剂）从滴定管滴加到一定量待测溶液中，直到所加的试剂与被测物质的量（摩尔）正好符合化学反应式所表示的化学计量关系时为止（n_T : n_B = t : b），则称滴定到达了"化学计量点"（过去称为"等当点"），以 sp 表示。

然后根据标准溶液的浓度和用量，计算被测物质的含量。这一操作过程称为滴定，这类分析方法称为滴定分析法。

1. 化学分析计量基础

根据某一化学计量反应

$$X（待测组分）+ R（试剂）=\!=\!= P（反应产物）$$

将已知准确浓度的 R 溶液滴加到 X 的溶液中，直到其恰好按化学计量反应为止，根据 R 的浓度和体积计算待测组分的含量。

滴定分析法特点：滴定分析法通常用于常量组分（≥1%）的测定，有时也用于测定微量组分。根据反应类型的不同，分为酸碱滴定法、络合滴定法、氧化还原滴定法和沉淀滴定法。

滴定分析仪器如图 5-1 所示。

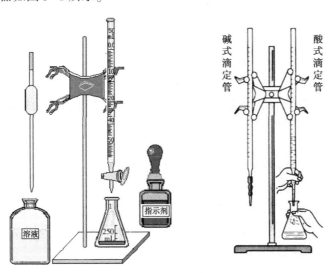

图 5-1 滴定分析仪器

滴定分析是化学分析中最重要的分析方法，若被测物 B 与滴定剂 T 的化学反应式为

$$tT + bB =\!=\!= cC + dD$$

它表示 T 与 B 是按物质的量之比 t : b 的关系反应的，这就是它的化学计量关系，也是滴定分析定量测定的依据。

2. 滴定度

滴定度有两种表示方法：

1）T_s——1mL 标准溶液中所含滴定剂的质量，单位为 g/mL。下标 s 代表滴定剂的化学式。例如 $T_{HCl}=0.001012g/mL$，表示 1mL 溶液含盐酸 0.001012g 纯 HCl。

2）$T_{x/s}$——1mL 标准溶液中相当于待测组分的质量，单位为 g/mL。下标 x 代表 待测组分的分子式。$T_{Na_2CO_3/HCl}=0.005600g/mL$，表示 1mLHCl 标准滴定溶液相当于 0.005600g 纯 Na_2CO_3。

3. 滴定分析中的平衡

滴定分析中的平衡类型见表 5-4。

表 5-4　滴定分析中化学平衡

四大平衡体系	四种滴定分析法	四大平衡体系	四种滴定分析法
酸碱平衡	酸碱滴定法	氧化还原平衡	氧化还原滴定法
配位平衡	配位滴定法	沉淀平衡	沉淀滴定法

（1）酸碱平衡法

酸碱平衡法是以质子传递反应为基础的一种滴定分析法，可以用来测定酸、碱，其反应实质可用下式表示。

通式：　　$HA \Longrightarrow A^+ + H^+$

　　　　　共轭酸　　碱　　质子

（2）沉淀滴定法

沉淀滴定法是一种以沉淀反应为基础的滴定分析法，可用以对 Ag^+、CN^-、SCN^- 及卤素等离子进行测定，如银量法，其反应如下：

$$银量法：Ag^+ + X^- \Longrightarrow AgX\downarrow$$

X^- 可以为 Cl^-、Br^-、I^-、CN^- 和 SCN^-。

（3）络合滴定法

络合滴定法是一种以络合反应为基础的滴定分析法，可用以对金属离子进行测定，如用 EDTA 作络合剂，有如下反应：

$$M^{2+} + Y^{4-} \Longrightarrow MY^{2-}$$

这里 M^{2+} 表示二价金属离子，Y^{4-} 表示 EDTA 的阴离子。

（4）氧化还原滴定法

氧化还原滴定法是一种以氧化还原反应为基础的滴定分析法，可用以对具有氧化还原性质的物质及某些不具有氧化还原性质的物质进行测定，如高锰酸钾法，有如下反应：

$$MnO_4^- + 5Fe^{2+} + 8H^+ \Longrightarrow Mn^{2+} + 5Fe^{3+} + 4H_2O$$

4. 滴定分析的化学反应必须具有的条件

1）反应定量地完成，即反应按一定的反应式进行，无副反应发生，这是定量计算的基础。

2）反应速度要快。对于速度慢的反应，应采取适当措施提高其反应速度。

3）能用比较简便的方法确定滴定的终点。

5. 基准物质和标准溶液

基准物质是用来直接配制成标准溶液或标定溶液浓度的物质。其要求和标准溶液的配制参看第 4 章已经讲述内容。

化学分析方法是经典的分析检验方法，在目前的分析检验工作中发挥着着重要的作用。但随着科技的发展，尤其对一些痕迹量物质检测的需要，仪器分析方法越来越引起了重视。仪器分析已经成为目前分析方法中非常重要的手段和方法。

5.2　仪器分析方法

5.2.1　仪器分析与化学分析的联系与区别

所谓仪器分析是指那些采用比较复杂或特殊的仪器，通过测量表征物质的某些物理的或物理化学的性质参数及其变化规律，来确定物质的化学组成、状态及结构的方法。

仪器分析是在化学分析的基础上发展起来的，仪器分析离不开化学分析，其不少过程需应用到化学分析的理论。

1. 仪器分析与化学分析的区别

两者区别如表 5-5 所示。

表 5-5　仪器分析与化学分析的区别

项　目	化学分析	仪器分析
从原理看	根据化学反应及计量关系	根据物质的物理或物理化学性质，参数及变化规律
从仪器看	主要为简单玻璃仪器	较复杂 特殊的仪器
从操作看	多为手工操作，较繁琐	多为开动仪器开关，操作简单易实现自动化
从试样看	样量多，破坏性分析	样量少，有的非破坏性，可现场或在线等分析
从应用看	常量分析，定性，定量	微量、痕量的组分分析，状态结构等分析

2. 仪器分析的特点

1）灵敏度高，检测限低，比较适合于微量、痕量和超痕量的分析。

2）选择性好，许多仪器分析方法可以通过选择或调整测定的条件，可以不经分离而同时测定混合的组分。

3）操作简便，分析速度快，易于实现自动化和智能化。

4）应用范围广，不但可以作组分及含量的分析，在状态、结构分析上有广泛的应用。

5）多数仪器分析的相对误差比较大，不适于作常量和高含量组分的测定。

6）仪器分析所用的仪器价格较高，有的很昂贵，仪器的工作条件要求较高。

3. 仪器分析的内容与分类

（1）光分析法

光分析法包括光谱法和非光谱法。

非光谱法是指那些不以光的波长为特征，仅通过测量电磁辐射的某些基本性质(反射，折射，干涉，衍射，偏振等)。

光谱法则是以光的吸收，发射和拉曼散射等作用而建立的光谱方法。这类方法比较多，是主要的光分析方法。光分析法运用的化学和物理性质如表 5-6 所示。

（2）电分析化学方法

电分析化学是仪器分析的一个重要分支，是建立在溶液电化学性质基础上的一类分析方法，或者说利用物质在其溶液的电化学性质及其变化规律进行分析的一类方法。电化学性质是指溶液的电学性质(如电导、电量、电流等)与化学性质(如溶液的组成、浓度、形态及某些化学变化等)之间的关系。

（3）色谱法

也称之为色层法或层析法，是一种物理化学分析方法，它利用混合物中各物质在两相间分配系数的差别，当溶质在两相间做相对移动时，各物质在两相间进行多次分配，从而使各组分得到分离。可完成这种分离的仪器即色谱仪。色谱法的分类可按两相的状态及应用领域的不同分为两大类，主要有气相色谱法和液相色谱法。

（4）其他仪器分析方法

其他仪器分析方法还有质谱、热分析、放射分析。

仪器分析方法及其运用的化学和物理性质如表 5-6 所示。电分析化学方法和其他仪器分析方法运用的化学和物理性质如表 5-7 所示。

表 5-6　仪器分析方法及其运用的化学和物理性质

	辐射的发射	原子发射光谱法、原子荧光光谱法、X 荧光光谱法、分子荧光光谱法、分子磷光光谱法、化学发光法、电子能谱
光分析方法	辐射的吸收	原子吸收光谱法、紫外-可见分光光度法、红外光谱法、X 射线吸收光谱法、核磁共振波谱法、电子自旋共振波谱法
	辐射的散射	拉曼光谱法、比浊法、散射浊度法
	辐射的折射	折射法、干涉法
	辐射的衍射	X 射线衍射法、电子衍射法
	辐射的转动	旋光色散法、偏振法、圆二向色性法

表 5-7　电分析化学方法和其他仪器分析方法运用的化学和物理性质

	电位	电位法 计时电位法
电分析化学方法	电荷	库仑法
	电流	安培法 极谱法
	电阻	电导法
	质-荷比	质谱法
其他仪器分析方法	反应速率	动力学法
	热性质	差热分析法 差示扫描量热 热重量法 测温滴定法
	放射活性	同位素稀释法

4. 仪器分析的发展趋势

社会进步为仪器分析的发展提出了"空前的要求"，目前的要求体现在，要求进行结构、状态、形态，甚至是能态的分析，越来越多要求作痕量、超痕量、甚至是原子、分子水平上的分析；要求进行组分的分布、断层、微区等分析；要求作快速、连续、自动的动态、瞬时分析；要求进行现场、在线、实时、遥感等分析；要求作非破坏性的无损、非浸入、活体等分析。因此只作微量分析、只作样品的平均组成分析、只在实验室里分析、作破坏性的取样分析已远远不够。

科学技术的进步，新理论、新概念、新材料、新技术的发现与发明，也为仪器分析的发展提供"空前的可能"。

仪器分析的发展有以下趋势体现在以下方面：

（1）突破学科发展的界限

分析化学正在突破纯化学分支学科的框框，与数学、物理学、计算机科学及生物、生命、环境、天文、空间等科学更紧密地联系起来，构成一门多学科间的交叉边缘科学，即"分析科学"。

（2）建立新分析方法

不断吸取现代科学技术的新成就，建立新的分析方法、新的分析技术，朝向高灵敏、高准确、高选择、高速度的方向发展。

（3）发展分析仪器

计算机技术的深入应用，使仪器更加自动化，智能化，多机联用，如计算机-色谱-质谱、计算机-色谱-其他仪器等联用，使仪器多功能化，提高仪器的效能。

除发展通用型仪器外，还应发展特殊、专用型的仪器，如医学的、航天的、长距离遥感的等专用仪器。

5.2.2　紫外-可见分光分析[12]

5.2.2.1　方法概述

紫外-可见分光光度法是利用物质的分子对紫外-可见光谱区（一般认为是 200~780nm）辐射的吸收来进行物质分析的一种仪器分析方法。

该方法的特点是：①灵敏度高，可测浓度范围为 10^{-5} ~ 10^{-7} mol/L，特别适合于测定低含量和微量组分；②准确度符合微量分析要求，相对误差 2%~5%；③分析快速；④仪器操作简便；⑤应用范围广，适于测定大部分无机离子和许多有机物质的微量成分，还可用于芳香化合物等鉴定及结构分析，并常用于化学平衡研究。

5.2.2.2　基本原理

1. 光的基本特性

（1）电磁波

光是一种电磁波，它具有波长（λ）和频率（ν）。不同光谱对应的波长范围如表 5-8 所示。

表5-8　不同光谱对应的波长范围

光谱名称	波长范围	光谱名称	波长范围
X 射线	0.1~10nm	中红外光	2.5~5.0μm
远紫外光	10~200nm	远红外光	5.0~1000μm
近紫外光	200~380nm	微波	0.1~100μm
可见光	380~780nm	无线电波	1~1000m
近红外光	0.75~2.5μm		

（2）单色光和互补光

具有同一种波长的光称为单色光。含有多种波长的光称为复合光，例如日光，白光。

人的眼睛对不同波长的光感觉不一样。凡是能被肉眼感觉到的光称为可见光，波长范围为 400~780nm，波长小于 400nm 的紫外光或波长大于 780nm 的红外光均不能被人的眼睛感觉出，所以这些波长范围的光是看不到的。不同波长的光刺激眼睛后会产生不同颜色的感觉。白光是红、橙、黄、绿、青、蓝、紫七色光混合而成的复合光，但如果把适当颜色的两种光按照一定强度比例混合，也可以成为白光。这两种颜色的光称为互补色光。不同颜色的可见光波长及其互补光如表 5-9 所示。

表 5-9　不同波长可见光的颜色及其互补光

λ/nm	颜色	互补光
400~450	紫	黄绿
450~480	蓝	黄
480~490	绿蓝	橙
490~500	蓝绿	红
500~560	绿	红紫
560~580	黄绿	紫
580~610	黄	蓝
610~650	橙	绿蓝
650~760	红	蓝绿

2. 物质对光的选择性吸收

如果某溶液选择性地吸收了可见光区某波长的光，则该溶液即呈现出被吸收光的互补色光的颜色。若要更精确地说明物质具有选择性吸收不同波长范围光的性质，必须用光吸收曲线来描述。

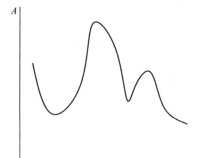

图 5-2　吸光度曲线示意图

吸收光谱是通过实验获得的，具体方法如下：将不同波长的光依次通过某一固定浓度和厚度的有色溶液，分别测出它们对各种波长光的吸收程度(用吸光度 A 表示)，以波长为横坐标，以吸光度为纵坐标，画出曲线，即为该物质的光吸收曲线，也叫吸收光谱曲线，它描述了物质对不同波长光的吸收程度。如图 5-2 所示，吸光度曲线是横坐标为波长，纵坐标为吸光度的曲线，由该曲线能够看出看出该物质的特征吸收峰，从该图可以看出该物质有两个吸收峰，具体选择在哪一个吸附波长下进行实验，还要根据具体情况进行选择，通常都在最大吸收峰的波长下进行测量。

3. 分子吸收光谱产生的机理

(1)分子运动及其能级跃迁

物质总是在不断运动着，而构成物质的分子及原子具有一定的运动方式。通常认为分子内部运动方式有三种，即分子内电子相对原子核的运动，即电子运动；分子内原子在其平衡位置上的振动，即分子振动；分子本身绕其重心的转动，即分子转动。分子以不同方式运动时所具有的能量也不相同，这样分子内就对应三种不同的能级，即电子能级、振动能级和转动能级。图 5-3 是双原子分子能级跃迁的示意图。

由图 5-3 可知，在同一电子能级中因分子的振动能量不同，分为几个振动能级。而在同一振动能级中，也因为转动能量不同，又分为几个转动能级。因此每种分子运动的能量

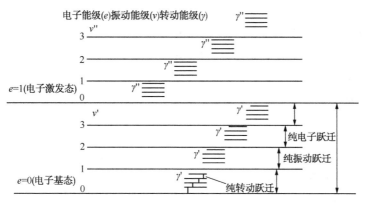

图 5-3　双原子分子能级跃迁示意图

都是不连续的，是量子化的。也就是说，每种分子运动所吸收（或发射）的能量，必须等于其能级差的特定值。否则它就不吸收（或发射）能量。

分子由一个能级 E_1 跃迁到另一个能级 E_2 时的能量变化为二能级之差，即如方程式（5-2）所示。

$$\Delta E = E_2 - E_1 = \frac{h\nu}{\lambda} \qquad (5-2)$$

（2）分子吸收光谱的产生

一个分子的内能 E 是由它的转动能 $E_{转}$、振动能 $E_{振}$、和电子能 $E_{电子}$ 之和。即如方程式（5-3）所示。

$$E = E_{转} + E_{振} + E_{电子} \qquad (5-3)$$

分子跃迁的总能量变化为

$$\Delta E = \Delta E_{转} + \Delta E_{振} + \Delta E_{电子} \qquad (5-4)$$

由图 5-3 可知，转动能级间隔 $\Delta E_{转}$ 最小，因此分子转动能级产生的转动光谱处于远红外和微波区。振动能级的间隔比转动能级间隔大得多，其能级跃迁产生的振动光谱处于近红外和中红外区。分子中原子价电子的跃迁所需的能量最大，产生的电子光谱处于紫外和可见光区。

由于 $\Delta E_{电子} > \Delta E_{振} > \Delta E_{转}$，因此，在振动能级跃迁时也伴有转动能级跃迁。同样在电子能级跃迁时，也伴有振动能级、转动能级跃迁。所以分子光谱是由密集谱线组成的带光谱，而不是"线"光谱。

综上所述，由于各种分子运动所处的能级和产生能级跃迁时能量变化都是量子化的，因此在分子运动产生能级跃迁时，只能吸收分子运动相对应的特定频率（或）波长的光能。而不同物质分子内部结构不同，分子的能级也是千差万别，各种能级之间的间隔也互不相同，这样就决定了它们对不同波长光具有选择性吸收。

4. 光的吸收定律

紫外与可见分光光度法用于定量测量的基本方法是：用选定波长的光照射被测物质溶液，测量它的吸光度，再根据吸光度计算被测组分的含量。计算的理论依据是吸收定律，它是由朗伯和比尔两个定律联合而成，又叫朗伯-比尔定律，是分光光度法定量分析的依据和基础。

（1）吸收定律

吸收定律即朗伯-比尔定律的数学表达式为

$$A = Kcb \tag{5-5}$$

式中　A——吸光度；

　　　c——溶液浓度；

　　　b——透光的液层厚度；

　　　K——比例系数。

吸收定律表明：当用一适当波长的单色光照射吸收物质的溶液时，其吸光度与溶液浓度和透光液层厚度的乘积成正比。

（2）吸光度的意义

吸光度表示光束通过溶液时被吸收的程度，用 A 表示，无量纲。

$$A = \lg \frac{I_0}{I_t} \tag{5-6}$$

I_0、I_t 分别表示入射光和透过光的强度。溶液所吸收光的强度越大，透过光的强度越小，则吸光度 A 就越大。当入射光全部被吸收时，$I_t = 0$，则 $A = \infty$；当入射光全部不被吸收时，$I_t = I_0$，则 $A = 0$，所以 $0 \leqslant A \leqslant \infty$。

（3）透射比的意义

透射比也称为透光率或透过率，表示透过光占入射光的比例，也是物质吸光程度的一种量度，通常以 T 表示，即

$$T = \frac{I_t}{I_0} \tag{5-7}$$

当入射光全部被吸收时，$I_t = 0$，则 $T = 0$；当入射光不被吸收时，$I_t = I_0$，则 $T = 1$。所以 $0 \leqslant T \leqslant 1$。

在分光光度分析中，常用百分透光率这个术语，其值在 $0 \sim 100$ 之间。

吸光度与透光率之间的关系为：

$$A = \lg \frac{I_0}{I_t} = -\lg T \tag{5-8}$$

辐射吸收图见图 5-4。

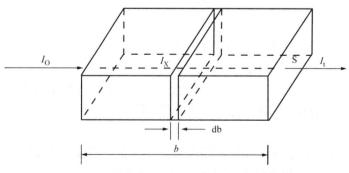

图 5-4　辐射吸收示意图

（4）比例系数 K 的意义及表示方法

K 是表示单位浓度、单位液层厚度的吸光度，它是与吸光物质性质及入射光波长有关的常数，是吸光物质的重要特征值。

K 值的表示方法取决于溶液浓度的表示方法。当液层厚度 b 以 cm 表示时，通常有以下三种表示方法：

1）浓度以 g/L 时，将 K 叫做质量吸收系数，或简称吸收系数，以 a 表示，单位为 L/(g·cm)；

2）浓度以 mol/L 时，将 K 叫做摩尔吸收系数，以 ε 表示，单位为 L/(mol·cm)；

3）对于不知道相对分子质量的物质，常采用质量百分数，其相应的系数称为百分吸收系数或比吸收系数，以 $A_{1cm}^{1\%}$ 表示。

ε、a、$A_{1cm}^{1\%}$ 三者的换算关系为：

$$a = \varepsilon/M \tag{5-9}$$

$$A_{1cm}^{1\%} = 10 \cdot \frac{\varepsilon}{M}（M \text{ 为吸收物质的摩尔质量}） \tag{5-10}$$

上述三种表示方法中，以摩尔吸收系数 ε 用的最普遍。文献中所给某化合物的 ε 值指最大吸收波长所对应的摩尔吸收系数，用 ε_{max} 表示。根据 ε 值的大小可以区分吸收峰的强弱：当 $\varepsilon>10^4$ 时为强吸收，在 $10^3 \sim 10^4$ 为较强吸收，在 $10^2 \sim 10^3$ 为较弱吸收。ε 值还可以客观地衡量显色反应的灵敏度，ε 值越大，表示物质对某波长光的吸收能力越强，测定的灵敏度越高。

在定量分析中，常用分析浓度代替溶液中吸光物质的浓度，所计算的 ε 值称为表观摩尔吸收系数。适当控制显色反应条件可使吸光物质等于分析物质浓度或使两者成简单的正比关系，则吸光度正比于分析物质的浓度，朗伯-比尔定律仍适用。

5. 吸光度的加和性

如果溶液中含有 n 种彼此间不相互作用的组分，它们对某一波长的光都产生吸收，那么该溶液对该波长光总吸光度等于溶液中 n 种组分的吸光度之和，也就是说，吸光度具有加和性。吸光度的加和性对多组分同时定量测定，校正干扰等都极为有用。

6. 影响吸收定律的主要因素

根据吸收定律，在理论上，吸光度对溶液浓度作图所得的直线截距为 0，斜率为 ε_b。实际上吸光度与浓度关系有时是非线性的，或者不通过零点，这种现象为偏离吸收定律。如图 5-5 所示。

引起偏离吸收定律的原因主要有以下几方面：

1）入射光非单色性引起的偏离，因此要保证入射光的单色性；

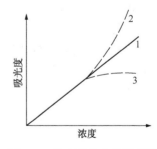

图 5-5　偏离吸收定律示意图

2）溶液的化学因素引起的偏离，因此，测量前要对溶液进行预处理；

3）比尔定律的局限性引起偏离，实际工作中，要控制待测溶液的浓度在 0.01mol/L 以下。

5.2.2.3　紫外-可见分光光度计

在紫外及可见光区用于测定溶液吸光度的分析仪器称为紫外-可见分光光度计。

1. 仪器的分类

紫外-可见分光光度计主要有以下几种基本类型。

按使用波长范围分为两类，一类是可见分光光度计，波长范围为 400～780nm，一类是紫外-可见分光光度计，其波长范围在 200～850nm，实际运用中多数比这范围要小，超过范围使用意义不大。其中，紫外-可见分光光度计包括近紫外、可见及近红外区。按光路分为单光束式及双光束式两类；按单位时间内通过溶液的波长数又分为单波长分光光度计及双波长分光光度计两类。

2. 仪器的基本组成部件

各种型号的紫外-可见分光光度计，就其基本结构来说，都是由五个基本部分组成，即光源、单色器、吸收池、检测器及信号检测系统，如图 5-6 所示。

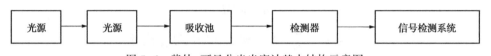

图 5-6 紫外-可见分光光度计基本结构示意图

现将各部件的作用、性能及结构原理介绍如下，以便正确使用各种仪器。

(1) 光源(辐射源)

1) 光源的作用：

光源的作用是提供强而稳定的可见或紫外连续入射光。

2) 对光源的要求：

在仪器操作所需的光谱区域内能够发射连续辐射；应有足够的辐射强度及良好的稳定性；辐射能量随波长的变化应尽可能小；光源的使用寿命长，操作方便。

3) 光源的种类：

光源一般可分为可见光光源及紫外光源两类。

① 可见光光源：

最常用的可见光光源为钨丝灯(白炽灯)。钨丝灯可发射的波长为 320～2500nm 范围的连续光谱，其中最适宜的使用范围为 320～1000nm，除用作可见光源外，还可用作近红外光源。这类光源的辐射能量与施加的外加电压有关，在可见光区，辐射的能量与工作电压的 4 次方成正比，光电流也与灯丝电压的 n 次方($n>1$)成正比。因此，使用时必须严格控制灯丝电压，必要时须配备稳压装置，以保证光源的稳定。

在钨丝灯中加入适量卤素或卤化物可制成卤钨灯，如碘钨灯、溴钨灯等。卤钨灯的发光效率比钨灯高、寿命也长。

② 紫外光源：

紫外光源多为气体放电光源，如氢、氘、氙放电灯及汞灯等，其中以氢灯及氘灯应用最广泛，其发射光谱的波长范围为 160～500nm，最适宜的使用范围为 180～350nm。氘灯发射的光强度比同样的氢灯大 3～5 倍。氢灯可分为高压氢灯(2000～6000V)和低压氢灯(40～80V)，后者较为常用。

(2) 单色器

1) 单色器的作用：

单色器是能从光源的复合光中分出单色光的光学装置，其主要功能是能够产生光谱纯度高、色散率高且波长在紫外可见光区域内任意可调。单色器的性能直接影响入射光的单色性，从而也影响到测定的灵敏度、选择性及校准曲线的线性关系等。

2）单色器的组成：

单色器由入射狭缝、准光器（透镜或凹面反射镜使入射光变成平行光）、色散元件、聚焦元件和出射狭缝等几个部分组成。其核心部分是色散元件，起分光作用。其他光学元件中狭缝在决定单色器性能上起着重要作用，狭缝宽度过大时，谱带宽度太大，入射光单色性差，狭缝宽度过小时，又会减弱光强。

3）色散元件的类型：

能起分光作用的色散元件主要是棱镜和光栅。

棱镜有玻璃和石英两种材料。它们的色散原理是依据不同波长的光通过棱镜时有不同的折射率而将不同波长分开。由于玻璃会吸收紫外光，所以玻璃棱镜只适用于 350~3200nm 的可见和近红外光区波长范围。石英棱镜适用的波长范围较宽，为 185~4000nm，即可用于紫外、可见、红外三个光谱区域。

光栅是利用光的衍射和干涉作用制成的。它可用于紫外、可见和近红外光谱区域，而且在整个波长区域中具有良好的、几乎均匀一致的色散率，且具有适用波长范围宽、分辨本领高、成本低、便于保存和易于制作等优点，所以是目前用的最多的色散元件。其缺点是各级光谱会重叠而产生干扰。

（3）吸收池

吸收池亦称比色皿，用于盛装吸收试液和决定透光液层厚度的器件。吸收池一般由玻璃和石英两个材料做成，玻璃池只能用于可见光区，石英池可用于可见光区及紫外光区。吸收池的大小规格从几毫米到几厘米不等，最常用的是 1 厘米的吸收池。为减少光的反射损失，吸收池的光学面必须严格垂直于光束方向。在分析测定中（尤其是紫外光区尤其重要），吸收池要挑选配对，使它们的性能基本一致。

（4）检测器

1）检测器的作用：

检测器是检测单色光通过溶液被吸收后透射光的强度，并把这种光信号转变为电信号的装置。

2）对检测器的要求

检测器应在测量的光谱范围内具有高的灵敏度；对辐射能量的影响快、线性关系好、线性范围宽；对不同波长的辐射响应性能相同且可靠；有好的稳定性和低的噪音水平等。

3）检测器的种类：

检测器有光电管和光电倍增管等。

① 光电管：

光电管在紫外-可见分光光度计上应用很广泛。它以一弯成半圆柱且内表面涂上一层光敏材料的镍片作为阴极，而置于圆柱形中心的一金属丝作为阳极，密封于高真空的玻璃或石英中构成的，当光照到阴极的光敏材料时，阴极发射出电子，被阳极收集而产生光电流。结构如图 5-7 所示。随阴极光敏材料不同，灵敏的波长范围也不同。可分为蓝敏和红敏两种光电管，前者是阴极表面上沉积锑和铯，可用于波长范围为 210~625nm，后者是阴极表面上沉积银和氧化铯，可用波长范围为 625~1000nm。光电管具有灵敏度高、光敏范围宽、不易疲劳的优点。

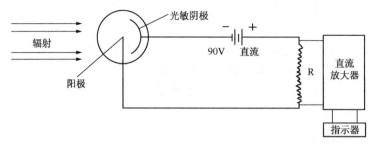

图 5-7　光电管及其线路示意图

② 光电倍增管：

光电倍增管实际上是一种加上多级倍增电极的光电管，其结构如图 5-8 所示。所示外壳由玻璃或石英制成，阴极表面涂上光敏物质，在阴极 C 和阳极 A 之间装有一系列次级电子发射极，即电子倍增极 D_1、D_2……等。阴极 C 和阳极 A 之间加直流高压(约 1000V)，当辐射光子撞击阴极时发射光电子，该电子被电场加速并撞击第一倍增极 D_1，撞出更多的二次电子，依此不断进行，像"雪崩"一样，最后阳极收集到的电子数将是阴极发射电子的 10^5 ～ 10^6 倍。与光电管不同，光电倍增管的输出电流随外加电压的增加而增加，且极为敏感，这是因为每个倍增极获得的增益取决于加速电压。因此，光电倍增管的外加电压必须严格控制。光电倍增管的暗电流愈小，质量愈好。光电倍增管灵敏度高，是检测微弱光最常见的光电元件，可以用较窄的单色器狭缝，从而对光谱的精细结构有较好的分辨能力。

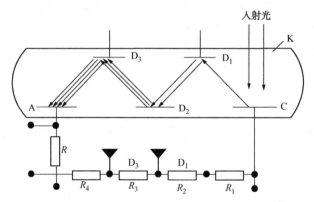

图 5-8　光电倍增管工作原理图

K—窗口；C—光阴极；D_1、D_2、D_3—次电子发射极；

A—阳极

（5）信号指示系统

它的作用是放大信号并以适当的方式指示或记录。20 世纪 80 年代以来，信号指示系统通常采用屏幕显示，吸收光谱、操作条件和结果都可在屏幕上显示，并利用微处理机进行仪器自动控制和结果处理，大大提高了仪器的精度、稳定性及自动化程度。

5.2.2.4　可见分光光度法

可见分光光度法是利用有色物质对某一单色光吸收程度来定量的，而许多物质本身无色或颜色很浅，需要经过适当的化学处理，使该物质转变为能对可见光产生较强吸收的有色化合物，然后再进行光度测定。将待测组分转变成有色化合物的反应称为显色反应；与待测组分形成有色化合物的试剂称为显色试剂。

1. 显色反应及显色条件的选择

（1）显色反应的类型

常见的显色反应有络合反应、氧化还原反应、取代反应和缩合反应等。其中络合反应应用最广泛。同一种物质常有多种显色反应，其原理和灵敏度各不相同，选择时应考虑以下因素。

1）选择性好：

完全特效的显色剂是不存在的，但是可以找到干扰较少或干扰易于除去的显色反应。

2）灵敏度高：分光光度法一般用于微量组分的测定，因此需要选择灵敏的显色反应。摩尔系数 ε 的大小是显色反应灵敏度高低的重要标志，因此应当选择生成有色物质的 ε 较大的显色反应。一般来说，当 ε 值为 $10^4 \sim 10^5$ 时，可认为该反应灵敏度较高。

3）对比度大：有色化合物与显色剂之间的颜色差别通常用对比度表示，它是有色化合物 MR 和显色剂 R 的最大吸收波长差 $\Delta\lambda$ 的绝对值，一般要求 $\Delta\lambda$ 在 60nm 以上。

4）有色化合物组成恒定：有色化合物组成不恒定，意味着溶液颜色的色调及深度不同，必将引起很大误差。因此，对于形成不同络合比的有色配合物的络合反应，必须注意控制实验条件。

5）有色化合物的稳定性好：要求有色化合物至少在测定过程中保持稳定，使吸光度保持不变。因此，要求有色化合物不易受外界环境条件的影响，亦不受溶液中其他化学因素的影响。

（2）显色条件的选择

显色条件选择包括显色剂及其用量的选择、反应酸度、温度、时间等的选择。

1）显色剂及其用量：

常用的显色剂分为无机显色剂和有机显色剂两大类。表 5-10 列出了几种常见的显色剂。

表 5-10　一些常用的显色剂

	试剂	结构式	测定离子
无机显色剂	硫氰酸盐	SCN^-	Fe^{2+}、M（V）、W（V）
	钼酸盐	MoO_4^{2-}	Si（IV）、P（V）
	过氧化氢	H_2O_2	Ti（IV）
有机显色剂	邻二氮菲		Fe^{2+}
	双硫腙		Pb^{2+}、Hg^{2+}、Zn^{2+}、Bi^+ 等

试剂	结构式	测定离子
丁二酮肟	$H_3C-C=C-CH_3$ $\quad\;\; \| \quad\;\; \|$ $\quad$ HON $\quad$ NOH	Ni^{2+}、Pd^{2+}
铬天青 S（CAS）		Be^{2+}、Al^{3+}、Y^{3+}、Ti^{4+} Zr^{4+}、Hf^{4+}
茜素红 S		Al^{3+}、Ga^{3+}、$Zr(\text{IV})$、$Th(\text{IV})$ F^-、$Ti(\text{IV})$
偶氮肿 III		UO_2^{2+}、$Hf(\text{IV})$、Th^{4+} $Zr(\text{IV})$、 RE^{3+}、Y^{3+} Sc^{3+}、Ca^{3+}等
4-(2-吡啶氮)-间苯二酚（PAR）		Co^{2+}、Pb^{2+}、Ga^{3+} $Nb(\text{V})$、Ni^{2+}
1-(2-吡啶氮)-萘 PAN)		Co^{2+}、Ni^{2+}、Zn^{2+}、Pb^{2+}
4-(2-噻唑偶氮)-间苯二酚(TAR)		Co^{2+}、Ni^{2+}、Cu^{2+}、Pb^{2+}

(左侧纵列：有机显色剂)

显色反应一般可用下式表示：

$$M + R \rightleftharpoons MR \tag{5-11}$$

式中 M——待测离子；

$\quad R$——显色剂；

$\quad MR$——有色配合物。

根据溶液平衡原理，有色配合物稳定常数越大，显色剂过量越多，越有利于待测组分形成有色配合物。但是过量显色剂的加入，有时会引起空白增大或副反应发生等对测定不利的因素。

显色剂的适宜用量通常由实验来确定。方法是将待测组分的浓度及其他条件固定，加入不同量的显色剂，测定吸光度，绘制吸光度与浓度的关系曲线，一般可得到如图 5-9 所示的三种情况。

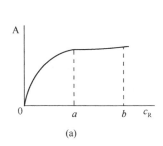 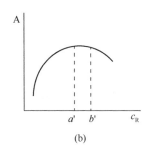 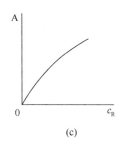

　　(a)　　　　　　　　　　　　(b)　　　　　　　　　　　(c)

图 5-9　吸光度与显色剂浓度的关系曲线

图 5-9(a) 表明，当显色剂浓度 C_R 在 $0\sim a$ 范围时，显色剂用量不足，待测离子没有完全转变成有色配合物，随着 C_R 增大，吸光度增大。在图 5-9(a) 中 $a\sim b$ 范围内，曲线平直，吸光度出现稳定值，因此可在此范围选择合适的显色剂用量。图 5-9(b) 只有较窄的平坦部分，应选 $a'b'$ 之间所对应的显色剂浓度。图 5-9(c) 表明，随着显色剂增大，吸光度不断增大，对这种情况，必须十分严格地控制显色剂用量。

2) 反应的酸度：介质的酸度往往是显色反应的一个重要条件。酸度的影响因素很多，主要从显色剂及金属离子两方面考虑。

① 多数显色剂是有机弱酸或弱碱，介质的酸度直接影响着显色剂的离解程度，从而影响显色反应的完全程度。当酸度高时，显色剂离解度降低，显色剂可配位的阴离子浓度降低，显色反应的完全程度也跟着降低。对于多级配合物的显色反应来说，酸度变化可形成具有不同配位比的配合物，产生颜色的变化。如 Fe(Ⅲ) 与水杨酸的配合物随介质 pH 值的不同而变化如表 5-11 所示。对于这一类的显色反应，控制反应酸度至关重要。

表 5-11　Fe(Ⅲ) 与水杨酸的配合物颜色随介质 pH 值的变化

pH 值范围	配合物组成	颜色
<4	$Fe(C_7H_4O_3)^+(1:1)$	紫红色
4~7	$Fe(C_7H_4O_3)_2^-(1:2)$	棕橙色
8~10	$Fe(C_7H_4O_3)_3^{3-}(1:3)$	黄色

② 不少金属离子在酸度较低的介质中，会发生水解而形成各种型体的羟基、多核羟基配合物，有的甚至可能析出氢氧化物沉淀，或者由于生成金属离子的氢氧化物而破坏了有色配合物，使溶液的颜色完全褪去。例如在 pH 值比较高时 $Fe(SCN)^{2+}+OH^-{=\!=\!=}Fe(OH)^{2+}+SCN^-$。

在实际分析工作中，是通过实验来选择显色反应的适宜酸度的。具体做法是固定溶液中待测组分和显色剂的浓度，改变溶液(通常用缓冲溶液控制)的酸度(pH 值)，分别测定在不同 pH 值溶液的吸光度 A，绘制 $A\sim pH$ 值曲线，从中找出最适宜的 pH 值范围。

③ 显色的时间：由于各种显色反应的速度不同，控制一定的显色时间是必要的，尤其

是对一些反应速度较慢的反应体系，更需要有足够的反应时间。值得注意的是，介质酸度、显色剂的浓度都将会影响显色时间。

确定适宜显色时间的方法如下：配制一份显色溶液，从加入显色剂开始，每隔一定时间测吸光度一次，绘制吸光度-时间曲线，曲线平坦部分对应的时间就是测定吸光度的最适宜时间。

④ 显色温度：显色反应通常在室温下进行，有的反应必须在较高温度下才能进行或进行的比较快，有的有色物质温度偏高时又容易分解。为此，对不同的反应，应通过实验找出各自适宜的温度范围。

⑤ 干扰的消除：在可见分光光度分析中，共存离子如本身有颜色，或与显色剂作用生成有色化合物，都将干扰测定。消除干扰的方法有控制酸度、加入掩蔽剂和分离干扰离子等。

2. 吸光度测量条件的选择

为了确保分光光度法有较高的灵敏度和准确度，除了要控制显色条件外，还必须选择和控制适当的吸光度测量条件。

(1) 吸光度测量范围的选择

在不同吸光度范围内读数会引起不同程度的误差，为提高测定的准确度，应选择最适宜的吸光度范围进行测定。

一般分光光度计的透光率读数误差约为±0.2%~±2%，假定为0.5%，当所测吸光度在0.15~1.0或透光率在70%~10%的范围内，浓度测量的最小误差为1.4%。测量的吸光度过低或过高，误差都非常大，因而普通分光光度法不适用于高含量或极低含量物质的测定。

(2) 入射光波长的选择

入射光波长应根据吸收光谱曲线选择溶液有最大吸收时的波长。这是因为在此波长处摩尔吸光系数值最大，使测定有较高的灵敏度。同时，在此波长处的一个较小范围内，吸光度变化不大，不会造成对比尔定律的偏离，测定准确度较高。

如果最大吸收波长不在仪器可测波长范围内，或干扰物质在此波长处有强烈吸收，可选用非最大吸收处的波长。但应注意尽量选择 ε 值变化不太大区域内的波长。例如图 5-10，显色剂与钴配合物在 420nm 波长处均有最大吸收峰。如用此波长测定钴，则未反应的显色剂会发生干扰而降低测定的准确度。因此，必须选择500nm 波长测定，在此波长下显色剂不发生吸收，而钴络合物则有一吸收平台。用此波长测定，灵敏度虽有所下降，却消除了干扰，提高了测定的准确度和选择性。

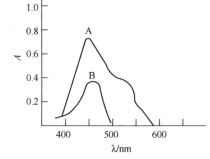

图 5-10　　吸收曲线

A—钴配合物的吸收曲线；B—1-亚硝基-2-萘酚-3,6磺酸显色剂的吸收曲线

(3) 参比溶液的选择

用分光光度法分析样品时，一般要求待测溶液除被测的吸光物质外，其余成分均与参比溶液完全相同，以减小其他因素引起的误差。实际工作中，完全符合上述要求的参比溶液很难找到，但应尽量选择合适的参比溶液。选择参比溶液总的原则是使试液的吸光度真正反映待测物的浓度，具体原则如下：

1）如果仅待测物与显色剂的反应产物有吸收，可用纯溶剂作参比溶液；

2）如果显色剂或其他试剂略有吸收，应用空白溶液（不加试样溶液）作参比溶液；

3）如试样中其他组分有吸收，但不与显色剂反应，则当显色剂无吸收时，可用试样溶液作参比溶液，当显色剂略有吸收时，可在试液中加入适当掩蔽剂将待测组分掩蔽后再加显色剂，以此溶液作参比溶液。

3. 可见分光光度法的应用

（1）定性分析

可见分光光度法是一种广泛应用的定量分析方法，也是对物质进行定性分析和结构分析的一种手段，同时还可以测定某些化合物的物理化学参数，例如摩尔质量、配合物的配合比和稳定常数，以及酸、碱的离解常数等。

可见分光光度法在无机元素的定性分析应用方面是比较少的，无机元素的定性分析主要用原子发射光谱法或化学分析法。在有机化合物的定性分析鉴定及结构分析方面，由于可见光谱较为简单，光谱信息少，特征性不强，而且不少简单官能团在近紫外及可见光区没有吸收或吸收很弱，因此，这种方法的应用有较大的局限性。但是它适用于不饱和有机化合物，尤其是共轭体系的鉴定，以此推断未知物的骨架结构。此外，它可配合红外光谱法、核磁共振波谱法和质谱法等常用的结构分析法进行定量鉴定和结构分析，是不失为一种有用的辅助方法。一般定性分析方法有如下两种：

1）比较吸收光谱曲线法：

吸收光谱的形状、吸收峰的数目和位置及相应的摩尔吸光系数，是定性分析的光谱依据，而最大吸收波长 λ_{max} 及相应的 ε_{max} 是定性分析的最主要参数。比较法有标准物质比较法和标准谱图比较法两种。

① 利用标准物质比较，在相同的测量条件下，测定和比较未知物与已知标准物的吸收光谱曲线，如果两者的光谱完全一致，则可以初步认为它们是同一化合物。为了能使分析更准确可靠，要注意如下几点：一是尽量保持光谱的精细结构。为此，应采用与吸收物质作用力小的非极性溶剂，且采用窄的光谱通带；二是吸收光谱采用 $\lg A$ 对 λ 作图。这样如果未知物与标准物的浓度不同，则曲线只是沿 $\lg A$ 轴平移，而不是象 $A \sim \lambda$ 曲线那样以 εb 的比例移动，更便于比较分析。三是往往还需要用其他方法进行证实，如红外光谱等。

② 利用标准谱图或光谱数据比较。常用的标准谱图有 Sadtler Standard Spectra（Ultraviolet），Heyden，London，1978. 萨特勒标准图谱共收集了 46000 种化合物的紫外光谱；R. A. Friedel and M. Orchin，"Ultraviolet and Visible Absorption Spectra of Aromatic Compounds"，Wiley，New York，1951. 本书收集了 597 种芳香化合物的紫外光谱等。

2）计算不饱和有机化合物最大吸收波长的经验规则：

有伍德沃德（Woodward）规则和斯科特（Scott）规则。当采用其他物理或化学方法推测未知化合物有几种可能结构后，可用经验规则计算它们最大吸收波长，然后再与实测值进行比较，以确认物质的结构。

（2）单组分样品的定量分析

如果样品是单组分的，且遵守吸收定律，这时只要测出被测吸光物质的最大吸收波长，就可在此波长下，选用适当的参比溶液，测量试液的吸光度，然后再用工作曲线法或比较法求得浓度分析结果。

1）工作曲线法：工作曲线法是实际工作中使用最多的一种定量方法。它的绘制方法是：配制四个以上浓度不同的待测组分的标准溶液，在相同条件下显色并稀释至相同体积，以空白溶液为参比溶液，在选定的波长下，分别测定各标准溶液的吸光度。以标准溶液浓度为横坐标，吸光度为纵坐标，绘制工作曲线。

在测定样品时，应按相同的方法制备待测试液（为了保证显色条件一致，操作时一般是试样与标样同时显色），在相同测量条件下测量试液的吸光度，然后在工作曲线上查出或用工作曲线方程计算出待测试液浓度。为了保证测定准确度，要求标样与试样溶液的组成保持一致，待测试液的浓度应在工作曲线线性范围内，最好在工作曲线中部。工作曲线应定期校准，如果实验条件变动（如果换标准溶液、所用试剂重新配制、仪器经过修理、更换光源等情况），工作曲线应重新绘制。如果实验条件不变，那么每次测量只要带一个标样，校验一下实验条件是否符合，就可直接用此工作曲线测量试样的含量。工作曲线法适于成批样品的分析，它可以消除一定的随机误差。

工作曲线可以用一元线性方程表示，即

$$y = a + bx \tag{5-12}$$

式中，x 为标准溶液的浓度；y 为相应的吸光度；a、b 为回归系数。直线称为回归直线，b 为直线斜率。回归直线的线性相关系数 γ 可以计算得出，也可以由电脑绘图时直接得出。它可以表征工作曲线线性的好坏。相关系数接近1，说明工作曲现线性好，一般要求所作工作曲线的相关系数 γ 要大于 0.999。相关知识在第 3 章已经交代。

通过回归的一元线性方程，以及测定的样品的吸光度，可以反算出待测样品的浓度，实现定量分析。

2）比较法：这种方法是用一个已知浓度的标准溶液（c_s，应与试液浓度接近），在一定条件下，测得其吸光度 A_s，然后在相同条件下，测得试液 c_x 的吸光度 A_x，设试液、标准溶液完全符合朗伯-比尔定律，则

$$c_x = \frac{A_x}{A_s} c_s \tag{5-13}$$

通过式（5-13），可以计算出待测样品的浓度，实现样品的定量分析。比较法适于个别样品的测定。

（3）多组分的定量分析

多组分是指在被测溶液中含有两个或两个以上的吸光组分。进行多组分混合物定量分析的依据是吸光度的加和性。

假设溶液中同时存在两种组分 x 和 y，它们的吸收光谱一般有下面两种情况。

1）吸收光谱曲线不重叠［见图 5-11（a）］，或至少可以找到在某一波长处 x 有吸收而 y 不吸收，在另一波长处 y 有吸收，x 不吸收［见图 5-11（b）］，则可分别在波长 λ_1 和 λ_2 处测定组分 x 和 y，而相互不产生干扰。

2）吸收光谱曲线重叠时［见图 5-11（c）］，可选定两个波长 λ_1 和 λ_2 并分别在 λ_1 和 λ_2 处测定吸光度 A_1 和 A_2，根据吸光度的加和性，列出如下方程组：

$$\begin{aligned} A_1 &= \varepsilon_{x_1} b c_x + \varepsilon_{y_1} b c_y \\ A_2 &= \varepsilon_{x_2} b c_x + \varepsilon_{y_2} b c_y \end{aligned} \tag{5-14}$$

式中，c_x、c_y 分别为 x 组分和 y 组分的浓度；ε_{x_1}、ε_{y_1} 分别为 x 组分和 y 组分在波长 λ_1 处的摩尔吸光系数；ε_{x_2}、ε_{y_2} 分别为 x 组分和 y 组分在波长 λ_2 处的摩尔吸光系数；ε_{x_1}、ε_{y_1}、ε_{x_2}、ε_{y_2} 可以用 x 和 y 的标准溶液分别在 λ_1 和 λ_2 处测定吸光度后计算求得。将 ε_{x_1}、ε_{y_1}、ε_{x_2}、ε_{y_2} 代入方程组，可得两组分浓度。

用这种方法虽可以用于溶液中两种以上组分的同时测定，但组分数 $n>3$ 结果误差增大。

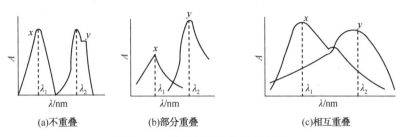

图 5-11　混合物的紫外吸收光谱

（4）高含量组分的测定

紫外-可见分光光度法一般适用于含量为 $10^{-2} \sim 10^{-6}$ mol/L 浓度范围的测定。过高或过低含量的组分，由于溶液偏离吸收定律或因仪器本身灵敏度的限制，会使测定产生较大误差，此时若使用差示法就可以解决这问题。

差示法又称差示分光光度法。它与一般分光光度法区别仅仅在于它采用一个已知浓度成分与待测溶液相同的溶液作参比溶液（称参比标准溶液），而其测定过程与一般分光光度法相同。然而正是由于使用了这种参比溶液，才大大提高测定的准确度，使其可用于测定过高或过低含量的组分。差示法可分为高吸光度差示法、低吸光度差示法、精密差示法和全差示光度测量法四种类型。后三种应用不多，在这里着重介绍高浓度组分测定的高吸光度差示法。

该方法适用于分析 $\tau<10\%$ 的组分。具体方法是：在光源和检测器之间用光闸切断时，调节仪器的透射比为零，然后用一比待测溶液浓度稍低的已知浓度为 c_0 的待测组分标准溶液作参比溶液，置于光路，调节透射比 $\tau=100\%$，再将待测样品（或标准系列溶液）置于光路，读出相应的透射比或吸光度。根据差示吸光度值 $A_测$ 和试液与参比标准溶液浓度差值呈线性关系，用比较法或工作曲线 [注意，是用标准溶液浓度 c_s 减参比标准溶液浓度 c_0 即 (c_s-c_0) 的值对相应的吸光度作图] 求得待测溶液浓度与标准参比溶液浓度的差值（设为 c'_x），则待测溶液的浓度：$c_x=c_0+c'_x$。

假设以空白溶液作参比，用普通光度法测出浓度为 c_0 的标准溶液 $\tau_0=10\%$，浓度为 c_x 的试液 $\tau_x=4\%$。用差示法，以浓度为 c_0 的标准溶液作参比调节 $\tau'=100\%$，这就相当于将仪器的透射比读数标尺扩大了十倍，此时试液的 $\tau'_x=40\%$，此读数落入适宜的范围内，从而提高了测量的准确度，如图 5-12 所示。

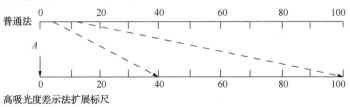

图 5-12　高吸光度差示法标尺扩展示意图

这种方法要求仪器光源强度要足够大，仪器检测器要足够灵敏。

5.2.2.5 紫外分光光度法

1. 概述

紫外分光光度法是基于物质对紫外光的选择性吸收来进行分析测定的方法，主要利用 200~400nm 的近紫外光区的辐射进行测定。

紫外吸收光谱与可见吸收光谱比较，相同点是都可用吸收曲线来描述，不同点为它常用来对在紫外光区有吸收峰的物质进行鉴定和结构分析，对推测分子中含有某些官能团提供信息；测定时不需加显色剂显色，方法简便快速；定量灵敏度和准确度高，应用广泛。

2. 紫外吸收光谱法原理

紫外吸收光谱是由于分子中价电子的跃迁而产生的。因此，分子中价电子的分布和结合情况决定了这种吸收光谱。按分子轨道理论，在有机化合物分子中有几种不同性质的价电子：形成单键的 σ 电子、形成双键的 π 电子和未成键的 n 电子。当它们吸收一定的能量后，将跃迁到较高的能级，此时电子所占的轨道称为反键轨道。这些跃迁可以分为如下三类。

1）成键轨道与反键轨道之间的跃迁。包括饱和碳氢化合物中的 σ→σ* 跃迁以及不饱和烯烃中的 π→π* 跃迁。（* 表示反键轨道）

2）非键电子向反键轨道的跃迁。包括 n→σ* 跃迁及 n→π* 跃迁。

3）电荷转移跃迁。有机化合物吸收光能后，除产生上述几种跃迁外，还可产生电荷转移跃迁和电荷转移吸收光谱。

有机化合物价电子可能产生的跃迁见图 5-13，常见电子跃迁所处的波长范围及强度见图 5-14。

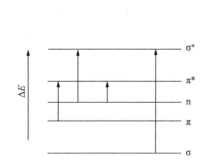

图 5-13　电子跃迁能级示意图

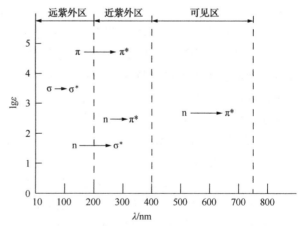

图 5-14　常见电子跃迁所处的波长范围及强度

3. 无机化合物的紫外吸收光谱

许多金属离子及非金属阴离子均可利用紫外光区进行定量测定，溶液中无机化合物的吸收可分为以下几种类型。

（1）配合物的吸收-电荷转移吸收光谱

无机配合物的吸收光谱称为电荷转移吸收光谱，它常用于微量组分的定量分析，应用见表 5-12。

表 5-12　无机化合物的紫外吸收测定

被测物	试剂	介质	最大吸收峰/nm	测定范围/(μg/g)
Hg	SCN^-	水溶液	281	1~20
V(Ⅲ)	NH_4SCN	丙酮	396	
Co	NH_4SCN	水溶液	312	0.2~10
Nb	$SnCl_2+NH_4SCN$	乙醚	385	10~260
Nb	浓 HCl	水溶液	281	1~10
Bi	KBr	水溶液	365	
Sb	KI	H_2SO_4	330	0~4
Ta	邻苯三酚	HCl	325	0~40
Nb	8-羟基喹啉	$CHCl_3$	385	1.5~6
Fe	EDTA	水溶液	260	0~4
Zr	苯基羟基乙酸	氨水	258	
NO_2	4-氨基苯磺酸	水溶液	270	
S		丁醇或环己烷	275	5~40

（2）镧系和锕系离子的吸收

大多数镧系和锕系的离子对紫外和可见光可以产生吸收。它们的吸收光谱是由一些狭窄的而很明确的特征吸收峰所组成，而且这些吸收峰几乎不受与该金属离子结合的配位体影响，这种特征有利于这些离子的定性和定量测定。

（3）过渡金属元素的吸收

过渡金属元素的吸收光谱的吸收带较宽，且易受环境因素的影响。

4. 有机化合物的紫外吸收光谱

有机化合物的紫外吸收光谱主要取决于分子中特定原子或原子团的性质，而分子中电子结构不同的其他原子或原子团影响较小。分子中能吸收紫外-可见光的结构单元，称为生色团。生色团含有不饱和键或未共用电子对，能产生 $n-\pi^*$、$\pi-\pi^*$ 跃迁，常见生色团的吸收光谱数据列于表 5-13 中。

表 5-13　常见生色团的吸收光谱数据

生色团	化合物	溶剂	λ_{max}/nm	ε_{max}
C=C	$H_2C=CH_2$	气态	171	15530
C≡C	HC≡CH	气态	173	6000
C=N	$(CH_3)_2C=NOH$	气态	190 300	5000 —
C=O	CH_3COCH_3	正己烷	166 276	15
—COOH	CH_3COOH	水	204	40
C=S	CH_3CSCH_3	水	400	—
—N=N—	$CH_3N=NCH_3$	乙醇	338	4
—N=O	$CH_3(CH_2)_3—NO$	乙醚	300 665	100 20

生色团	化合物	溶剂	λ_{max}/nm	ε_{max}
—NO₂	CH_3NO_2	水	270	14
—ONO₂	$C_2H_5ONO_2$	二氧六环	270	12
—ON=O	$CH_3(CH_2)_7ON=O$	正己烷	230 370	2200 55
C=CH—CH=C	$H_2C=CH—CH=CH_2$	正己烷	217	21000

　　某些基团本身不能使物质生色，但它们能加强生色团的显色能力，被称为助色团，这些基团能引起氧原子或氮原子上未共用电子对的共轭作用。常见的助色团有—OH、—OR、—NH₂、—NHR、—SH、—SR、—Cl、—Br、—I 等。生色团本身是最有力的助色团。

　　由于共轭效应，引入助色团或溶剂效应(极性溶剂对 $\pi \rightarrow \pi^*$ 跃迁的效应)使化合物的吸收波长向长波移动，称为红移效应，俗称红移。能对生色团起红移效应的基团，称为向红团。有时某些生色团的碳原子一端引入某取代基或溶剂效应(极性溶剂对 $n \rightarrow \pi^*$ 跃迁的效应)，使化合物的吸收波长向短波方向移动，称为蓝移(或紫移)效应，能引起蓝移效应的基团(如—CH₂、—C₂H₅等)称为向蓝团。

　　由于化合物的结构发生某些变化或外界因素的影响，使化合物的吸收强度增大的现象，叫增色效应，而使吸收强度减小的现象，叫做减色效应。

　　(1) 饱和烃及其取代衍生物

　　饱和烃及其取代衍生物的紫外吸收光谱在分析上并没有什么实用价值，但由于它们多数在近紫外及可见光区没有吸收，所以是测定紫外-可见光谱时的良好溶剂。表5-14列出了常用的紫外吸收光谱溶剂允许使用的截止波长。

表 5-14　紫外吸收光谱中常用的溶剂

溶剂	截止波长/nm	溶剂	截止波长/nm	溶剂	截止波长/nm
十氢萘	200	正丁醇	210	N,N 二甲基甲酰胺	270
十二烷	200	乙腈	210	苯	280
己烷	210	甲醇	215	四氯乙烯	290
环己烷	210	异丙醇	215	二甲苯	295
庚烷	210	1,4-二噁烷	225	苄腈	300
异辛烷	210	二氯甲烷	235	吡啶	305
甲基环己烷	210	1,2-二氯乙烷	235	丙酮	330
水	210	氯仿	245	溴仿	335
乙醇	210	甲酸甲酯	260	二硫化碳	380
乙醚	210	四氯化碳	265	硝基苯	380

　　(2) 不饱和脂肪烃

　　具有孤立双键或三键的烯烃或炔烃，它们都产生 $\pi \rightarrow \pi^*$ 跃迁，但大多数在 200nm 以上无吸收。若烯分子中氢被助色团如—OH、—NH₂等取代时，吸收峰发生红移，吸收强度也有所增加。

　　对于含有 C=O、C=S 等生色团的不饱和烃类，会产生 $\pi \rightarrow \pi^*$、$n \rightarrow \pi^*$ 跃迁，它们的

吸收带处于近紫外区甚至到达可见光区。

图 5-15 是乙酰苯的紫外吸收光谱。从乙酰苯的紫外吸收光谱可以看出，由于乙酰苯中的羰基与苯环共轭出现了很强的 K 吸收带。另外，还出现 R 吸收带，这是由于羰基中 n→π* 跃迁所致，R 吸收带较弱。图中 B 是苯环的吸收带。

（3）含共轭体系的不饱和烃

具有共轭双键的化合物，由于相间的 π 键形成大 π 键，产生了 K 吸收带，其吸收峰一般在 217～280nm。K 吸

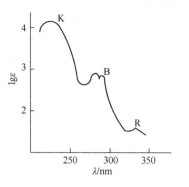

图 5-15　乙酰苯的紫外吸收光谱

收带的波长及强度与共轭体系的长短、位置、取代基种类等有关，共轭双键越多，波长越长，甚至出现颜色，因此可据此判断共轭体系的存在情况。表 5-15 列出了共轭双键增加与吸收波长变化的关系。

表 5-15　共轭双键对吸收波长影响

名称	波长 λ_{max}/nm	摩尔吸收系数 ε/(L/mol · cm)	颜色
己三烯(C=C)$_3$	258	35000	无色
二甲基八碳四烯(C=C)$_4$	296	52000	无色
十碳五烯(C=C)$_5$	335	118000	微黄
二甲基十二碳六烯(C=C)$_6$	360	70000	微黄
双氢-β-胡萝卜素(C=C)$_8$	415	210000	黄
双氢-α-胡萝卜素(C=C)$_{10}$	445	63000	橙
番茄红素(C=C)$_{11}$	470	185000	红

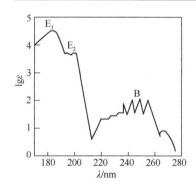

图 5-16　苯在己烷溶剂中的
紫外吸收光谱

（4）芳香烃

芳香族化合物为环状共轭体系。图 5-16 为苯在己烷溶剂中的紫外吸收光谱。苯在紫外区有三个吸收带，都是由共轭的 π→π* 跃迁产生的。在 185nm 处的吸收带最强，ε_{max} 为 68000，称为 E_1 吸收带。在 204nm 处有一较强吸收带，ε_{max} 为 8800，称为 E_2 吸收带。在 230～270nm 处有较弱的一系列吸收带，称为精细结构吸收带，亦称 B 吸收带，这是由于 π→π* 跃迁和苯环的振动重叠引起的，是苯环的特征吸收带。

苯环上的各种取代基(如助色团、生色团)对苯的三个吸收带均有较大影响。

如果苯环上有两个取代基，则二取代基的吸收光谱与取代基的种类及取代位置有关。任何种类的取代基都能使苯的 E_2 带发生红移。当两个取代基在对位时，ε_{max} 和 λ_{max} 都较间位和邻位取代时大。例如：对硝基苯酚、间硝基苯酚、邻硝基苯酚的 λ_{max} 分别为 317nm、273.5nm、278.5nm。当对位二取代苯中一个取代基为斥电子基，另一个是吸电子基时，吸收带红移最明显。

稠环芳烃母体吸收带的最大吸收波长大于苯，这是由于它有两个或两个以上共轭的苯环，苯环数目越多，λ_{max} 越大。

（5）杂环化合物

饱和的五元及六元化合物，例如四氢呋喃、二氧六环，在200nm以上没有吸收，只有不饱和的杂环化合物才在近紫外区有吸收。它们的吸收光谱一般与相应的碳环或非环化合物相近。当有助色团或生色团取代时，则λ_{max}红移，且ε_{max}增大。

5. 紫外吸收光谱的应用

（1）定性鉴定

不同的有机化合物具有不同的吸收光谱，因此根据化合物的紫外吸收光谱中特征吸收峰的波长和强度可以进行物质的鉴定和纯度的检查。

（2）未知试样的定性鉴定

紫外吸收光谱定性分析一般采用比较光谱法，即将经提纯的样品和标准物用相同溶剂配成溶液，并在相同条件下绘制吸收光谱曲线，比较其吸收光谱是否一致。如果紫外光谱曲线完全相同（包括曲线形状、λ_{max}、λ_{min}、吸收峰数目、拐点及ε_{max}等），则可初步认为是同一种化合物，为了进一步确认可更换一种溶剂重新测定后再作比较。

如果没有标准物，则可借助各种有机化合物的紫外可见标准谱图及有关电子光谱的文献资料进行比较。使用与标准谱图比较的方法时，要求仪器准确度、精密度要高，操作时测定条件要完全与文献规定的条件相同，否则可靠性较差。

紫外吸收光谱只能表现化合物生色团、助色团和分子母核，而不能表达整个分子的特征，因此只靠紫外吸收光谱曲线来对未知物进行定性是不可靠的，还要参照一些经验规则以及其他方法（如红外光谱法、核磁共振波谱、质谱以及化合物某些物理常数等）配合来确定。

此外，对于一些不饱和有机化合物也可采用一些经验规则，如伍德沃德规则、斯科特规则，通过计算其最大吸收波长与实测值比较后，进行初步定性鉴定。

（3）推测化合物的分子结构

紫外吸收光谱可以推测官能团、结构中的共轭关系和共轭体系中取代基的位置、种类和数目。

1）推测化合物的共轭体系、部分骨架。

先将样品尽可能提纯，然后绘制紫外吸收光谱。由所测出的光谱特征，根据一般规律对化合物作初步判断。如果样品在200~400nm无吸收则说明该化合物可能是直链烷烃或环烷烃及脂肪族饱和胺、醇、醚、腈、羧酸和烷基氟或烷基氯，不含共轭体系，没有醛基、酮基、溴或碘。①如果在210~250nm有强吸收带，表明含有共轭双键。若ε值在1×10^4~2×10^4L/（mol·cm）之间，说明为二烯或不饱和酮；若在260~350nm有强吸收带，可能有3~5个共轭单位。②如果在250~300nm有弱吸收带，$\varepsilon=10~100$L/（mol·cm），则含有羰基；在此区域内若有中强吸收带，表示具有苯的特征，可能有苯环。③如果化合物有许多吸收峰，甚至延伸到可见光区，则可能为一长链共轭化合物或多环芳烃。

按以上规律进行初步推断后，能缩小该化合物的归属范围，然后再按前面介绍的对比法进一步确认。当然还需要其他方法配合才能得出可靠结论。

2）区分化合物的构型。

例如肉桂酸有下面两种构型：

$$\lambda_{max} = 280nm$$
$$\varepsilon_{max} = 7000L/(mol \cdot cm)$$

（顺式）　　　　　　　　　　　　　　（反式）

它们的波长和吸收强度不同。由于反式构型没有立体障碍，所以反式的吸收波长和强度都比顺式的大。

3) 互变异构体的鉴别。

紫外吸收光谱还可对某些同分异构体进行判别。例如异丙亚乙基丙酮有如下两个异构体：

$$CH_3-C=CHCOCH_3 \qquad\qquad CH_2=C-CH_2COCH_3$$
$$\quad\ CH_3 \qquad\qquad\qquad\qquad\qquad CH_3$$
a　　　　　　　　　　　　　　b

经紫外光谱法测定，其中的一个化合物在 235nm $[\varepsilon = 12000L/(mol \cdot cm)]$ 有吸收带，而另一个在 220nm 以上没有强吸收带，所以可以肯定，在 235nm 有吸收带的应具有共轭体系，结构如 a 所示，另一个则如 b 所示。

（4）化合物纯度的检测

紫外吸收光谱能检查化合物中是否含具有紫外吸收的杂质，如果化合物在紫外光区没有明显的吸收峰，而它所含的杂质在紫外光区有较强的吸收峰，就可以检测出该化合物所含的杂质。例如要检查乙醇中的杂质苯，由于苯在 256nm 处有吸收，而乙醇在此波长下无吸收，因此可以利用这种特征检定乙醇中的杂质苯。

另外还可以用吸光系数来检查物质的纯度。一般认为，当试样测出的摩尔吸光系数比标准样品测出的摩尔吸光系数小时，其纯度不如标样。相差越大，试样纯度越低。例如菲的氯仿溶液，在 296nm 处有强吸收（$lg\varepsilon = 4.10$），用某方法精制的菲测得 ε 值比标准菲低 10%，说明实际含量只有 90%，其余为杂质。

6. 定量分析

紫外分光光度定量分析与可见分光光度定量分析的定量依据和定量方法相同。值得提出的是，在进行紫外定量分析时应选择好测定波长和溶剂。通常情况下一般选择 λ_{max} 作测定波长，若在 λ_{max} 处共存的其他物质也有吸收，则应另选 ε 较大，而共存物质没有吸收的波长作测定波长。选择溶剂时要注意所用溶剂在测定波长处没有明显的吸收，而且对被测物溶解性要好，不和被测物作用，不含干扰测定的物质。

5.2.3　气相色谱法[13]

5.2.3.1　色谱法概述

1. 色谱发展史

最早创立色谱法的是俄国植物学家茨维特（Tswett）。1906 年他在研究植物叶子的色素成分时，将植物叶子的萃取物倒入填有碳酸钙的直立玻璃管内，然后加入石油醚使其自由流下，结果色素中各组分互相分离形成各种不同颜色的谱带。当时茨维特把这种色带叫做"色谱"。在这一方法中把玻璃管叫作"色谱柱"，碳酸钙叫作"固定相"，纯净的石油醚叫作"流动相"，这种方法叫液-固色谱法（Liquid-Solid Chromatography）。

在茨维特提出色谱概念后的20多年里没有人关注这一伟大的发明。直到1931年奥地利化学家库恩（Kuhn）才重复了茨维特的某些实验，用碳酸钙一类吸附剂分离了 α-、β-和 γ-胡萝卜素，此后用这种方法分离了60多种这类色素。英国的 Martin 和 Synge 在1940年提出液液分配色谱法（Liquid-Liquid Partition Chromatography），即固定相是吸附在硅胶上的水，流动相是某种有机溶剂。1941年 Martin 和 Syngee 提出用气体代替液体作流动相的可能性，11年之后 James 和 Martin 发表了从理论到实践比较完整的气液色谱方法（Gas-Liquid Chromatography），因而获得了1952年的诺贝尔化学奖。在此基础上，1957年 Golay 开创了开管柱气相色谱法，习惯上称为毛细管柱气相色谱法。1956年 Van Deemter 等在前人研究的基础上发展了描述色谱过程的速率理论，1965年 Giddings 总结和扩展了前人的色谱理论，为色谱的发展奠定了理论基础。另一方面早在1944年 Consden 等就发展了纸色谱，1949年 Macllean 等在氧化铝中加入淀粉粘合剂制作薄层板使薄层色谱法（TLC）得以实际应用，而在1956年 Stahl 开发出薄层色谱板涂布器之后，才使 TLC 得到广泛地应用。在20世纪60年代末把高压泵和化学键合固定相用于液相色谱，出现了高效液相色谱（HPLC）。80年代初毛细管超临界流体色谱（SFC）得到发展，但在90年代后未得到较广泛的应用。而在80年代初由 Jorgenson 等集前人经验而发展起来的"毛细管电泳"（CZE），在90年代得到广泛的发展和应用。同时集 HPLC 和 CZE 优点的毛细管电色谱在90年代后期受到重视。到21世纪，色谱科学将在生命科学等前沿科学领域发挥不可代替的重要作用。

（1）色谱法在经济建设和科学研究中的作用

色谱法是分析化学的重要组成部分，从一出现就对科学的进步和生产的发展起着重要的作用。在20世纪30~40年代它为揭开生物世界的奥秘，为分离复杂生物组成发挥了独特的作用；50年代为石油工业的研究和发展作出了贡献；60~70年代成为石油化工、化学工业等部门不可缺少的分析监测工具。目前，色谱法是生命科学、材料科学、环境科学、医药科学、食品科学、法庭科学以及航天科学等研究领域的重要手段。20世纪末人类基因组计划的提前完成，和现在大规模进行的蛋白质组学的研究，各种色谱方法起到了重要的作用。

（2）色谱法在分析化学中的地位和作用

色谱分析法的特点是它具有高超的分离能力，而各种分析对象又大都是混合物，为了分析鉴定它们是由什么物质组成和含量是多少，必须进行分离，所以色谱法成为许多分析方法的先决条件和必需的步骤。从表5-16的数据可以看出色谱法在近年来各类分析化学方法中占在十分重要的地位。

表5-16　不同年代各种分析方法所占的比例

年代 方法所占比例/%	1946年	1955年	1965年	1975年	1985年	1995年
仪器分析法						
色谱法	14.3	26.3	28.7	29.7	30.0	30
色谱分析法	1.4	2.3	12.0	26.7	35.0	36

续表

年代 方法所占比例/%	1946 年	1955 年	1965 年	1975 年	1985 年	1995 年
电化学法	4.4	6.2	10.2	13.5	15.0	16
放射分析法	1.0	2.0	6.5	13.8	17.0	18
经典分析法						
比色法	23.0	20.0	15.2	9.2	2	
滴定法	25.6	22.0	12.6	5.1	1	
重量法	8.5	6.5	3.6	2.0	0	

2. 气相色谱法的特点和优点

（1）气相色谱法的特点

色谱法是以其高超的分离能力为特点，它的分离效率远远高于其他分离技术如蒸馏、萃取、离心等方法。

（2）色谱法的优点

1）分离效率高。例如毛细管气相色谱柱（内径 0.1~0.25μm，长 30~50m）其理论塔板数可以到 7 万~12 万。而毛细管电泳柱一般都有几十万理论塔板数的柱效，至于凝胶毛细管电泳柱可达上千万理论塔板数的柱效。

2）应用范围广。它几乎可用于所有化合物的分离和测定，无论是有机物、无机物、低分子或高分子化合物，甚至有生物活性的生物大分子也可以进行分离和测定。

3）分析速度快。一般在几分钟到几十分钟就可以完成一次复杂样品的分离和分析。近来的小内径（0.1mm）、薄液膜（0.2μm）、短毛细管柱（1~10m）比原来的方法提高速度 5~10 倍。

4）样品用量少。用极少的样品就可以完成一次分离和测定。

5）灵敏度高。例如气相谱可以分析几纳克的样品，火焰离子化检测器（FID）可达 10^{-2}g/s，电子捕获检测器（ECD）达 10^{-3}g/s，检测限为 10^{-9}g/L 和 10^{-12}g/L。

6）分离和测定一次完成。可以和多种波谱分析仪器联用。

7）易于自动化。易于自动化，可在工业流程中使用。

3. 色谱法的定义和分类

色谱法或色谱分析（chromatography）也称之为色层法或层析法，是一种物理化学分析方法，它利用混合物中各物质在两相间分配系数的差别，当溶质在两相间做相对移动时，各物质在两相间进行多次分配，从而使各组分得到分离。可完成这种分离的仪器即色谱仪。

色谱法的分类可按两相的状态及应用领域的不同分为两大类。

（1）按流动相和固定相的状态分类

色谱方法按流动相不同可以分为气相色谱和液相色谱。气相色谱以气相为流动相，而液相色谱以液相为流动相。

其中气相色谱按固定相的不同，又可以分为气液色谱和气固色谱。气液色谱是以液相为固定相，气固色谱是以固相为固定相；液相色谱按固定相的不同，又可以分为液液色谱和液固色谱。液液色谱是以液相为固定相，液固色谱是以固相为固定相。

（2）按使用领域不同对色谱仪的分类

按使用领域不同，色谱仪分为分析用色谱仪、流程色谱仪和制备用色谱仪。其中分析用色谱仪包括实验室用色谱仪和便携式色谱仪；制备用色谱仪包括实验室用制备用色谱仪和工业用大型制备色谱仪。

5.2.3.2　气相色谱分析流程

气相色谱仪型号种类繁多，但基本结构一致。都是由气路系统、进样系统、分离系统、检测系统、数据处理系统和温度控制系统六大部分组成。

常见气相色谱仪有单柱单气路和双柱双气路两种类型。单柱单气路工作流程为：由高压钢瓶供给的载气经减压阀、稳压阀、转子流量计、色谱柱、检测器后放空。这种气路简单，操作方便。流程图如图5-17所示。

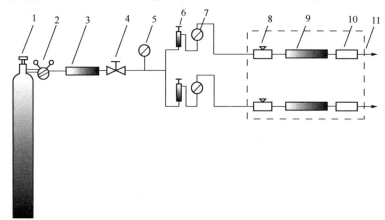

图5-17　双气路填充气相色谱仪流程图

1—高压气瓶(载气)；2—减压阀(氢气表或氧气表)；3—净化器；4—稳压阀；5—压力表；
6—针阀或稳流阀；7—压力表；8—汽化室；9—色谱柱；10—检测器；11—恒温箱

1. 气路系统

(1) 气路系统的要求

气路是载气连续运行的密闭管路系统。整个气路系统要求载气纯净、密闭性好、流速稳定及流速测量准确。

气相色谱的载气是载送样品进行分离的惰性气体，是气相色谱的流动相。常用的载气为氮气、氢气、氦气、氩气(氦、氩由于价格高，应用较少)。

(2) 气路系统的主要部件

1) 气体钢瓶和减压阀：

载气一般可由高压气体钢瓶或气体发生器来提供。实验室一般使用气体钢瓶，因为气体厂生产的气体既能保证质量，成本也不高。

由于气相色谱仪使用的各种气体压力为0.2~0.4MPa，因此需要通过减压阀使钢瓶气源的输出压力下降。图5-18为高压气瓶阀和减压阀。

2) 净化管：

气体钢瓶供给的气体经减压阀后，必须经净化管净化处理，以除去水分和杂质。净化管通常为内径50mm，长200~250mm的金属管。

净化管在使用前应该清洗烘干，方法为：用热的100g/L NaOH溶液浸泡半小时，而后用自来水冲洗干净，用蒸馏水荡洗后，烘干。净化管内可以装填5A分子筛和变色硅胶，以

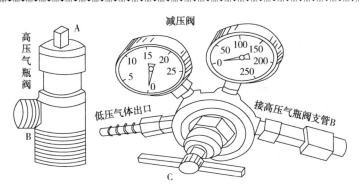

图 5-18　高压气瓶阀和减压阀

吸附气源中的微量水和低相对分子质量的有机杂质，有时还可以在净化管中装入一些活性炭，以吸附气源中相对分子质量较大的有机杂质。具体装填什么物质取决于载气纯度的要求。净化管的出口和入口应加上标志，出口应当用少量纱布或脱脂棉轻轻塞上，严防净化剂粉尘流出净化管进入色谱仪。当硅胶变色时，应重新活化分子筛和硅胶后，再装入使用。

3）稳压阀：

由于气相色谱分析中所用气体流量较小（一般 100mL/min 以下），所以单靠减压阀来控制气体流速是比较困难的。因此，通常在减压阀输出气体的管线中还要串联稳压阀，用以稳定载气（或燃气）的压力，常用的是波纹管双腔式稳压阀。

使用这种稳压阀时，气源压力应高于输出压力 0.05MPa，进气口压力不得超过 0.6MPa，出气口压力一般在 0.1~0.3MPa 时稳压效果最好。稳压阀不工作时，应使阀关闭，以防止波纹管、压簧长期受力疲劳而失效。使用时进气口和出气口不要接反，以免损坏波纹管。所用气源应干燥，无腐蚀性，无机械杂质。

4）针形阀

针形阀可以用来调节载气流量，也可以用来控制燃气和空气的流量，但是针形阀不能精确地调节流量。针形阀常安装于空气的气路中用以调节空气的流量。

当针形阀不工作时，应使针形阀全开（此点和稳压阀相反），以防止阀针密封圈粘在阀门入口处，也可防止压簧长期受压而失效。

5）稳流阀

当用程序升温进行色谱分析时，由于色谱柱柱温不断升高引起色谱柱阻力不断增加，也会使载气流量发生变化。为了在气体阻力发生变化时，也能维持载气流速的稳定，需要使用稳流阀来自动控制载气的稳定流速。

使用稳流阀时，应使其针形阀处于"开"的状态，从大流量调至小流量。气体的进、出口不要接反，以免损坏流量控制器。

6）管路连接

气相色谱仪的管路多采用内径 3mm 的不锈钢管，靠螺母、压环和"O"形密封圈进行连接。有的也采用成本较低、连接方便的尼龙管或聚四氟乙烯管，但效果不如金属管好。在使用电子捕获检测器时，为了防止空气中的氧气通过管壁渗透到仪器系统造成事故，最好使用不锈钢管或紫铜管。连接管道时，要求既要能保证气密性，又不会损坏接头。

7）检漏

气相色谱仪的气路要认真检漏，气路不密封将会使以后的实验出现异常现象，造成数据的不准确。用氢气作载气时，氢气若从柱接口漏进恒温箱，可能会发生爆炸事故。

气路检漏常见的方法有皂膜法和堵气观察法。

8）载气流量的测定

气相色谱分析中，所用气体流量较小，一般采用转子流量计和皂膜流量计进行测量，目前高档的气相色谱仪也常用刻度阀或电子气体流量计指示气体流量。

2. 进样系统

要想获得良好的气相色谱分析结果，首先要将样品定量引入色谱系统，并使样品有效汽化，然后用载气将样品快速"扫入"色谱柱。气相色谱仪的进样系统包括进样器和汽化室。

（1）进样器

1）气体样品进样：

气体样品可以用平面六通阀进样，如图5-19所示。取样时，气体进入定量管，而载气直接由图中A到B。进样时，将阀旋转60°，此时载气由A进入，通过定量管，将管中气体样品带入色谱柱。定量管有不同规格。这类定量管阀是目前气体定量阀中比较理想的阀件，使用温度高，寿命长，耐腐蚀，死体积小，气密性好，可以在低压下使用。

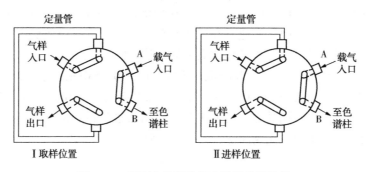

图5-19　平面六通阀取样和进样位置结构

当然，常压气体样品也可以用0.25μL~5mL注射器直接量取进样。这种方法虽然简单，灵活，但是误差大，重现性差。

2）液体样品进样：

液体样品可以采用微量注射器直接进样，如图5-20中所示的进样瓶和微量注射器。常用的有1μL、5μL、10μL、50μL、100μL等规格。

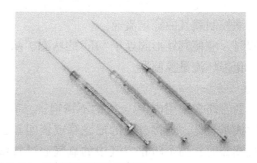

图5-20　进样瓶和微量注射器

3）固体样品进样

固体样品通常用溶剂溶解后，用微量注射器进样，方法同液体试样。对高分子化合物进行裂解色谱分析时，通常先将热分解的产物带入色谱仪进行分析。

除上述几种进样器外，现在许多高档的气相色谱仪还配置了自动进样器，它使得气相色谱分析实现了完全自动化。

（2）汽化室

汽化室的作用是将液体样品瞬间汽化为蒸汽。它实际上是一个加热器，通常采用金属块作加热体。当用注射器针头直接将样品注入热区时，样品瞬间汽化，然后由预热过的载气（载气先经过加热的汽化器载气管路）在汽化室前部将汽化了的样品迅速带入色谱柱内。气相色谱分析要求汽化室热容量要大，温度要足够高，汽化室体积尽量小，无死角，以防止样品扩散，减小死体积，提高柱效。

图5-21是一种常用的填充柱进样口，作用是提供一个样品汽化室，所有汽化的样品都被载气带入色谱柱进行分离。汽化室内不锈钢套管中插入石英玻璃衬管能起到保护色谱柱的作用。实际工作中应保持衬管干净，及时清洗。进样口的隔垫一般为硅橡胶，其作用是防止漏气。硅橡胶在使用多次后会失去作用，应经常更换。一个隔垫的连续使用时间不能超过一周。使用毛细管柱时，由于柱内固定相的量少，柱对样品的容量要比填充柱低，为防止柱超载，要使用分流进样器。

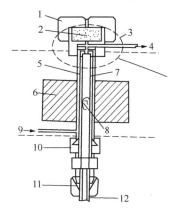

图5-21　填充柱进样口结构示意图
1—固定隔垫的螺母；2—隔垫；
3—隔垫吹扫装置；4—隔垫吹扫气出口；
5—汽化室；6—加热块；7—玻璃衬管；
8—石英玻璃毛；9—载气入口；
10—柱连接件固定螺母；11—色谱柱固定螺母；
12—色谱柱

3. 分离系统

分离系统主要由柱箱和色谱柱组成，其中色谱柱是核心，它的主要作用是将多组分样品分离为单一组分的样品。

（1）柱箱

在分离系统中，柱箱其实相当于一个精密的恒温箱。柱箱的基本参数有两个，一个是柱箱的尺寸，一个是控温参数。

尺寸关系到是否能安装多根色谱柱，以及操作是否方便。

柱箱的操作温度范围在室温到450℃之间，且均带有多阶程序升温设计，能满足色谱优化分离的需要。部分气相色谱仪带有低温功能，低温一般用液氮或液态 CO_2 来实现，主要用于冷柱上进样。

（2）色谱柱

色谱柱：色谱仪的核心部件。色谱柱一般可分为填充柱和毛细管柱。色谱柱的选择参见本书色谱操作条件选择的部分。

4. 检测系统

研究过的气相色谱检测器有二三十种，但是在商品仪器上常用的气相色谱检测器只有六七种：

1) 热导检测器(TCD)是基于各种物质有不同的导热系数而设计的检测器。

2) 氢火焰离子化检测器(FID)是气相色谱中最常用的一种检测器。它的敏感度高，线性范围宽，易于掌握，应用范围广，特别适合于毛细管气相色谱使用。

3) 电子捕获检测器(ECD)是一种用^{63}Ni做放射源的离子化检测器，它是气相色谱检测器中灵敏度最高的一种选择性检测器，在气相色谱仪中应用范围仅次于TCD和FID，占第三位。

4) 火焰光度检测器(FPD)是基于样品在富氢火焰中燃烧，使含硫、磷化合物经燃烧后又被氢还原而得到特征光谱的检测器。

5) 热离子检测器(TID)又称氮磷检测器(NPD)，它是在FID的喷嘴和收集极之间放置一个含有硅酸钾的玻璃珠。适于测定氮、磷化合物的选择性的检测器。

6) 光离子化检测器(PID)是利用紫外光能激发解离电位较低(<10.2eV)的化合物，使之分离而产生信号的检测器。

常用气相色谱检测器性能见表5-17。

表 5-17　常用气相色谱检测器性能比较

检测器	响应特性	线性范围	响应时间/s	最小检测量/g
TCD	浓度型	$1×10^4 \sim 1×10^5$	<1	$1×10^{-4} \sim 1×10^{-8}$
FID	质量型	$1×10^6 \sim 1×10^7$	<0.1	$<5×10^{-13}$
ECD	一般为浓度型	$1×10^2 \sim 1×10^5$ 与操作方式有关	<1	$1×10^{-14}$
FPD	测磷为质量型， 测硫与浓度平方成正比	磷：$>1×10^3$ 硫：$5×10^2$ (在双对数坐标纸上)	<0.1	$<1×10^{10}$
TID	质量型	$10^4 \sim 10^5$	<1	$<1×10^{-13}$
PID	质量型	$1×10^7 \sim 1×10^8$	<0.1	$<1×10^{-11}$

5. 数据处理系统

记录仪和色谱处理系统是记录色谱保留值和峰高或峰面积的设备，记录仪就是常用的自动平衡电子电位差计，它可以把从检测器来的电压信号，记录成为电压随时间变化的曲线，即色谱图。数据处理系统或色谱工作站是一种专用于色谱分析的微机系统。计算积分器则是现今更为普遍使用的色谱数据处理装置，这种装置一般包括一个微处理器、前置放大器、自动量程切换电路、电压-频率转换器、采样控制电路、计数器及寄存器、打印机、键盘和状态指示器等。

6. 温度控制系统

色谱柱的柱箱、汽化室和检测器都要加热和控温，因三者要求的温度不同，故需三套不同的温控装置。为保证试样能瞬间汽化，通常汽化室温度比柱箱温度高30~70℃；为防止组分在检测室冷凝，检测器温度与柱箱温度相同或稍高于后者。

5.2.3.3　气液色谱

1. 气液色谱固定相

气液色谱固定相由固定液和载体构成。涂渍在载体表面上使混合物获得分离且在使用温度下呈液态的物质，称为固定液。其分离原理是组分在载气和固定液中的溶解分配平衡，依不同组分溶解度或分配系数的差异而分离。由于固定液种类繁多，应用范围广，使气液色谱成为气相色谱的主流。

2. 气液色谱载体

载体是支撑固定液的多孔固体。

(1) 气液色谱对载体的要求

1) 具有化学惰性，即在使用温度下不与固定液或样品发生反应。

2) 具有好的热稳定性，即在使用温度下不分解，不变形，无催化作用。

3) 有一定的机械强度，在处理过程中不易破碎。

4) 有适当的比表面，表面无深沟，以便使固定液成为均匀的薄膜；要有较大的孔隙率，以便减小柱压降。

(2) 载体的种类

载体大致可分为两大类，即硅藻土类和非硅藻土类。硅藻土类载体是天然硅藻土经煅烧等处理后而获得的具有一定粒度的多孔性颗粒。非硅藻土类载体品种不一，多在特殊情况下使用，如氟塑料载体、玻璃微球载体等。

(3) 硅藻土载体的硅烷化处理

把载体表面上的硅醇基进行反应是载体去活的有效措施，主要的反应试剂是硅烷。

3. 气液色谱固定液

(1) 对固定液的要求

气相色谱固定液是色谱柱的核心，一个混合物样品是否能用气相色谱分析，主要决定于气相色谱固定液，具有下列性能的物质可以用作气相色谱固定液。

1) 在工作温度下为液体，具有很低的蒸气压(0.75kPa)。

2) 在工作温度下要有较高的热稳定性和化学稳定性，即在进行色谱分析时固定液不与载体、样品和载气发生反应。

3) 在工作温度下固定液对载体有好的浸渍能力，使固定液形成均匀的液膜。

4) 固定液对所分离的混合物有选择性分离能力。

(2) 固定液的分类

1) 按分子间作用力分类：

在气液色谱分析中，组分的分离微观上是由于不同的组分与固定液分子间相互作用力不同而引起的。分子间作用力包括色散力、诱导力、静电力和氢键作用力等。组分的分离可能是由于一种或几种力共同作用的结果，究竟是属于哪种力，要具体分析组分与固定液分子的结构方可确定。了解组分与固定液之间的作用力，对推测组分在柱中的分配行为和流出顺序十分重要。固定液按分子间作用力分类如表 5-18 所示。

表 5-18　气液色谱用固定液的分类

固定液类别	典型固定液	色谱保留特性
不易极化非极性固定液	角鲨烷、正三十六烷、聚二甲基硅氧烷	1. 非极性化合物按沸点次序洗脱出来； 2. 同沸点极性化合物，偶极矩大的较快洗脱出来； 3. 氢键型化合物类似于极性化合物，但同沸点、同偶极矩的极性化合物中，氢键型化合物较快洗脱出来
易极化非极性固定液	含有芳香基的聚甲基硅氧烷，阿皮松-L、阿皮松-M	1. 非极性化合物按沸点次序洗脱出来； 2. 同沸点极性化合物要比非极性化合物洗脱出来慢，偶极矩越大的洗脱出来越慢； 3. 氢键型化合物类似于极性化合物，但同沸点、同偶极矩的极性化合物中，氢键型化合物较快洗脱出来

固定液类别	典型固定液	色谱保留特性
难成氢键的极性固定液	氟油、氟蜡	1. 不易极化的非极性化合物按沸点次序洗脱出来，但易极化的非极性化合物要比不易极化的非极性化合物洗脱出来慢一些； 2. 同沸点极性化合物按偶极矩大小决定洗脱出来的快慢，偶极矩大的洗脱出来要慢一些； 3. 氢键型化合物也按偶极矩大小规律变化
能受质子的极性固定液	各种酯类固定液，如邻苯二甲酸二壬酯	1. 非极性和极性化合物的色谱特性与难成氢键的极性固定液相同； 2. 对氢键型化合物和能给质子化合物洗脱出来要慢一些
给质子和受质子力同时存在的固定液	聚酯和聚酯固定液，如 PEG，DEGS	1. 不易极化的非极性化合物按沸点次序洗脱出来，但保留时间较短； 2. 易极化的非极性化合物洗脱出来较慢； 3. 同沸点极性化合物，偶极矩大的洗脱出来较慢； 4. 氢键型化合物洗脱出来的较慢
受质子力较强的固定液	如 THEED	1. 对非极性化合物色谱特性与给质子和受质子力同时存在的固定液类似； 2. 对能给质子的化合物洗脱出来较慢
给质子力较强的固定液	如 OV-210，QF-1	1. 对非极性化合物色谱特性与给质子和受质子力同时存在的固定液类似； 2. 对受质子的化合物洗脱出来较慢

2）按极性分类：

固定液的极性是用典型化合物在固定液上的保留性能来表征，目前多用麦氏常数表征固定液的极性，即测定了苯、丁醇、2-戊酮、硝基丙烷、吡啶这五种典型化合物在某一固定液上的保留指数，同时测定这五种典型化合物在角鲨烷上的保留指数，用这两种固定液上保留指数之差来表征固定液的极性。可用 5 种标准物质的麦氏常数或其总和的数值大小来表示固定液的相对极性。数值越大，固定液的极性就越大。

3）固定液的选择：

选择的基本原则有四方面：第一是根据"相似相溶"的原则选择，第二是根据固定液和被分离物分子间的特殊作用力选择（包括利用固定液的诱导力、利用固定液的氢键力、利用固定液的受质子力、利用固定液的给质子力、利用形成超分子的固定液），第三是选择混合固定液，第四是根据协同效应选择固定液。

其中"相似相溶"的原则具体可分为下面几种情况：

① 分离非极性组分，一般选择非极性固定液。试样中各组分按沸点从低到高的顺序流出色谱柱。同沸点的极性组分先流出。

② 分离极性组分，选用极性固定液。试样中各组分按极性顺序分离，极性小的先流出，极性大的后流出。

③ 分离中等极性组分，选用中等极性固定液。组分按沸点顺序流出，沸点低的先流出，同沸点的极性小的组分先流出。

④ 分离非极性和极性混合物，一般选用极性固定液。非极性组分先流出，极性组分后流出。

⑤ 分离能形成氢键的组分，一般选用极性或氢键型固定液。试样中各组分按与固定液分子间形成氢键能力的大小流出色谱柱，不易形成氢键的先流出，易形成氢键的最后

流出。

⑥ 复杂的难分离组分，可选用两种或两种以上的混合固定液。

5.2.3.4 气固色谱

固定相是固体吸附剂，流动相是气体的色谱为气-固色谱。

1. 吸附等温线

组分在吸附剂表面的吸附情况，可用吸附等温线描述。吸附等温线是在一定温度下气体(或蒸气)在吸附剂表面上的浓度随气体(或蒸气)在气相中的浓度而变化的规律。也可表述为在一定温度下所研究气体达到平衡时在吸附剂表面上的吸附量，随该气体在气相中的分压大小变化的规律。

以线性吸附等温线方式进行的气固色谱峰是对称的高斯峰，如图5-22所示。这是一种理想状态，在气固色谱中很少见，只有在浓度很低时才会出现。朗格缪尔吸附等温线(向下弯曲的吸附等温线)如图5-23所示，向上弯曲的吸附等温线如图5-24所示。后两种情况是不期望的。

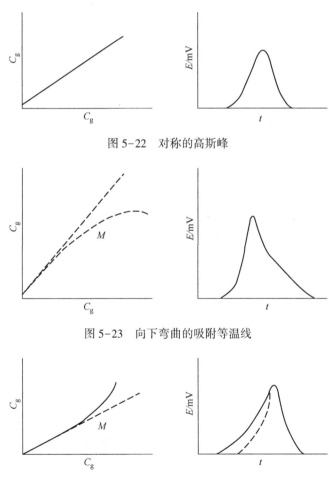

图5-22 对称的高斯峰

图5-23 向下弯曲的吸附等温线

图5-24 向上弯曲的吸附等温线

2. 气固色谱法的特点

如表5-19所示。

表 5-19 气固色谱和气液色谱的比较

气液色谱	气固色谱
分配系数小，保留时间短	吸附系数大，保留时间长
吸附等温线的直线部分范围大，色谱峰对称	吸附等温线的直线部分范围很小，色谱峰常常不对称
重现性好，固定液批与批之间差异小，保留值重现性好	吸附剂批与批之间差异大，保留值及分离性能不稳定
固定液一般无催化性	高温下一般吸附剂有催化性
可用于高沸点化合物的分离	一般情况下不适合于高沸点化合物的分离，适应于永久气体和低沸点化合物的分离
品种多，选择余地大	品种少，选择余地不大
高温下易流失	在较高的柱温下不易流失

3. 气固色谱用固定相

虽然吸附剂种类很多，但能用作气固色谱固定相的却很少。气固色谱常用固定相及其特点见表 5-20 所示。

表 5-20 气固色谱用固定相特点

种 类	特 点	适用对象
活性炭	表面活性大而不均一	分离永久性气体及低沸点烃类
石墨化炭黑	表面均匀，活化点少，主要靠色散力起作用	进行各种表面处理后，可适应各种样品的分离
碳分子筛	非极性强，表面活化点少，疏水性强，柱效高，耐腐蚀，耐辐射，寿命长	用于一些永久气体的分析； 用于金属热处理气氛的分析； 适于分析氢键型化合物
分子筛	具有几何选择性； 对极性分子和极化率大的分子作用力大； 对有可成氢键的化合物有很强的作用力； 即使在低浓度、高温、高流速下对被吸附物质也有较高的吸附能力	特别用于永久性气体和惰性气体的分离
高分子多孔小球（GDX）	GDX 的疏水性很强； GDX 是球形，大小均匀； 利于色谱柱的填充； 提高了柱效； 可改变 GDX 的极性和孔径	有机物中微量水的测定； 半水煤气成分的测定； CO_2 和 N_2O 的分析； 分离低碳烃和脂肪醇

5.2.3.5 气相色谱法的原理

1. 气相色谱分离的实质

对于苯和环己烷的分离，因其沸点只差 0.6℃（苯：80.10℃，环己烷：80.70℃），如用分馏柱进行分离是根本不可能的，可是用气相色谱法只用半米长的色谱柱就可以很容易地把二者分开。这是因为苯和环己烷在丁二酸乙二醇聚酯固定相上的分配系数有很大的差别，所以分配系数的差异是所有色谱分离的实质性的原因。

分配系数是在一定温度下，溶质在互不混溶的两相中浓度之比。色谱的分配系数是被分离组分在固定相和流动相之间浓度之比，以 K 表示如下式：

$$K = \frac{C_s}{C_m} \tag{5-15}$$

式中　C_s——每 1mL 固定相中溶解溶质的质量；

　　　C_m——每 1mL 流动相中溶解溶质的质量。

表 5-21 中列出了在角鲨烷(异三十烷)固定液上，于 105℃下几种烷烃的 K 值。

表 5-21　几种烷烃在角鲨烷上的 K 值

化合物	异戊烷	正戊烷	环戊烷	正己烷	苯	环己烷
K	12.5	15	27	34	51.5	53

2. 色谱分离的塔板理论

1941 年詹姆斯和马丁提出塔板理论，并用数学模型描述了色谱分离过程。他们把色谱柱比作一个精馏塔，借用精馏塔中塔板的概念、理论来处理色谱过程，并用理论塔板数作为衡量柱效率的指标。

塔板理论把组分在流动相和固定相间的分配行为看作在精馏塔中的分离过程，柱中有若干块想像的塔板，一个塔板的长度称为理论塔板高度。在每一小块塔板内，一部分空间被固定相占据，令一部分空间充满流动相。当组分随流动相进入色谱柱后，在每一块塔板内很快地在两相间达到一次分配平衡，经过若干个假想塔板的多次分配平衡后，分配系数小的组分先离开色谱柱，分配系数大的组分后离开色谱柱，从而达到彼此分离。虽然色谱柱中并没有实际的塔板，但这种半经验的理论处理基本上能与稳定体系的实验结果相一致。

根据塔板理论模型可以得到描述单一组分流出色谱柱的色谱流出曲线的数学表达式：

$$c = \frac{m\sqrt{n}}{V_R\sqrt{2\pi V_R}} \exp \frac{1}{2}\left(\frac{V_R - V}{V_R}\right) \tag{5-16}$$

式中　c——色谱流出曲线上任意一点样品的浓度；

　　　n——理论塔板数；

　　　m——溶质的质量；

　　　V_R——溶质的保留体积，即从进样到色谱峰极大点出现时通入色谱柱载气的体积；

　　　V——在色谱流出曲线上任意一点的保留体积。

3. 色谱法中常用的术语和参数

（1）典型的色谱图

在用热导检测器时，往色谱仪中注入少量空气的单一样品时，得到如图 5-25 所示的典型气相色谱图。

在图 5-25 中当没有样品进入色谱仪检测器时，曲线是噪声随时间变化的曲线，一般是一条直线，叫作"基线"，h 是峰高。

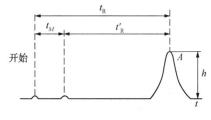

图 5-25　典型气相色谱图

（2）区域宽度

色谱峰的区域宽度是组分在色谱柱中谱带扩张的函数，它反映了色谱操作条件的动力学因素。如图 5-26 所示，区域宽度通常有三种表示方法：

1）半峰宽（$W_{h/2}$）是指在峰高一半处的色谱峰的宽度，单位可用时间或距离表示。

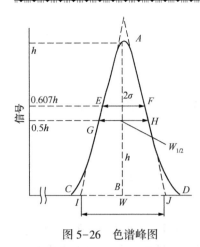

图 5-26　色谱峰图

2）峰宽（W）是在流出曲线拐点处作切线，于基线相交于两点，此两点间的距离叫峰宽，有些书上叫做"基线宽度"。

3）标准偏差（σ）即 0.607 倍峰高处的色谱峰宽的一半。

在这三种表示方法中以前两者使用较多，三者的关系是：

$$W = 4\sigma \qquad (5-17)$$

$$W_{h/2} = 2\sqrt{2\ln 2}\sigma = 2.35482\sigma \qquad (5-18)$$

（3）保留值

它表示试样中各组分在色谱柱内停留时间的数值。通常用时间或相应的载气体积来表示。

用时间表示的保留值：

1）死时间（t_M）：一些不被固定相吸附或吸收的气体通过色谱柱时，从进样到出现峰极大值所需的时间称为死时间，以 s 或 min 为单位表示，如图 5-25 所示。

2）保留时间（t_R）：试样从进样开始到柱后出现峰极大点时所经历的时间，称为保留时间，它相应与样品到达柱末端的检测器所需的时间，以 s 或 min 为单位表示，如图 5-25 所示。

3）调整保留时间（t'_R）：某组分的保留时间扣除死时间后称为该组分的调整保留时间，即 $t_R - t_M$，如图 5-25 所示。

用体积表示的保留值：

1）死体积（V_M）：指色谱柱中不被固定相占据的空间及色谱仪中管路和连接头间的空间以及检测器的空间的总和，等于死时间乘以载气的流速。

2）保留体积（V_R）：从注射样品到色谱峰顶出现时，通过色谱系统载气的体积，一般可用保留时间乘载气流速求得，以 mL 为单位表示。

3）调整保留体积（V'_R）：某组分的保留体积扣除死体积后称为该组分的调整保留体积，即 $V_R - V_M$。

相对保留值（$r_{i,s}$）：

在一定色谱条件下被测化合物和标准化合物调整保留时间之比。

$$r_{i,s} = \frac{t'_{R(i)}}{t'_{R(s)}} \qquad (5-19)$$

式中　$t'_{R(i)}$——被测化合物的调整保留时间；

　　　$t'_{R(s)}$——标准化合物的调整保留时间。

（4）色谱柱的柱效率和分离度

1）柱效率和溶剂效率：色谱理论主要包括两方面的问题，即柱效率和溶剂效率。柱效率是指溶质通过色谱柱之后其区域宽度增加了多少，它与溶质在两相中的扩散及传质情况有关，这是色谱的动力学过程。溶剂效率是与两个物质在固定相上的相对保留值大小有关，从微观角度讲是与两个物质和固定相（在液相色谱中还与流动相）的分子间作用力不同有关，这是色谱的热力学过程。柱效率常以理论塔板数 n 或理论塔板高度 H 表示。而溶剂效率是以相对保留值（$r_{i,s}$）表示。要提高柱效率，就得改善色谱柱性能和操作条件，而要提高溶剂效率就得提高固定相的选择性。

2）理论塔板数 n 的计算和测定：色谱柱的柱效率可以用理论板数 n，也可以用理论板高 H 表示。

$$H = L/n \tag{5-20}$$

式中，L 是色谱柱的柱长；L，H 均以 mm 表示。计算理论塔板数 n 的计算公式是：

$$n = 16\left(\frac{t_R}{W}\right)^2 = 5.54\left(\frac{t_R}{W_{\frac{h}{2}}}\right)^2 \tag{5-21}$$

测定理论塔板数 n 是在一定的色谱条件下（即一定的色谱柱，一定的柱温、流速下）注入某一测试样品，记录色谱图，测定色谱峰的半高峰宽（或峰宽）和进样点到色谱峰极大点的距离，二者的单位要一致。

3）有效板数（n_{eff}）

为了消除色谱柱中死体积对柱效的影响，人们常用有效理论塔板数 n_{eff} 表征色谱柱的实际柱效，按下式计算相应的有效理论塔板高度 H_{eff} 为：

$$H_{eff} = L/n_{eff} \tag{5-22}$$

4）分离度（R）

分离度又称作分辨率，是表示色谱柱在一定的色谱条件下对混合物综合分离能力的指标。它是指 2 倍的峰顶距离除以两峰宽之和：

$$R = \frac{2(t_{R(2)} - t_{R(1)})}{W_{(1)} + W_{(2)}} \tag{5-23}$$

当 $R=1$ 时，两峰的峰面积有 5% 的重叠，即两峰分开的程度为 95%。当 $R=1.5$ 时，分离程度可达到 99.7%，可视为达到基线分离。

5.2.3.6　气相色谱操作条件的选择

气相色谱操作条件选择的是否合适，常常决定分离的目的是否能够达到，而选择实验条件的主要依据是范氏方程和分离度与各种色谱参数的关系式。

1. 色谱柱的选择

（1）色谱柱材料的选择

1）不锈钢柱和其他金属柱。一般分析多用不锈钢柱，它的优点是机械强度好又有一定的惰性，如用它来分离烃类和脂肪酸酯类是足够稳定的，但分析较为活泼的物质时要避免使用不锈钢柱。在使用高分子小球时也不要用不锈钢柱。其他金属柱现在很少使用。

2）玻璃柱。在分析较为活泼的物质时，多用玻璃柱，它透明便于观察柱内填充物的情况，光滑易于填充成密实的高效柱，其缺点是易碎。

（2）色谱柱的柱形和柱径

现代分析用填充柱气相色谱法，多用直径为 2~3mm 的色谱柱，而微填充柱则使用内径 1mm 左右的色谱柱，小内径色谱柱可降低范氏方程式中涡流扩散项的 λ 值，从而提高柱效。

（3）色谱柱的长度

柱长加长，分离度提高，但分析时间也随之延长，峰宽加大。权衡利弊，通常选择填充柱的长度为 0.5~6m。

2. 载气的选择

载气的种类主要影响峰展宽、柱压降和检测器的灵敏度。从范式方程可知，当载气流速较低时，纵向扩散占主导地位，为提高柱效，宜采用相对分子质量较大的载气，如 N_2；当流速较高时，纵向扩散占主导地位，为提高柱效，宜采用低相对分子质量的载气，如 H_2 或 He。

载气流速主要影响分离效率和分析时间。为获得高柱效，应选用最佳流速，但所需分析时间较长。为缩短分析时间，一般选择载气流速要高于最佳流速，此时柱效虽稍有下降，却节省了很多分析时间。常用的载气流速为 $20\sim80mL/min$。

考虑到对检测器灵敏度的影响，用热导检测器时，应选用 H_2 或 He 作载气；用氢火焰离子化检测器时，应选择 N_2 作载气。

3. 柱温的选择

柱温主要影响分配系数、容量因子以及组分在流动相和固定相中的扩散系数，从而影响分离度和分析时间。选择柱温的原则，一般是在使难分离物质对达到要求的分离度条件下，尽可能采用低柱温，其优点是可以增加固定相的选择性，降低组分在流动相中的纵向扩散、提高柱效、减少固定液的流失、延长柱寿命和降低检测器的本底。对于宽沸程样品，需采用程序升温法进行分离，即柱温按预先设定的程序随时间成线性或非线性增加，从而获得最佳分离效果。

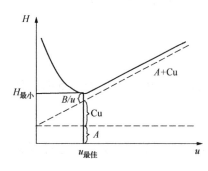

图 5-27　塔板高度 H 与载气线速度 u 的关系

4. 载气速率的选择

GC 中纵向扩散明显，在低流速时，纵向扩散尤为明显，在此区域，增大 u，可使 H 变小，如图 5-27 所示。但随着 u 的继续增大，传质阻力也会增加，所以在高流速区，传质阻力项对 H 影响更大。在 GC 的曲线上存在一个最低点，即对应于 u 最佳和 H 最小的一点，而 LC 的曲线上很难找到这一点。

GC 的最佳流速可以通过实验和计算求出，得到

$$u_{最佳} = \sqrt{\frac{B}{C}} \qquad (5-24)$$

$$H_{最小} = A + 2\sqrt{BC} \qquad (5-25)$$

速率方程中三个参数 A、B、C 的求法如下。

1）选择 3 种相差较大的不同流速 u，测得 3 张色谱图。

2）在 3 张色谱图中选择某个峰，分别求出 3 中 u 及对应的板高 H。

3）由已知的 u 和 H 建立 3 个速率方程，解联立方程求取 A、B、C。

5. 检测器的和气化温度的选择及对分析结果的影响

（1）检测器温度的选择

热导检测器温度一般要比柱箱温度高一些，以防被分析样品在检测器中冷凝，对 TCD 来说更重要的是检测室要很好地控温，最好控制在 0.05℃ 以内。热导检测器温度升高时其灵敏度要下降。

氢火焰离子化检测器（FID）的温度一般要在 100℃ 以上，以防水蒸气冷凝，FID 对控温要求不严格，不像 TCD 对温度那么敏感。

电子捕获检测器（ECD），检测室温度对基流和峰高有很大的影响，而且样品不同在 ECD 上的电子捕获机理也不一样，受检测室温度的影响也不同。所以要具体情况具体分析。

（2）汽化室温度的选择

如汽化室温度选择不当，会使柱效下降，当汽化室温度低于样品的沸点时，样品汽化的时间变长，使样品在柱内分布加宽，因而柱效下降。而当汽化室温度升至足够高时，样品可以瞬间汽化，其柱效恒定。

通常汽化室的温度选择为样品沸点或高于沸点，以保证样品能瞬间汽化；但不要超过沸点 50℃ 以上，以防样品分解。对于一般气相色谱分析，汽化温度比柱温高 10~50℃ 即可。

6. 进样量的选择

进样量的多少直接影响谱带的初始宽度。因此，只要检测器的灵敏度足够高，进样量越少，越有利于良好分离。一般情况下，柱越长，管径越粗，组分的容量因子越大，则允许的进样量越多。通常填充柱的进样量为：气体样品 0.1~1mL；液体样品 0.1~1μL，最大不超过 4μL。此外，进样速度要快，进样时间要短，以减小纵向扩散，有利于提高柱效。

5.2.3.7　气相色谱的定性定量分析

定性分析就是要确定样品中的一些未知组分是什么物质，在色谱分析中就是要确定色谱图中一些位置的色谱峰是什么物质。定量就是要确定样品中的各组分的含量。各种色谱分析的定性及定量分析方法基本上是相同的，这里讨论气相色谱的定性及定量分析。

1. 定性分析

气相色谱定性分析方法包括用保留时间定性、用相对保留值定性、用保留指数定性及仪器联用、用化学反应配合色谱定性、用不同类型的检测器定性等，下面只对常用的定性方法进行介绍。

（1）用保留时间定性

色谱分析的基本依据是保留时间，所以可用以保留时间计算出来的各种保留值进行定性分析。

用色谱法进行定性分析最简单的方法就是把未知物和已知物在完全相同的色谱条件下比较它们的保留时间。

例如有一未知组分的醇溶液，用气相色谱分析，就可以使用一已知组分的醇溶液和未知醇溶液，在相同的仪器及色谱条件下测定它们的色谱图，见图 5-28。从未知物和标准已知物的对应色谱峰知道 2，3，4，7，9 分别为甲醇、乙醇、正丙醇、正丁醇和正戊醇。

但是，保留时间并非特征值，同一保留时间可能有很多化合物与之相对应。即使在相同的色谱柱下测得某化合物的保留时间，也可能有许多不同的标准已知化合物与之对应，有相同的保留时间，这就难以确定未知化合物到底是什么东西了。所以除去色谱法之外还要利用其他方法进行配合，也就是说单靠色谱保留时间进行定性分析是不大可靠的。

另外，测得的保留时间，因影响它的因素太多，如柱长、柱温、流动相流速、死时间等，所以一般不直接用保留时间进行定性。

如果样品组成复杂，峰间距小，这时要准确定出保留值有一定困难，这时可采用峰高增加的方法定性。具体方法是：先进一样品，得一色谱图，然后在样品中加入一定量的标准物质，同样条件下进一加标样品，从新得到的谱图上看，哪个峰加高了，那么，该峰就是加入的标准物组分。

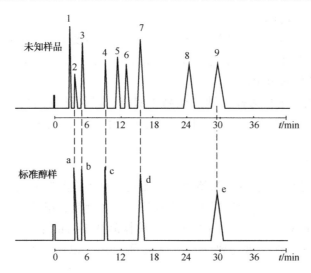

图 5-28 用已知纯物质与未知样品对照比较进行定性分析

1~9—未知物的色谱峰；a—甲醇峰；b—乙醇峰；

c—正丙醇峰；d—正丁醇峰；e—正戊醇峰

（2）用相对保留值定性

人们发现用相对保留值定性是一种简单易行的方法。因为测定相对保留值比较容易，许多色谱条件对它没有影响，它只与固定相类别和柱温有关，而且在文献中也有不少相对保留值的数据可供使用。

但是也有它的缺点，因为测定相对保留值要有一个标准化合物，要对所有物质找一个标准是困难的。

但是，在上述这些方法中，有一个极为重要的问题影响气相色谱的定性分析，就是所用载体和固定液用量对结果有很大的影响。在液相色谱中也有类似问题。

（3）用保留指数定性

Kovats 在 1958 年提出保留指数(I)的概念，因为保留指数也是一种相对保留值，很自然可用它来作定性分析的依据，它的定义参见本书前述内容。

1）利用保留指数的文献值定性：由于在文献中有大量保留指数值可供参考，所以使用与文献值所用固定液及色谱条件相同的情况下测定未知物的保留指数，然后与文献值对照来判断未知物的组成。

2）利用保留指数的温度效应定性：人们很早就注意到各种物质保留指数随柱温的变化率$\left(\dfrac{\Delta I}{\Delta T}\right)$是很不相同的，例如，不同烃类的保留指数随温度的变化率大小的次序为：

$$芳香烃 > 环烷烃 > 三取代烃 > 二取代烃和一取代烃$$

因此，$\dfrac{\Delta I}{\Delta T}$值随相对分子质量的增加而增加。根据上述规律，当改变柱温测定保留指数，观察$\dfrac{\Delta I}{\Delta T}$的大小，用这一数据协助性地判断所研究的对象是哪一类的化合物。例如，脂肪烃与环烷烃或芳烃相邻，在柱温较低时，芳烃或环烷烃在脂肪烃前出峰，如升高柱温则两峰的位置会倒过来，这样就可以说明位置调到后边的峰是芳烃或环烷烃。

3) 利用双柱或多柱定性：利用一根非极性固定液柱和一根极性固定液柱或再用一根特殊选择性的固定液柱，同时测定未知物的保留指数，把两根色谱柱上得到的保留指数进行对比做图，同系物的各个化合物在这样的平面图上成一条直线，如图 5-29 所示。

在这两根色谱柱测定某一未知物得到两个 I 值，然后在此图上横、纵坐标上找到此物的 I 值，各画垂直于坐标轴的直线，二线相交处落在某类化合物的直线上就是这类化合物。

4) 利用 ΔI 值判断化合物的结构：利用极性固定液对某些化合物的保留指数差值，可得到判断化合物类型的信息。见表 5-22。

(4) 色谱联用技术定性

近年来，联用技术迅速发展，其中的色谱-质谱联用、色谱-红外光谱联用已成为分离、鉴定复杂体

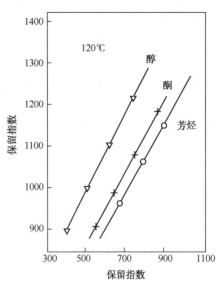

图 5-29 双柱定性图

系中各组分的最有效手段。将多组分混合物先通过色谱仪分离成单个组分，然后逐一送入质谱仪或红外光谱仪，获得质谱图或红外光谱图，根据谱图所提供的特征信息，可对被测物定性并推出其分子结构，更方便的是用计算机对谱图进行自动检索，将未知物的谱图与标准谱图对照定性。

表 5-22 10 种六碳化合物在聚丙二醇和角鲨烷柱上的保留指数差

名称	$I_{角鲨烷}$	I_{PPG}	ΔI
己烷	600	600	0
2-甲基己烷	568.4	571.3	2.9
1-己烯	586.9	610.5	23.6
环己烷	675.7	699.2	23.5
1-氯代己烷	838.3	922.6	84.3
苯	660.7	767.9	107.2
1-己醛	758.3	899.0	140.7
2-己酮	745.6	891.0	145.4
环己酮	855.1	1038.2	183.1
1-己醇	831.2	1103.8	272.6

5.2.3.8 气相色谱的定量分析

1. 定量基础

各种色谱的定量分析方法很近似，多用峰高或峰面积或相关的参数作为定量分析的依据，下面就有关色谱的定量分析中的一些基本概念作一简要阐述。

定量分析的依据是被测组分的量 W_i 与检测器的响应信号（峰面积或峰高）成正比，即

$$W_i = f_i A_i$$

f_i 称为定量校正因子，通常称为绝对校正因子，它是指单位面积所代表的某组分的量，主要由仪器的灵敏度所决定。显然，要想得到准确的定量分析结果，必须作好以下工作：

①准确测量峰面积；②得到准确的定量校正因子；③选用合适的定量方法。

（1）峰面积的测量

测量峰面积的方法可分为手工测量和机器自动测量两类。随着电子技术的发展，手工测量峰面积的方法逐渐被数据处理机、色谱工作站等代替。机器测量峰面积极简单又快速准确。

（2）定量校正因子

事实证明，相同量的同一物质在不同检测器上产生的响应信号是不相同的；相同量的不同物质在同一检测器上产生的响应信号也不相同。因此，为了使检测器产生的响应信号能真实地反映出物质的量，就要对响应值进行校正而引入定量质量校正因子。

（3）相对校正因子（$F_{i/S}$）

相对校正因子是指某组分 i 与标准物质 S 的绝对校正因子之比，表示如下：

$$F_{i/S} = \frac{f_i}{f_S} = \frac{\dfrac{m_i}{A_i}}{\dfrac{m_S}{A_S}} \tag{5-26}$$

式中　f_i——组分的绝对校正因子；

　　　f_S——标准物 S 的绝对校正因子；

　　　m_i——组分 i 的质量；

　　　m_S——标准物 S 的质量；

　　　A_i——组分 i 的峰面积；

　　　A_S——标准物 S 的峰面积。

（4）相对响应值

相对响应值是指组分 i 与等量标准物 S 的响应值之比，当计量单位相同时，它们与相对质量校正因子互为倒数，即

$$S_{i/S} = \frac{1}{F_{i/S}} \tag{5-27}$$

（5）相对质量校正因子的测量

相对质量校正因子一般由实验者自己测定，方法是：准确称取被测组分及标准物质，最好使用色谱纯试剂，混合后，在一定色谱条件下，准确进样，分别测量相应的峰面积，根据式（5-26）计算。

$F_{i/S}$ 只与组分 i 和标准物 S 及检测器类型有关，与操作条件无关。当无法得到被测物的标准品时也可利用文献值，但所选标准物及检测器类型必须与文献报道的一致。

2. 定量方法

气相色谱定量分析由于各种物质的峰面积与色谱条件有关，与物质的结构和性质没有固定数量关系，因此在进行定量分析时必须要使用标准物进行对比。由于使用的标准不同，就派生出不同的定量方法来。

（1）归一化法

归一化法是常用的一种简便、准确的定量方法。这种方法要求样品中所有组分都出峰，且含量都在相同数量级上。计算式为：

$$w_i = \frac{A_i F_i}{\sum_{0}^{n} A_i F_i} \times 100\% \tag{5-28}$$

式中　w_i——试样中组分 i 的百分含量；

　　　F_i——组分 i 的相对质量校正因子；

　　　A_i——组分的峰面积。

归一化法的优点是不必知道进样量，尤其是进样量小而不能测准时更方便，仪器及操作条件稍有变动对分析结果影响不大，特别适合多组分的同时测定；不足之处是样品中的组分必须都出峰并产生响应信号，所有组分的 F_i 值均需测出，否则此法不能应用。

【例 5-1】　一个混合物含有乙醇、己烷、苯和乙酸乙酯，用热导检测器色谱仪分析此样品得到下列结果(见表 5-23)：

表 5-23　例题 5-1 附表

化合物	峰面积(A_i)/cm²	相对校正因子(F)	化合物	峰面积(A_i)/cm²	相对校正因子(F)
己烷	9.0	0.70	苯	4.0	0.78
乙醇	5.0	0.64	乙酸乙酯	7.0	0.79

试计算各个化合物在混合物中的含量。

计算如下：

$$乙醇含量 = \frac{5.0 \times 0.64}{5.0 \times 0.64 + 9.0 \times 0.70 + 4.0 \times 0.78 + 7.0 \times 0.79} \times 100\% = 17.6\%$$

$$己烷含量 = \frac{9.0 \times 0.70}{18.15} \times 100\% = 35\%$$

$$苯含量 = \frac{4.0 \times 0.78}{18.15} \times 100\% = 17\%$$

$$乙酸乙酯含量 = \frac{7.0 \times 0.79}{18.15} \times 100\% = 30\%$$

(2) 内标法

当被分析组分含量很小，不能应用归一化法，或者是被分析样品中并非所有组分都出峰，只要所要求的组分出峰时就可用内标法。内标法是一种常用的定量分析方法。

对内标物的要求：加入的内标物应是样品中不存在的，而且最好是色谱纯或者是已知含量的标准物；内标物的物理和化学性质应尽可能地与被测物相似；内标物加入量所产生的峰面积大致和被测组分峰面积相当；内标物出峰最好在被测物峰的附近，且能很好的分离。

内标法操作：准确称取样品，将一定量的内标物加入其中，混合均匀后进样分析。根据样品、内标物的质量及在色谱图上产生的相应峰面积，计算组分含量。计算公式为：

$$w_i\% = \frac{F_{i/S} A_i m_S}{m_{样} A_S} \times 100\% \tag{5-29}$$

式中　w_i——试样中组分 i 的百分含量；

　　　m_S——内标物的质量；

　　　A_S——内标物的峰面积；

$m_{样}$为试样质量；A_i为组分 i 的峰面积；$F_{i/S}$为相对质量校正因子，一般常以内标物为基准进行简化计算。

内标法的优点是定量准确，测定结果不受操作条件、进样量及不同操作者进样技术的影响；缺点是选择合适的内标物较困难，每次测定都需准确称量内标物与样品。

【例5-2】 样品中含有三硝酸甘油酯（NG）和二乙二醇二硝酸酯（DEGN），把内标物硝基苯（NB）0.20g 加入到 0.80g 的样品中，加溶剂溶解后，进行色谱分析，并测量三个化合物的色谱峰面积和 $F_{i/S}$（见表5-24）。

表5-24　例题5-2附表

样　品	峰面积/cm²	校正因子
NG	27.0	1.11
DEGN	17.0	0.91
NB	25.0	1.00

计算样品中 NG 和 DENG 的含量。

计算如下：

按式(5-29)：

$$w_{NG} = \frac{27.0 \times 1.1}{25} \times \frac{0.20}{0.80} = 29.7\%$$

$$w_{DEGN} = \frac{17 \times 0.91}{25} \times \frac{0.20}{0.80} = 15.5\%$$

所谓叠加内标法就是，往样品中加入一定量校准组分，同时和未加标准物的样品进行比较，而计算未知物的含量。计算方法为：

$$w_i = \frac{A_1}{A_2 - A_1} \times \frac{m_s}{m_{样}} \times 100\% \tag{5-30}$$

式中　A_1——i 组分峰面积；

　　　A_2——i 组分加标准样后的峰面积；

　　　m_s——叠加内标物质量；

　　　$m_{样}$——未加内标物前样品质量。

但是这一方法，要二次进样完全相同，即进样量和色谱条件要完全相同。

现在国外还流行一种方法是借助被测样品中所测定组分 i 邻近峰 j 来确定加入叠加内标物之后，原样品中的 i 物质的峰面积，避免两次进样要求完全相同的限制。如第一次进样（未加叠加内标物）得到图5-30(a)，加入内标后第二次进样得到的色谱图如图5-30(b)。

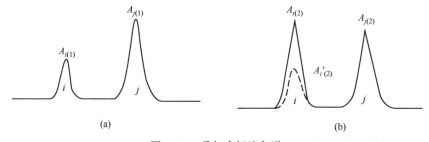

图5-30　叠加内标法色谱

从图 5-30 得知：

$$\frac{A_{i(1)}}{A_{j(1)}}=\frac{A'_{i(2)}}{A_{j(2)}} \tag{5-31}$$

$$A'_{i(2)}=\frac{A_{j(2)}}{A_{j(1)}} \cdot A_{i(1)} \tag{5-32}$$

设 m 为称得样品质量，wi 为组分 i 在样品中的质量百分含量，m_s 为叠加内标物质量，两次测定 i 物质的绝对应答值相同，所以

$$\frac{A_{i(1)}}{m \cdot w_i}=\frac{A_{i(2)}-A'_{i(2)}}{m_s}=\frac{A_{i(2)}-\frac{A_{j(2)}}{A_{j(1)}}A_{i(1)}}{m_s}$$

$$w_i=\frac{m_s A_{i(1)}}{m\left(A_{i(2)}-\frac{A_{j(2)}}{A_{j(1)}}A_{i(1)}\right)}\times100\% \tag{5-33}$$

利用式(5-33)可计算叠加内标法定量的结果。

【例 5-3】　用叠加法内标法测定某种样品中的二苯胺含量，样品中同时含有樟脑。取 1.010g 样品，经化学处理后进样得到色谱如图 5-31(a)所示。同时取另一份样品并加入 0.10g 二苯胺纯样内标物，进行化学处理后得到如图 5-31(b)所示的色谱图，按图中测得的数据计算样品中二苯胺含量。

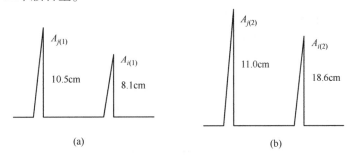

图 5-31　用叠加内标法测定样品中的二苯胺含量的色谱

按公式色谱图上的数据用式(5-33)进行计算：

$m'=0.10g$，$m=1.010g$，$A_{i(1)}=8.1cm^2$，$A_{i(2)}=18.6cm^2$，$A_{j(2)}=11.0cm^2$

所以

$$w_i=\frac{0.01\times8.1}{1.010\times\left(18.6-\frac{11.0}{10.5}\times8.1\right)}\times100\%=0.79\%$$

（3）外标法

所谓外标法定量是把标准样不加入到要测定的样品中，而是在与测定样品相同的色谱条件下，用标准物单独进行色谱测定，以得到的结果和被测未知样品进行比较。外标法又有几种不同的情况。

1）标准样法：标准样法是使用与样品组分相同、含量近似的混合物作标准物。测定时在相同的色谱条件下分别注射标准样和被测样品，把标准样和未知样的相同组分的色谱峰

(峰面积或峰高)进行比较,以标准样的含量计算未知样物相对应组分的含量。

2)用纯物质作标准样:用近于100%的纯物质配成一定浓度的标准物,这一标准可以是被测混合物某一相同的组分。计算含量时要用相对校正因子。这一方法优点是外标物容易取得,而且可以准确配制。

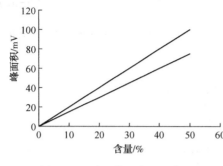

图5-32　检量线法定量示意图

3)检量线法(标准曲线法):首先测定出不同浓度样品组分与峰高或峰面积的对应关系,绘制成曲线,如图5-32所示。或编制成浓度与峰高或峰面积的对应表。测定样品时,把未知物色谱上得到的峰高或峰面积,在标准线(或由它计算出的峰高或峰面积与浓度对应表)上找到对应的未知样品中某一成分的浓度或百分含量。这种方法要求测定样品时的操作条件与标准曲线时的条件完全一致。

4)外标法定量的计算:如峰面积(或峰高)与含量呈线性关系,而且通过原点,外标法定量可用下式计算:

$$\omega_i = A_i K_i \times 100\%$$
$$\omega_i = h_i K_L \times 100\%$$

$$(5-34)$$

式中　ω_i——样品中组分i的含量,%;

A_i,h_i——样品中组分i的峰面积或峰高;

K_i,K_L——单位峰面积和峰高的校正因子。

如果检量线不通过原点就不能用上面两式计算,要进行校正。

【例5-4】　用气相色谱的外标法测定三硝酸甘油酯含量,取两份样品测定的平均峰高分别为$h1$和$h2$,并测得标准样品中三硝酸甘油酯的峰高平均值为h_3,它在标准样品中的含量为26.7%,具体数据见表5-25。

表5-25　例题5-4附表

1号样品	2号样品	标准样
h_1/mm	h_2/mm	h_3/mm
86.2	86.4	86.0

计算未知样品中的三硝酸甘油酯(NG)的含量(ω_{NG})

按式(5-34)

$$1号样品\ \omega_{NG} = 86.2 \times \frac{26.7\%}{86.0} = 26.8\%$$

$$2号样品\ \omega_{NG} = 86.4 \times \frac{26.7\%}{86.0} = 26.8\%$$

5.2.3.9　高效液相色谱法

1. 概述

高效液相色谱(HPLC)是20世纪60年代末70年代初发展起来的一种分离分析技术。它是在经典液相色谱法的基础上,引入了气相色谱的理论,在技术上采用了高压泵、高效固定相和高灵敏度检测器，使之发展成为具有高效、高速、高灵敏度的液相色谱技术，亦称为现代色谱法，目前已成为应用极为广泛的一种重要分离分析手段。

与经典液相色谱法相比，HPLC的突出特点见表5-26。

表5-26　高效液相色谱和经典液相色谱的比较

经典液相色谱	高效液相色谱	经典液相色谱	高效液相色谱
常压或减压	高压 40~50MPa	分析速度慢	分析速度快
填料颗粒大	填料颗粒小 2~50μm	色谱柱只用一次	色谱柱可重复多次使用
柱效低	柱效高 40000~60000 块/m	不能在线检测	能在线检测

高效液相色谱法与气相色谱法一样，具有选择性高、分离效率高、灵敏度高、分析速度快的特点，但它恰好能适于气相色谱分析法不能分析的高沸点有机化合物、高分子和热稳定性差的化合物以及具有生物活性的物质，弥补了气相色谱法的不足。这两种方法的比较见表5-27。

表5-27　气相色谱和高效液相色谱的比较

气相色谱	高效液相色谱
只能分析挥发性的物质，只能分析20%的化合物	几乎可以分析各种物质
不能用于热不稳定物质的分析	可以用于热不稳定物质的分析
用毛细管柱色谱可得到很高的柱效	色谱柱不能很长，柱效不会很高
有很灵敏的检测器，如 ECD 和较灵敏的通用检测器(FID 和 TCD)	没有较高灵敏的通用检测器
流动相为气体，无毒，易于处理	流动相有毒，费用较高
运行与操作容易	运行和操作比 GC 难一些
仪器制造难度较小	仪器制造难度较大

2. 分类

HPLC 依照流动相及固定相的状态或作用机制的不同，可分为：液固色谱(主要是以硅胶为固定相的色谱)，液液色谱(又分为正相色谱和反相色谱)，离子交换色谱，离子色谱，离子对色谱，体积排阻色谱等十余种方法。其中，以反相色谱的应用最多，占 HPLC 的70%~80%。

3. 高效液相色谱仪

以液体为流动相，采用高压输液泵、高效固定相和高灵敏度检测器等装置的液相色谱仪称为高效液相色谱仪。高效液相色谱仪种类很多，但其基本组成都包括输液系统、进样系统、分离系统、检测系统及数据处理系统5个部分。高效液相色谱仪流程，如图5-33所示。其工作过程如下：高压泵将储液罐的溶剂经进样器送入色谱柱中，然后从检测器的出口流出。当样品从进样器注入时，流动相将其带入色谱柱中进行分离，分离后的各组分依次进入检测器，检测器输出的电信号供给记录仪或数据处理装置，得到色谱图。

(1) 高压输液系统

高压输液系统一般包括储液罐、高压输液泵、过滤器、梯度洗脱装置等。

1) 储液罐：

储液罐用来提供足够数量的符合要求的流动相，一般用不锈钢、玻璃、聚四氟乙烯等

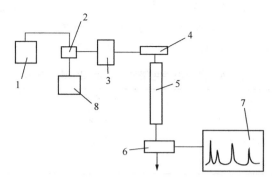

图 5-33　高效液相色谱仪示意图

1—储液罐；2—高压泵；3—阻尼器；4—进样器；5—色谱柱；
6—检测器；7—记录仪或数据处理装置；8—梯度洗脱装置

材料，容积 0.5~2L。

所有溶剂进入储液罐之前必须过滤和脱气。

2）高压输液泵：

高压输液泵的作用是将流动相以稳定的流速或压力输送到色谱分离系统。

它有两种类型，恒流泵和恒压泵。恒流泵使输出的液体流量稳定，有往复泵、注射泵；而恒压泵则使输出的液体压力稳定，有气动放大泵。在 HPLC 中应用最多的是往复泵。

3）过滤器：

流动相使用前必须过滤除去微小的固体颗粒。常用的是微孔滤膜。微孔滤膜具有不同孔径、不同材质，应用时可根据需要选用。

4）梯度洗脱装置：

梯度洗脱是根据组分的复杂程度，在组分的洗脱过程中，不断调整混合溶剂的组成，改变溶剂的强度或溶剂的选择性，使多组分复杂混合物得到满意分离。

（2）进样系统

进样器是将样品溶液准确送入色谱柱的装置，常用的进样器有微量注射器、六通阀进样器、自动进样器。

（3）分离系统

色谱柱是色谱仪的核心部分。值得注意的是，在高效液相色谱仪的色谱柱入口端装有一个保护柱，它是装有与分析柱相同固定相的短柱(5~30mm)，可以经常而且方便地更换，起到保护延长分析柱寿命的作用。

（4）检测系统

检测器是用于连续监测柱后流出物组成和含量变化的装置。其作用是将色谱柱中流出的样品组分含量随时间变化转化为易于测量的电信号。常用的液相色谱检测器有紫外-可见检测器、折光指数检测器、荧光检测器、蒸发激光散射检测器等。

（5）数据处理系统

高效液相色谱的分析结果除可用记录仪绘制谱图外，现已广泛使用色谱数据处理机和色谱工作站来记录和处理色谱分析数据。

5.3　仪器设备的保障

5.3.1　分光光度计的保障[14]

分光光度计是化验室使用频率较高的一种常规性分析仪器。为了保障其有良好的性能，作为一名化验室工作者，需要掌握相关的日常维护保养知识，对仪器的一些常见故障能进行排除。

5.3.1.1　分光光度计的日常维护和保养

分光光度计作为是一种精密的光学仪器，正确安装、使用和保养对保持仪器良好的性能和保证测试的准确度有重要作用。

1. 仪器的工作环境

1) 仪器应安装在干燥的房间内，使用温度为 5~35℃，相对湿度不超过 85%。

2) 仪器应放置在坚固平稳的工作台上，且避免强烈的震动或持续的震动。

3) 室内照明不宜太强，且应避免直射日光的照射。

4) 电扇不宜直接向仪器吹风，以防止光源灯因发光不稳定而影响仪器的正常使用。

5) 尽量远离高强度的磁场、电场及发生高频波的电器设备。

6) 供给仪器的电源电压为 220V±22V，频率为 50Hz±1Hz，并必须装有良好的接地线。推荐使用功率为 1000W 以上的电子交流稳压器或交流恒压稳压器，加强仪器的抗干扰性能。

7) 避免在有硫化氢等腐蚀性气体的场所使用。

2. 日常维护和保养

（1）光源

光源的寿命是有限的，为了延长光源使用寿命，在不使用仪器时不要开光源，应尽量减少开关次数。在短时间的工作间隔内尽量不关灯。刚关闭的光源不要立即重新开启，最好间隔 5min 后再重新开启。仪器连续使用时间不应超过 3h。若需长时间使用，最好间隔 30min。如果光源灯亮度明显减弱或不稳定，应及时更换新灯。更换后要调节好灯丝位置，不要用手直接接触窗口或灯泡，避免沾污。若不小心接触过，可用无水乙醇擦拭。

（2）单色器

单色器是仪器的核心部分，装在密封盒内，不能拆开。选择波长应平衡地转动，不可用力过猛。为防止色散元件受潮生霉，必须定期更换单色器盒干燥剂（硅胶）。若发现干燥剂变色，应立即更换。

（3）吸收池

正确使用吸收池，特别注意保护吸收池的两个光学面，为此应做到以下几点：

1) 测量时，池内盛的液体量不要太满，以防止溶液溢出而浸入仪器内部。若发现吸收池架内有溶液遗留，应立即取出清洗，并用纸吸干。

2) 拿取吸收池时，只能用手指接触两侧的毛玻璃，不可接触光学面。

3) 不能将光学面与硬物或脏物接触，只能用擦镜纸或丝绸擦拭光学面。

4) 凡含有腐蚀玻璃的物质(如 F^-、$SnCl_2$、H_3PO_4 等)的溶液，不得长时间盛放在吸收池中。

5) 吸收池使用后应立即用水冲洗干净，有色物污染可以用 3mol/L HCl 和等体积乙醇的混合液浸泡洗涤。生物样品、胶体或其他在吸收池光学面上形成薄膜的物质要用适当的溶剂洗涤。

6）不得在火焰或电炉上进行加热或烘烤吸收池。

（4）检测器

光电转换元件不能长时间曝光，且应避免强光照射或受潮积尘。

（5）仪器停止必须切断电源

（6）清洁维护

为了避免仪器积尘和沾污，在停止工作时，应盖上防尘罩。

（7）仪器日常维护

仪器若暂时不用要定期通电，每次不少于20~30min，以保持整机呈干燥状态，并且维持电子元器件的性能。

5.3.1.2　常见的故障分析与排除

不同型号的分光光度计其相应故障的排除方法也不尽相同。在仪器的使用说明书里面均会介绍该型号仪器的一些简单故障的排除方法，下面以 UV-754C 型紫外-可见分光光度计为例，说明分光光度计简单故障的分析及相应排除方法（表5-28）。

表5-28　UV-754C 型紫外-可见分光光度计常见故障分析及排除方法

故障现象	可能原因	排除方法
1. 开启电源开关，仪器无反应	① 电源未被接通； ② 电源保险丝断； ③ 仪器电源开关接触不良	① 检查供电电源和连接线； ② 更换保险丝； ③ 更换仪器电源开关
2. 光源灯不工作	① 光源灯坏； ② 光源供电器坏	① 更滑新灯； ② 检查电路，看是否有电压输出，请维修人员维修或更换电路板
3. 光源光度不可调	电路故障	请求维修人员或更换有关电路元件
4. 显示不稳定	① 仪器预热时间不够； ② 电噪声太大(暗盒受潮或电气故障)； ③ 环境震动过大，光源附近气流过大或外界强光照射； ④ 电源电压不良； ⑤ 仪器接地不良	① 延长预热时间； ② 检查干燥剂是否受潮，若有受潮更换干燥剂，若还不能解决，要查线路； ③ 改善工作环境； ④ 检查电源电压； ⑤ 改善接地状态
5. τ 调不到 0	① 光门漏光； ② 放大器坏； ③ 暗盒受潮	① 修理光门； ② 修理放大器； ③ 更换暗盒内干燥剂
6. τ 调不到 100%	① 卤钨灯不亮； ② 样品室有挡光现象； ③ 光路不准； ④ 放大器坏	① 检查灯电源电路(修理)； ② 检查样品室； ③ 调整光路； ④ 修理放大器
7. 测试数据重复性差	① 池或池架晃动； ② 吸收池溶液中有气泡； ③ 仪器噪声太大； ④ 样品光化学反应反应	① 卡紧池架或池； ② 重换溶液； ③ 检查电路； ④ 加快测试速度

5.3.1.3　分光光度计的调校

分光光度计经较长时间的使用后，仪器的性能指标会有所变化，需要进行调校或修理。国家技术监督局批准颁布了各类紫外、可见分光光度计的检定规程。检定规程规定，检定周期为半年，两次检定合格的仪器检定周期可延长至一年。

1. 光源的调校

光源灯是易损件，当损坏件更换或用仪器搬运后均可能偏离正常的位置。为了使仪器有足够的灵敏度，正确地调整光源灯的位置则显得更为重要。关于光源灯的更换和光源灯的调整，不同型号的分光光度计有相应的说明书，按说明书操作即可。

2. 波长准确度的校验

分光光度计在使用过程中，由于机械振动、温度变化、灯丝变形、灯座松动或更换灯泡等原因，经常会引起刻度盘上的度数(标示值)与实际通过溶液的波长不符合的现象，因而导致仪器灵敏度降低，影响测定结果的精度，需要经常进行校验。

可见分光光度计可以使用仪器随机配置的镨钕滤光片准确地校正波长。镨钕滤光片的吸收峰为 528.7nm 和 807.7nm。通过实验测定波长范围内的吸光度，如果测出的最大吸收波长的仪器标示值与镨钕滤光片的吸收峰波长相差±3nm 以下(即在 528.7nm±3nm 之内)，说明仪器波长的标示值准确度符合要求，一般不需作校正。如果测出是吸收光谱曲线最大吸收波长的仪器标示值与镨钕滤光片的吸收峰波长相差±3nm 以上，则可卸下波长手轮，旋松波长刻度盘上是三个定位螺钉，将刻度指示置于特征吸收波长值，旋紧螺钉即可(注意，不同厂家生产的仪器波长读数的调整方法可能有所不同，应按仪器说明书进行波长调节)。如果测出的最大吸收波长的仪器波长标示值与镨钕滤光片是吸收峰波长之差大于±10nm，则需要重新调整钨灯灯泡位置，或检修单色器的光学系统(应由计量部门或生产厂检修，不可自己打开单色器)。

紫外–可见分光光度计在可见光区进行波长准确度校验方法与可见分光光度计相同，在紫外光区检验波长准确度比较使用的方法是用苯蒸气的吸收光谱曲线来检查。具体做法是：在吸收池滴一滴液体苯，盖上吸收池盖，待苯挥发充满整个吸收池后，就可以测绘苯蒸气的吸收光谱。若实测结果与苯的标准光谱曲线不一致，表示仪器有波长误差，必须加以调整。

3. 吸收池配套性检验

一般商品吸收池的光程与其标示值常有微小的误差，即使是同一个生产厂家生产的同规格的吸收池，也不一定能够互换使用。仪器出厂前吸收池是经过检测选择而配套的，所以在使用时不应混淆其配套关系。在定量工作中，为了消除吸收池的误差，提高测量的准确度，需要分别对每个吸收池进行校正及配对。玻璃吸收池配套性检验的具体步骤如下。

1) 检查吸收池透光面是否有划痕或斑点，吸收池各面是否有裂纹，如有则不应使用。

2) 在选定的吸收池毛面上口附近，用铅笔标上进光方向并编号。用蒸馏水冲洗 2~3 次[必要时可用(1+1)HCl 溶液浸泡 2~3min，在立即用水冲洗净]。

3) 拇指和食指捏住吸收池两侧毛面，分别在 4 个吸收池内注入蒸馏水到池高 3/4 处(注意，吸收池内蒸馏水不可装得过满以免溅出，腐蚀吸收架和仪器。装入水后，吸收池内壁不可有气泡)。用滤纸吸干池外壁的水滴(注意，不能擦)，再用擦镜纸或丝绸轻轻擦拭光面至无痕迹。按吸收池上所标箭头方向(进光方向)垂直放在吸收池架上，并用吸收池夹固定好。

4）然后按操作规程进行分光光度分析，拉动吸收池架拉杆，依次将被测溶液推入光路，读取并记录相应的透射比。若所测各吸收池透射比偏差小于0.5%，则这些吸收池可配套使用。超出上述偏差的吸收池不能配套使用。

4．透射比正确度的检验

当用紫外-可见分光光度计测量具有十分尖锐吸收峰的化合物时，有必要对分光光度计的透射比进行校正。透射比的正确度通常是用硫酸铜、硫酸钴铵、铬酸钾等标准溶液来检查，其中应用最普遍的是重铬酸钾（$K_2Cr_2O_7$）溶液。

透射比正确度检验的具体操作是：配制质量分数 $\omega(K_2Cr_2O_7) = 0.006000\%$ $K_2Cr_2O_7$（即在25℃时，1000g溶液中含 $K_2Cr_2O_7 0.06000g$）的0.001mol/L $HClO_4$ 标准溶液。以0.001mol/L $HClO_4$ 溶液为参比，用1cm 是石英吸收池分别在235nm、257nm、313nm、350nm 波长处测定透射比，与表5-29所列标准溶液的标准值比较，根据仪器级别，其差值应在0.8%~2.5%之内。

表5-29　$\omega(K_2Cr_2O_7) = 0.006000\%$ $K_2Cr_2O_7$溶液的透射比（25℃）

波长	235	257	313	350
百分透射比/%	18.2	13.7	51.3	22.9

5.3.2　气相色谱仪的保障

气相色谱仪是目前化验室使用频率非常高的一种分析仪器。气相色谱分析法是一种灵敏度非常高、准确度高且分析速度快的分析方法，它广泛应用于化学、化工、环保等领域。

5.3.2.1　日常维护与保养

1．气路系统

1）维护气体管路。气源至气相色谱仪的连接管线应定期用无水乙醇清洗，并用干燥 N_2 气吹扫干净，保持气体管路的畅通。

2）气体自气源进入色谱柱前需要通过的干燥净化管，管中活性炭、硅胶、分子筛定期进行更换或烘干，确保气体的纯度，不引入杂质。

3）维护稳压阀、针形阀及稳流阀，各阀的调节须缓慢进行，各种阀门正确使用。如：稳压阀不工作时，必须放松调节手柄（顺时针转动）；针形阀不工作时，应将阀门处于"开"的状态（逆时针转动）。对于稳压阀，当气路通气时，必须先打开稳流阀的阀针，流量的调节应从大流量调到所需要的流量；稳流压阀、针形阀及稳流阀均不可作开关使用；各种阀的进、出气口不能接反。

4）维护皂膜流量计的使用。使用皂膜流量计时要注意保持流量计的清洁、湿润，使用完毕应洗净、晾干（或吹干）放置。

2．进样系统

1）维护气化室进样口。由于仪器的长期使用，硅橡胶微粒可能会积聚造成进样口管道阻塞，或气源净化不够时进样口沾污，此时应对进样口清洗。清洗方法是：首先从进样口处拆下色谱柱，旋下散热片，清除导管和接头部件内的硅橡胶微粒（注意：接头部件千万不能碰弯），接着用丙酮和蒸馏水依次清洗导管和接头部件，并吹干。然后按拆卸的相反程序安装好，最后进行气密性检查。

2) 维护微量注射器。微量注射器使用前要首先用丙酮等溶剂洗净，使用后即清洗处理，一般常用下述溶液依次清洗：质量浓度为 50g/L 的 NaOH 水溶液、蒸馏水、丙酮、氯仿，最后用真空泵抽干，以免芯子被样品中高沸点物质沾污而阻塞；切忌用重碱性溶液洗涤，以免玻璃受腐蚀失重和不锈钢零件受腐蚀失重和不锈钢零件受腐蚀而漏水漏气。

3) 维护六通阀。六通阀在使用时应绝对避免带有小颗粒固体杂质的气体进入，否则在转动阀盖时，固体颗粒会擦伤阀体，造成漏气。六通阀使用时间长了，应该按照结构装卸要求卸下清洗。

3. 分离系统

1) 新制备的或新安装的色谱柱使用前必须进行老化。

2) 新购买的色谱柱一定要在分析样品前先测试柱性能是否合格，如不合格可以退货或更换新的色谱柱。色谱柱使用一段时间后，柱性能可能会发生变化，当分析结果有问题时，应该用测试标样测试色谱柱，并将结果与前一次测试结果相比较。这有助于确定问题是否出在色谱柱上，以便采取相应措施排除故障。每次测试结果应保存起来作为色谱柱寿命记录。

3) 色谱柱暂时不用时，应将其从仪器上卸下，在柱两端套上不锈钢螺帽(或者用一块硅橡胶堵上)，并放在相应的柱包装盒中，以免柱头被污染。

4) 每次关机前都应该将柱箱温度降到室温，然后再关电源和载气。若温度过高时切断载气，则空气(氧气)扩散进入柱管会造成固定液氧化和降解。仪器有过温保护温度时，每次新安装了色谱柱都要重新设定保护温度，超过此温度时，仪器会自动停止加热，以确保柱箱温度不超过色谱柱的最高使用温度，以免对色谱柱造成一定的损伤(如固定液的流失或者固定相颗粒的脱落)，降低色谱柱的使用寿命。

5) 对于毛细血管柱，如果使用一段时间后柱效有大幅度降低，往往表明固定液流失过多，有时有可能只是由于一些高沸点的极性化合物的吸附而使色谱柱丧失分离能力，这时可以在高温下老化，用载气将污染物冲洗出来。若柱性能仍不能恢复，就得从仪器上卸下柱子，将柱头截去 10cm 或更长，去除掉最容易被污染的柱头后再安装测试，此时往往恢复柱性能。如果还是不起作用，可再反复注射溶剂进行清洗，常用的溶剂依次为丙酮、甲苯、乙醇、氯仿和二氯甲烷。每次可进样 $5\sim10\mu L$，这一办法常能奏效。如果色谱柱性能还不好，就只有卸下柱子，用二氯甲烷或氯仿冲洗(对固定液关联的色谱柱而言)，溶剂用量依柱子污染程度而定，一般为 20mL 左右。如果这一办法仍不起作用，则说明该色谱柱已报废。

4. 检验系统

(1) 热导池检测器的维护和保养

1) 尽量采用高纯气源。

2) 载气至少通入半小时，保证将气路中的空气赶走后，方可通电，以防热丝元件的氧化。

3) 根据载气的性质，桥电流不允许超过额定值。如载气用 N_2 时，桥电流应低于150mA；用 H_2 时，则应低于240mA。在保证分析灵敏度的情况下，应尽量使用低桥流以延长钨丝使用寿命。

4) 检测器不允许有剧烈震动。

5) 使用导热池进行高温分析时，如果停机，首先切断桥电流，等检测室温度降至50℃以下时，再关闭气源，这样可以延长热丝元件的使用寿命。

6）当导热池因使用时间长而被污染后，必须进行清洗。

（2）氢火焰离子化检测器的维护和保养

1）尽量采用高纯气源，空气必须经过 0.5nm 分子筛充分的净化。

2）在最佳的 N_2/H_2 以及最佳空气流速的条件下使用。

3）色谱柱必须经过严格的老化处理。

4）离子室要注意避免外界干扰，保证使它处于屏蔽、干燥和清洁的环境中。

5）长期使用会使喷嘴堵塞，因而造成火焰不稳、基线不准等故障，所以实际操作过程中应经常对喷嘴进行清洗。

5. 温度控制系统

一般来说，温度控制系统只需每月检查一次，就足以保证其工作性能。实际使用过程中，为防止温度控制系统受到损害，应严格按照仪器说明说操作，不能随意乱动。

5.3.2.2　常见故障分析与排除方法

气相色谱仪是结构复杂的仪器，仪器运行过程中出现的故障可能由多种原因造成。而且不同型号的仪器，情况也不尽相同。表 5-30 列出 1490 型气相色谱仪运行和操作中有共性和常见的故障，其他型号仪器亦可作参考。

表 5-30　1490 型气相色谱仪常见故障和排除方法

故障现象	故障原因分析	排除方法
1. 开主机及开温控后，柱箱不升温	① 加热丝断； ② 加热丝引出线或连接线以断	① 更换同规格加热丝； ② 重新连接好
2. 热导信号无法调零	① 热导控制线故障； ② 仪器严重漏气，特别是气化室后漏气； ③ 四臂铼钨丝元件严重不对称	① 检查控制控制线路； ② 仔细捡漏，重新连接； ③ 测量四臂电阻值，相差小于 0.5Ω
3. 氢火焰未点燃时不能将放大器的输出调到记录器的零点	① 放大器失调； ② 放大器输入信号线短路或绝缘不好； ③ 离子室收集极与外罩短路或绝缘不好； ④ 放大器的高阻部分受潮或污染； ⑤ 收集极积水	① 修理放大器； ② 把信号线两端插头拆开，用酒精清洗后烘干； ③ 清洗离子室； ④ 用酒精清洗高阻部分，并用电吹风吹干，然后再涂一层硅油； ⑤ 更换收集极
4. 当氢火焰点燃后，不能把基线调到零点	① 空气不纯； ② 氢气或氮气不纯； ③ 离子室积水； ④ 氢气流量过大； ⑤ 氢气焰燃到收集极； ⑥ 进样量过大或样品浓度太高； ⑦ 色谱柱老化时间不够； ⑧ 柱温过高，使固定液流失进入离子室	① 降低空气流量时情况有所好转，说明空气不纯。这时可在流路中加过滤器或将空气净化后在通入仪器； ② 流路中加过滤器或将气体净化后再通入仪器； ③ 加大空气流量，增加仪器预热时间；使离子室有一定的温度后再点火，尽量避免在柱箱温度未稳定时就点火。也可旋下离子室盖待温度较高后再盖上； ④ 降低氢气流量； ⑤ 重新调整位置； ⑥ 减少进样量或更换样品； ⑦ 充分老化色谱； ⑧ 降低柱温，清洗柱后面所有气路管道

续表

故障现象	故障原因分析	排除方法
5. 氢火焰点不燃	① 空气流量太小或空气大量漏气; ② 氢气漏气或流量太小; ③ 喷嘴漏气或被堵塞; ④ 点火极断路或碰圈; ⑤ 废气排出孔被堵塞	① 增大空气流量,排除漏气处; ② 排除漏气处,加大氢气流量; ③ 更换喷嘴或将堵塞处疏通; ④ 排除点火极断路或碰圈故障; ⑤ 提高点火电压或接好导线; ⑥ 疏通废气排出口
6. 没有色谱峰	① 放大器电源断开; ② 没有载气流过; ③ 记录仪接触不良; ④ 记录器故障; ⑤ 进样温度太低,样品没汽化; ⑥ 微量注射器堵塞,样品未被注入; ⑦ 进样口硅胶垫漏气; ⑧ 色谱柱连接松开; ⑨ 氢火焰未点着; ⑩ FID 极化电极电压没接或未接地	① 检查放大器保险丝; ② 检查载气流路是否阻塞或气瓶中气源用完; ③ 检查记录器连接; ④ 仪器说明书,排除记录器故障; ⑤ 升高气化室温度; ⑥ 更换或疏通注射器; ⑦ 更换硅胶垫; ⑧ 拧紧色谱柱连接螺母; ⑨ 重新点火; ⑩ 接上极化电压或排除极化电压接触不良的现象
7. 滞留时间正常而灵敏度下降	① 衰减太大; ② 没有足够的样品; ③ 样品进样过程中损失; ④ 微量注射器堵塞或漏液; ⑤ 载气漏气或进样器漏气; ⑥ 氢气和空气流量选择不当; ⑦ 检测器没有高压(FID)	① 降低衰减增加高阻; ② 增加样品量; ③ 减少损失,尽可能保证样品全部进入系统; ④ 更换或疏通注射器; ⑤ 检漏; ⑥ 调整氢气和空气流量; ⑦ 检查或装上高电压
8. 拖尾峰	① 进样温度太低; ② 进样管污染(样品或硅胶残留); ③ 柱温过低; ④ 进样操作术差; ⑤ 色谱柱选择不当(样品与柱载体或固体液起反应)	① 重新调节进样器; ② 用溶剂清洗进样器的管子; ③ 适当升高柱温; ④ 做到进快,出快; ⑤ 重新选择适当的色谱柱
9. 伸舌峰	① 进样量过大,柱超负荷; ② 样品冷凝在系统中	① 降低进样量; ② 先提高柱温,在选择合适的汽化室、柱温和检测器温度
10. 没有分离峰	① 柱温太高; ② 柱过短; ③ 固定液流失; ④ 固定液或载体选择不对; ⑤ 载气流速太高; ⑥ 进样技术太差	① 降低柱温; ② 选择较长色谱仪; ③ 更换色谱柱或老化色谱柱; ④ 选择适当色谱柱固定液或载体; ⑤ 降低载气流速; ⑥ 提高进样技术
11. 圆顶峰	① 超过检测器线性范围; ② 记录器阻尼太大	① 减少进样量; ② 重新调节记录器阻尼
12. 平顶峰	① 放大器输入饱和; ② 记录器传动装置零点位置变化	① 减少进样量变化; ② 检查记录器零点位置,或者用其他记录仪对比使用

续表

故障现象	故障原因分析	排除方法
13. 锯齿形基线	① 稳流阀膜片疲劳等； ② 载气瓶减压阀输出压力变化	① 换膜片或修稳流阀； ② 调节载气瓶减压阀，使输出压至另一压力值
14. 未进样，但基线单方向变化	① 检测器温度太低； ② 柱温太低或温度失控	① 提高检测器的温度，使其超过100℃，清洗检测器或将检测器温度升至200℃，赶走水蒸气； ② 检修控温系统和加热丝铂电阻
15. 出峰到到固定位置记录笔抖动	记录器滑线电阻沾污	清洗滑线电阻
16. 基线突变	① 电源接触不良； ② 外电场干扰； ③ 氢气、空气流量选择不当(FID)	① 电源插头安装牢靠； ② 排除足以影响仪器正常工作的外电干扰； ③ 重新调整氢气、空气流量，特别是空气流量
17. 基线突然偏移	① 记录器灵敏度低； ② 记录器接地不良	① 适当调节记录器灵敏度； ② 保证记录器及整机良好接地
18. 恒温操作时有不规则的基线波动	① 仪器安放位置不好； ② 仪器接地不好； ③ 柱固定液流失； ④ 载气漏； ⑤ 检测器污染； ⑥ 载气流量选择不当； ⑦ 氢气、空气流量选择不当； ⑧ 放大器本身不稳定； ⑨ 记录器不好	① 把仪器安放在无强烈振动、无强空气对流处，并把仪器水平安放，最好把仪器放在水泥台上或有橡皮的桌上； ② 仪器记录仪有良好的接地； ③ 固定液选择适当，柱子应充分老化，柱温不高于固定液； ④ 检漏； ⑤ 清洗检测器； ⑥ 调节载气阀，使载气流量合适； ⑦ 调节氢气、空气流量； ⑧ 检查、检修放大器； ⑨ 断开记录器信号线，信号线短路，此时记录器不好，则要维修记录器
19. 出现额外峰	① 额外峰是当前一样品的高组分峰； ② 当柱温升高时，冷凝在色谱柱内的水分或其他不纯物在出峰； ③ 空气峰； ④ 样品分解； ⑤ 样品沾污； ⑥ 样品与固定液、载体或吸附剂反应； ⑦ 柱头玻璃棉沾污或注射器沾污； ⑧ 进样硅橡胶或低分子组分流出	① 待前一样品全部流出后再进样； ② 安装或再生进化器，选择适当的操作条件； ③ 排除注射器内的空气； ④ 降低气化室内温度(不用易催化、易分解的固定液或载体)； ⑤ 保证样品干净、无杂质，勿与其他组分混合； ⑥ 利用其他色谱柱，以免样品及固定相起反应； ⑦ 调换柱头玻璃棉或清洗注射器； ⑧ 硅橡胶在200℃烘16h后使用
20. 出峰时记录仪突然回到低于基线并且熄火(FID)	① 进样量过大； ② 氢气或空气流量过低； ③ 载气流速太高； ④ 火焰喷口污染(堵塞)； ⑤ 氢气用完	① 降低样品用量； ② 重新调节氢气、空气流速； ③ 选择合适的载气流速； ④ 清洗火焰喷口； ⑤ 保证氢气源有足够的氢气

续表

故障现象	故障原因分析	排除方法
21. 台阶峰不回零（平头峰）	① 记录器增益； ② 仪器接地不合适； ③ 有极低交流讯号反馈到记录器中	① 校正记录器增益及阻尼（至到手动记录笔左右移动后仍回到原处）； ② 仪器和记录需要良好接地； ③ 根据需要接一只 0.25MF/250V 的电容，从正或负的输入端与地端相接，正或负的接法根据实验决定，不要使电容接在信号线的正负处
22. 基线不回零	① 记录器零点调节位置不正常； ② 由于柱的过多量的流失； ③ 检测器污染； ④ 记录器故障	① 用金属丝使记录器信号输入短路校到零； ② 利用流失少的色谱柱； ③ 清洗检测器； ④ 维修记录器
23. 不规则，距离中有毛刺峰	① 灰尘粒子或外来物质不规则地在火焰中燃烧； ② 绝缘子漏电或高阻连接继电器受潮漏电； ③ 放大器故障	① 保证检测器没有玻璃棉、分子筛及灰尘微粒进入；分子筛过滤器使用前必须净化；并在通 N_2 气流或真空泵抽气的情况下冷却； ② 清洗绝缘子或高阻开关等，清洗后烘干； ③ 修理放大器
24. 在相等间隔中有一定的短毛刺	① 水冷凝在氢气管路中（水一般从氢气原来）； ② 漏气； ③ 流路中有堵塞现象； ④ 火焰跳动	① 从管路中消除水并更换或活化氢气过滤器的干燥器； ② 探漏； ③ 流路中清除杂质，若是色谱柱中有杂质，则可适当提高柱温； ④ 调节合适的氢气和空气流量
25. 基线噪声大	① 色谱柱污染或固定液流失太大； ② 载气污染； ③ 载气流速过高； ④ 载气漏气； ⑤ 接地不良； ⑥ 高阻污染； ⑦ 记录器滑线污染； ⑧ 记录器不好； ⑨ 进样器污染； ⑩ 氢气流速太高或太低（FID）； ⑪ 空气流速太高或太低（FID）； ⑫ 空气或氢气污染； ⑬ 水冷凝在 FID 中； ⑭ 检测器电缆接触不良； ⑮ 检测器绝缘性能下降； ⑯ 检测器电极或喷极底部污染	① 更换色谱柱； ② 更换或再生载气过滤器； ③ 重新调节载气流速； ④ 检漏； ⑤ 保证仪器接地良好； ⑥ 找出污染高阻并清洗； ⑦ 擦干净滑线电阻上污染物； ⑧ 短路记录器讯号输入端如仍有噪声，则检修记录器； ⑨ 清洗进样器，清洗硅橡胶残渣； ⑩ 重新调节氢气流速； ⑪ 重新调节空气流速； ⑫ 更换氢气空气过滤器； ⑬ 增加 FID 温度清除水分； ⑭ 更换或修理电缆； ⑮ 清洗检测器绝缘子； ⑯ 清洗检测器
26. 周期性基线波动	① 色谱柱箱或检测器温控不良； ② 载气流量调节不当； ③ 柱温大幅度增加或减小； ④ 空气、氢气调节不当	① 检查铂电阻，提高控制精度； ② 重调载气流速； ③ 更换载气瓶； ④ 重调空气、氢气流量

续表

故障现象	故障原因分析	排除方法
27. 单方向基线漂移	① 检测器温度大幅度增加或减小； ② 放大器零点漂移； ③ 柱温大幅度增加或减小； ④ 载气逐渐用完	① 稳定检测器温度，若是开机后温度变化，属正常现象； ② 检修放大器； ③ 稳定色谱柱温度，若是开机后温度变化，属正常现象； ④ 更换载气瓶
28. 程序升温后基线变化	① 温度上升时柱流失增加； ② 柱流失未校正好； ③ 色谱柱污染； ④ 两根色谱柱固定液量不一样	① 选用适当色谱柱或老化色谱柱； ② 校正柱流失； ③ 更换色柱； ④ 两根色谱柱固定液涂渍量相等
29. 升温时不规则，基线变化	① 柱流失过多； ② 未选择好合适的操作条件； ③ 柱污染； ④ 硅橡胶升温时出现鬼峰	① 选择适当的色谱柱，使用柱温应远低于固定液最高使用温度； ② 选择合适的操作条件； ③ 更换色谱柱； ④ 硅橡胶使用前放 200℃烘 16h

练习题

一、选择题

1. 一束(　　)通过有色溶液时，溶液的吸光度与溶液浓度和液层厚度的乘积成正比。

A. 平行可见光　　　　B. 平行单色光　　　　C. 白光　　　　　　D. 紫外光

2. 在目视比色法中，常用的标准系列法是比较(　　)。

A. 入射光的强度　　　　　　　　　　B. 透过溶液后的强度

C. 透过溶液后的吸收光的强度　　　　D. 一定厚度溶液的颜色深浅

3. (　　)互为补色。

A. 黄与蓝　　　　　B. 红与绿　　　　　C. 橙与青　　　　　D. 紫与青蓝

4. 硫酸铜溶液呈蓝色是由于它吸收了白光中的(　　)。

A. 红色光　　　　　B. 橙色光　　　　　C. 黄色光　　　　　D. 蓝色光

5. 某溶液的吸光度 $A=0.500$；其百分透光度为(　　)。

A. 69.4　　　　　　B. 50.0　　　　　　C. 31.6　　　　　　D. 15.8

6. 摩尔吸光系数很大，则说明(　　)。

A. 该物质的浓度很大　　　　　　　　B. 光通过该物质溶液的光程长

C. 该物质对某波长光的吸收能力强　　D. 测定该物质的方法的灵敏度低

7. 符合比尔定律的有色溶液稀释时，其最大的吸收峰的波长位置(　　)。

A. 向长波方向移动　　　　　　　　　B. 向短波方向移动

C. 不移动，但峰高降低　　　　　　　D. 无任何变化

8. 下述操作中正确的是(　　)。

A. 比色皿外壁有水珠　　　　　　　B. 手捏比色皿的磨光面

C. 手捏比色皿的毛面　　　　　　　D. 用报纸去擦比色皿外壁的水

9. 某有色溶液在某一波长下用 2cm 吸收池测得其吸光度为 0.750，若改用 0.5cm 和 3cm 吸收池，则吸光度各为(　　　)。

A. 0.188/1.125　　　B. 0.108/1.105　　　C. 0.088/1.025　　　D. 0.180/1.120

10. 用邻菲罗啉法测定锅炉水中的铁，pH 需控制在 4~6 之间，通常选择(　　　)缓冲溶液较合适。

A. 邻苯二甲酸氢钾　B. NH_3-NH_4Cl　　　C. $NaHCO_3-Na_2CO_3$　D. $HAc-NaAc$

11. 紫外–可见分光光度法的适合检测波长范围是(　　　)。

A. 400~760nm　　B. 200~400nm　　　C. 200~760nm　　　D. 200~1000nm

12. 邻二氮菲分光光度法测水中微量铁的试样中，参比溶液是采用(　　　)。

A. 溶液参比　　　B. 空白溶液　　　C. 样品参比　　　D. 褪色参比

13. 721 型分光光度计适用于(　　　)。

A. 可见光区　　　B. 紫外光区　　　C. 红外光区　　　D. 都适用

14. 在光学分析法中，采用钨灯作光源的是(　　　)。

A. 原子光谱　　　B. 紫外光谱　　　C. 可见光谱　　　D. 红外光谱

15. 分光光度分析中一组合格的吸收池透射比之差应该小于(　　　)。

A. 1%　　　　　B. 2%　　　　　C. 0.1%　　　　　D. 0.5%

16. 721 型分光光度计底部干燥筒内的干燥剂要(　　　)。

A. 定期更换　　　B. 使用时更换　　　C. 保持潮湿

17. 人眼能感觉到的光称为可见光，其波长范围是(　　　)。

A. 400~760nm　　B. 400~760μm　　　C. 200~600nm　　　D. 200~760nm

18. 721 型分光光度计不能测定(　　　)。

A. 单组分溶液　　　　　　　　　B. 多组分溶液

C. 吸收光波长>800nm 的溶液　　　D. 较浓的溶液

19. 吸光度为(　　　)时，相对误差较小。

A. 吸光度越大　　B. 吸光度越小　　　C. 0.2~0.7　　　　D. 任意

20. 摩尔吸光系数的单位为(　　　)。

A. mol·cm/L　　　B. L/(mol·cm)　　　C. mol/(L·cm)　　　D. cm/(mol·L)

21. 当未知样中含 Fe 量约为 10μg/L 时，采用直接比较法定量时，标准溶液的浓度应为(　　　)。

A. 20μg/L　　　　B. 15μg/L　　　　C. 11μg/L　　　　D. 5μg/L

22. 有甲、乙两个不同浓度的同一有色物质的溶液，用同一厚度的比色皿，在同一波长下测得的吸光度为：A 甲 =0.20；A 乙 =0.30。若甲的浓度为 $4.0×10^{-4}$mol/L，则乙的浓度为(　　　)。

A. $8.0×10^{-4}$mol/L　　B. $6.0×10^{-4}$mol/L　　　C. $1.0×10^{-4}$mol/L

23. 有两种不同有色溶液均符合朗伯–比尔定律，测定时若比色皿厚度，入射光强度及溶液浓度皆相等，以下说法哪种正确？(　　　)

A. 透过光强度相等　B. 吸光度相等　　　C. 吸光系数相等　　D. 以上说法都不对

24. 在分光光度测定中，如试样溶液有色，显色剂本身无色，溶液中除被测离子外，其他共存离子与显色剂不生色，此时应选(　　)为参比。

A. 溶剂空白　　　　B. 试液空白　　　　C. 试剂空白　　　　D. 褪色参比

25. 下列说法正确的是(　　)

A. 透射比与浓度成直线关系　　　　B. 摩尔吸光系数随波长而改变

C. 摩尔吸光系数随被测溶液的浓度而改变　　D. 光学玻璃吸收池适用于紫外光区

26. 如果显色剂或其他试剂在测定波长有吸收，此时的参比溶液应采用(　　)。

A. 溶剂参比　　　　B. 试剂参比　　　　C. 试液参比　　　　D. 褪色参比

27. 下列化合物中，吸收波长最长的化合物是(　　)。

A. $CH_3(CH_2)_6CH_3$　　　　　　　　B. $(CH_2)_2C=CHCH_2CH=C(CH_3)_2$

C. $CH_2=CHCH=CHCH_3$　　　　　　D. $CH_2=CHCH=CHCH=CHCH_3$

28. 有 A、B 两份不同浓度的有色物质溶液，A 溶液用 1.00cm 吸收池，B 溶液用 2.00cm 吸收池，在同一波长下测得的吸光度的值相等，则它们的浓度关系为(　　)。

A. A 是 B 的 1/2　　B. A 等于 B　　C. B 是 A 的 4 倍　　D. B 是 A 的 1/2

29. 在示差光度法中，需要配制一个标准溶液作参比用来(　　)。

A. 扣除空白吸光度　　B. 校正仪器的漂移　　C. 扩展标尺　　　　D. 扣除背景吸收

30. 控制适当的吸光度范围的途径不可以是(　　)。

A. 调整称样量　　　　B. 控制溶液的浓度　　C. 改变光源　　　　D. 改变定容体积

31. 双光束分光光度计与单光束分光光度计相比，其突出优点是(　　)。

A. 可以扩大波长的应用范围　　　　　　B. 可以采用快速响应的检测系统

C. 可以抵消吸收池所带来的误差　　　　D. 可以抵消因光源的变化而产生的误差

32. 某化合物在正己烷和乙醇中分别测得最大吸收波长为 $\lambda_{max}=317nm$ 和 $\lambda_{max}=305nm$，该吸收的跃迁类型为(　　)。

A. $\sigma \to \sigma^*$　　　　B. $n \to \sigma^*$　　　　C. $\pi \to \pi^*$　　　　D. $n \to \pi^*$

33. 用分光光度法测定样品中两组分含量时，若两组分吸收曲线重叠，其定量方法是根据(　　)建立的多组分光谱分析数学模型。

A. 朗伯定律　　　　　　　　　　　　B. 朗伯定律和加和性原理

C. 比尔定律　　　　　　　　　　　　D. 比尔定律和加和性原理

34. 用硫氰酸盐作显色剂测定 Co^{2+} 时，Fe^{3+} 有干扰，可用(　　)作为掩蔽剂。

A. 氟化物　　　　　　B. 氯化物　　　　　C. 氢氧化物　　　　D. 硫化物

35. 在分光光度法分析中，使用(　　)可以消除试剂的影响。

A. 用蒸馏水　　　　　B. 待测标准溶液　　C. 试剂空白溶液　　D. 任何溶液

36. 指出下列哪些参数改变会引起相对保留值的增加(　　)。

A. 柱长增加　　　　　B. 相比率增加　　　C. 降低柱温　　　　D. 流动相速度降低

37. 气-液色谱柱中，与分离度无关的因素是(　　)。

A. 增加柱长　　　　　　　　　　　　B. 改用更灵敏的检测器

C. 调节流速　　　　　　　　　　　　D. 改变固定液的化学性质

38. 在气液色谱固定相中担体的作用是(　　)。

A. 提供大的表面支撑固定液　　　　　B. 吸附样品

C. 分离样品 D. 脱附样品

39. 在气固色谱中各组份在吸附剂上分离的原理是( )。

A. 各组份的溶解度不一样 B. 各组份电负性不一样

C. 各组份颗粒大小不一样 D. 各组份的吸附能力不一样

40. 气-液色谱、液-液色谱皆属于( )。

A. 吸附色谱 B. 凝胶色谱 C. 分配色谱 D. 离子色谱

41. 在气相色谱法中,可用作定量的参数是( )。

A. 保留时间 B. 相对保留值 C. 半峰宽 D. 峰面积

42. 氢火焰检测器的检测依据是( )。

A. 不同溶液折射率不同 B. 被测组分对紫外光的选择性吸收

C. 有机分子在氢氧焰中发生电离 D. 不同气体热导系数不同

43. 下列有关高压气瓶的操作正确的选项是( )。

A. 气阀打不开用铁器敲击 B. 使用已过检定有效期的气瓶

C. 冬天气阀冻结时,用火烘烤 D. 定期检查气瓶、压力表、安全阀

44. 气相色谱检测器的温度必须保证样品不出现( )现象。

A. 冷凝 B. 升华 C. 分解 D. 汽化

45. 对于强腐蚀性组分,色谱分离柱可采用的载体为( )。

A. 6201 载体 B. 101 白色载体 C. 氟载体 D. 硅胶

46. 热丝型热导检测器的灵敏度随桥流增大而增高,因此在实际操作时应该是( )。

A. 桥电流越大越好 B. 桥电流越小越好

C. 选择最高允许桥电流 D. 满足灵敏度前提下尽量用小桥流

47. 气液色谱法中,火焰离子化检测器( )优于热导检测器。

A. 装置简单化 B. 灵敏度 C. 适用范围 D. 分离效果

48. 毛细色谱柱( )优于填充色谱柱。

A. 气路简单化 B. 灵敏度 C. 适用范围 D. 分离效果

49. 在气液色谱中,色谱柱使用的上限温度取决于( )。

A. 试样中沸点最高组分的沸点 B. 试样中沸点最低的组分的沸点

C. 固定液的沸点 D. 固定液的最高使用温度

50. 气相色谱的主要部件包括( )。

A. 载气系统、分光系统、色谱柱、检测器

B. 载气系统、进样系统、色谱柱、检测器

C. 载气系统、原子化装置、色谱柱、检测器

D. 载气系统、光源、色谱柱、检测器

51. 某人用气相色谱测定一有机试样,该试样为纯物质,但用归一化法测定的结果却为含量的60%,其最可能的原因为( )。

A. 计算错误 B. 试样分解为多个峰

C. 固定液流失 D. 检测器损坏

52. 在一定实验条件下组分 i 与另一标准组分 S 的调整保留时间之比称为( )。

A. 死体积 B. 调整保留体积 C. 相对保留值 D. 保留指数

53. 选择固定液的基本原则是(　　)原则。

A. 相似相溶　　　　B. 极性相同　　　　C. 官能团相同　　　　D. 沸点相同

54. 若只需做一个复杂样品中某个特殊组分的定量分析，用色谱法时，宜选用(　　)。

A. 归一化法　　　　B. 标准曲线法　　　　C. 外标法　　　　D. 内标法

55. 在气相色谱中，直接表示组分在固定相中停留时间长短的保留参数是(　　)。

A. 保留时间　　　　B. 保留体积　　　　C. 相对保留值　　　　D. 调整保留时间

56. 在气-液色谱中，首先流出色谱柱的是(　　)。

A. 吸附能力小的组分　　　　　　　　　B. 脱附能力大的组分

C. 溶解能力大的组分　　　　　　　　　D. 挥发能力大的组分

57. 用气相色谱法定量分析样品组分时，分离度应至少为(　　)。

A. 0.5　　　　B. 0.75　　　　C. 1.0　　　　D. 1.5

58. 固定相老化的目的是(　　)。

A. 除去表面吸附的水分

B. 除去固定相中的粉状物质

C. 除去固定相中残余的溶剂及其他挥发性物质

D. 提高分离效能

59. 氢火焰离子化检测器中，使用(　　)作载气将得到较好的灵敏度。

A. H_2　　　　B. N_2　　　　C. He　　　　D. Ar

60. 在气-液色谱中，色谱柱使用的上限温度取决于(　　)。

A. 试样中沸点最高组分的沸点　　　　B. 试样中各组分沸点的平均值

C. 固定液的沸点　　　　　　　　　　D. 固定液的最高使用温度

61. 关于范第姆特方程式下列哪种说法是正确的(　　)。

A. 载气最佳流速这一点，柱塔板高度最大

B. 载气最佳流速这一点，柱塔板高度最小

C. 塔板高度最小时，载气流速最小

D. 塔板高度最小时，载气流速最大

62. 相对校正因子是物质(i)与参比物质(S)的(　　)之比。

A. 保留值　　　　B. 绝对校正因子　　　　C. 峰面积　　　　D. 峰宽

63. 所谓检测器的线性范围是指(　　)。

A. 检测曲线呈直线部分的范围

B. 检测器响应呈线性时，最大允许进样量与最小允许进样量之比

C. 检测器响应呈线性时，最大允许进样量与最小允许进样量之差

D. 检测器最大允许进样量与最小检测量之比

64. 用气相色谱法进行定量分析时，要求每个组分都出峰的定量方法是(　　)。

A. 外标法　　　　B. 内标法　　　　C. 标准曲线法　　　　D. 归一化法

65. 涂渍固定液时，为了尽快使溶剂蒸发可采用(　　)。

A. 炒干　　　　B. 烘箱烤　　　　C. 红外灯照　　　　D. 快速搅拌

66. 下述不符合色谱中对担体的要求是(　　)。

A. 表面应是化学活性的　　　　　　　B. 多孔性

C. 热稳定性好　　　　　　　　　　　D. 粒度均匀而细小

67. 有机物在氢火焰中燃烧生成的离子，在电场作用下，能产生电信号的器件是(　　)。

　A. 热导检测器　　　　　　　　　　B. 火焰离子化检测器

　C. 火焰光度检测器　　　　　　　　D. 电子捕获检测

68. 色谱柱的分离效能，主要由(　　)所决定。

　A. 载体　　　　　B. 担体　　　　　C. 固定液　　　　　D. 固定相

69. 色谱峰在色谱图中的位置用(　　)来说明。

　A. 保留值　　　　　B. 峰高值　　　　　C. 峰宽值　　　　　D. 灵敏度

70. 在纸层析时，试样中的各组分在流动相中(　　)大的物质，沿着流动相移动较长的距离。

　A. 浓度　　　　　B. 溶解度　　　　　C. 酸度　　　　　D. 黏度

71. 在气相色谱分析中，采用内标法定量时，应通过文献或测定得到(　　)。

　A. 内标物的绝对校正因子　　　　　　B. 待测组分的绝对校正因子

　C. 内标物的相对校正因子　　　　　　D. 待测组分相对于内标物的相对校正因子

72. 在气相色谱分析中，当用非极性固定液来分离非极性组份时，各组份的出峰顺序是(　　)。

　A. 按质量的大小，质量小的组份先出　　B. 按沸点的大小，沸点小的组份先出

　C. 按极性的大小，极性小的组份先出　　D. 无法确定

73. 在加标回收率试验中，决定加标量的依据是(　　)。

　A. 称样质量　　　　B. 取样体积　　　　C. 样液浓度　　　　D. 样液中待测组分的质量

74. 启动气相色谱仪时，若使用热导池检测器，有如下操作步骤：a. 开载气；b. 汽化室升温；c. 检测室升温；d. 色谱柱升温；e. 开桥电流；f. 开记录仪，下面(　　)的操作次序是绝对不允许的。

　A. b→c→d→e→f→a　　　　　　　　B. a→b→c→d→e→f

　C. a→b→c→d→f→e　　　　　　　　D. a→c→b→d→f→e

75. TCD 的基本原理是依据被测组分与载气(　　)的不同。

　A. 相对极性　　　　B. 电阻率　　　　C. 相对密度　　　　D. 导热系数

76. 影响热导池灵敏度的主要因素是(　　)。

　A. 池体温度　　　　B. 载气速度　　　　C. 热丝电流　　　　D. 池体形状

77. 测定废水中苯含量时，采用气相色谱仪的检测器为(　　)。

　A. FPD　　　　　B. FID　　　　　C. TCD　　　　　D. ECD

78. 对所有物质均有响应的气相色谱检测器是(　　)。

　A. FID 检测器　　　B. 热导检测器　　　C. 电导检测器　　　D. 紫外检测器

79. 用气相色谱法测定 O_2，N_2，CO，CH_4，HCl 等气体混合物时应选择的检测器是(　　)。

　A. FID　　　　　B. TCD　　　　　C. ECD　　　　　D. FPD

80. 用气相色谱法测定混合气体中的 H_2 含量时应选择的载气是(　　)。

　A. H_2　　　　　B. N_2　　　　　C. He　　　　　D. CO_2

81. 色谱分析中，分离非极性与极性混合组分，若选用非极性固定液，首先出峰的是（　　）。

A. 同沸点的极性组分 　　　　　B. 同沸点非极性组分

C. 极性相近的高沸点组分 　　　D. 极性相近的低沸点组分

82. 下列气相色谱操作条件中，正确的是（　　）。

A. 载气的热导系数尽可能与被测组分的热导系数接近

B. 使最难分离的物质对能很好分离的前提下，尽可能采用较低的柱温

C. 汽化温度愈高愈好

D. 检测室温度应低于柱温

二、判断题

1. （　　）不同浓度的高锰酸钾溶液，它们的最大吸收波长也不同。

2. （　　）物质呈现不同的颜色，仅与物质对光的吸收有关。

3. （　　）可见分光光度计检验波长准确度是采用苯蒸气的吸收光谱曲线检查。

4. （　　）绿色玻璃是基于吸收了紫色光而透过了绿色光。

5. （　　）目视比色法必须在符合光吸收定律情况下才能使用。

6. （　　）饱和碳氢化合物在紫外光区不产生光谱吸收，所以经常以饱和碳氢化合物作为紫外吸收光谱分析的溶剂。

7. （　　）单色器是一种能从复合光中分出一种所需波长的单色光的光学装置。

8. （　　）比色分析时，待测溶液注到比色皿的四分之三高度处。

9. （　　）紫外分光光度计的光源常用碘钨灯。

10. （　　）截距反映校准曲线的准确度，斜率则反映分析方法的灵敏度。

11. （　　）紫外可见分光光度分析中，在入射光强度足够强的前提下，单色器狭缝越窄越好。

12. （　　）分光光度计使用的光电倍增管，负高压越高灵敏度就越高。

13. （　　）用紫外分光光度法测定试样中有机物含量时，所用的吸收池可用丙酮清洗。

14. （　　）不少显色反应需要一定时间才能完成，而且形成的有色配合物的稳定性也不一样，因此必须在显色后一定时间内进行。

15. （　　）用分光光度计进行比色测定时，必须选择最大的吸收波长进行比色，这样灵敏度高。

16. （　　）摩尔吸光系数越大，表示该物质对某波长光的吸收能力愈强，比色测定的灵敏度就愈高。

17. （　　）仪器分析测定中，常采用校准曲线分析方法。如果要使用早先已绘制的校准曲线，应在测定试样的同时，平行测定零浓度和中等浓度的标准溶液各两份，其均值与原校准曲线的精度不得大于5%～10%，否则应重新制作校准曲线。

18. （　　）在用气相色谱仪分析样品时载气的流速应恒定。

19. （　　）气相色谱仪中，转子流量计显示的载气流速十分准确。

20. （　　）气相色谱仪中，温度显示表头显示的温度值不是十分准确。

21. （　　）气固色谱用固体吸附剂作固定相，常用的固体吸附剂有活性炭、氧化铝、

硅胶、分子筛和高分子微球。

22.（　　）使用热导池检测器时，必须在有载气通过热导池的情况下，才能对桥电路供电。

23.（　　）实现峰值吸收代替积分吸收的条件是，发射线的中心频率与吸收线的中心频率一致。

24.（　　）色谱定量时，用峰高乘以半峰宽为峰面积，则半峰宽是指峰底宽度的一半。

25.（　　）FID 检测器对所有化合物均有响应，属于通用型检测器。

26.（　　）气相色谱分析中，调整保留时间是组分从进样到出现峰最大值所需的时间。

27.（　　）色谱定量分析时，面积归一法要求进样量特别准确。

28.（　　）堵住色谱柱出口，流量计不下降到零，说明气路不泄漏。

29.（　　）只要关闭电源总开关，TCD 检测器的开关可以不关。

30.（　　）气相色谱定性分析中，在适宜色谱条件下标准物与未知物保留时间一致，则可以肯定两者为同一物质。

31.（　　）色谱法测定有机物水分通常选择 GDX 固定相，为了提高灵敏度可以选择氢火焰检测器。

32.（　　）色谱体系的最小检测量是指恰能产生与噪声相鉴别的信号时进入色谱柱的最小物质量。

33.（　　）相对响应值 s' 或校正因子 f' 与载气流速无关。

34.（　　）不同的气体钢瓶应配专用的减压阀，为防止气瓶充气时装错发生爆炸，可燃气体钢瓶的螺纹是正扣（右旋）的，非可燃气体则为反扣（左旋）。

35.（　　）氢火焰离子化检测器是依据不同组分气体的热导系数不同来实现物质测定的。

36.（　　）实际应用中，要根据吸收剂吸收气体的特性，安排混合气体中各组分的吸收顺序。

37.（　　）相对保留值仅与柱温，固定相性质有关，与操作条件无关。

38.（　　）实现峰值吸收代替积分吸收的条件之一是：发射线的 $\Delta\nu_{1/2}$ 大于吸收线的 $\Delta\nu_{1/2}$。

39.（　　）某试样的色谱图上出现三个色谱峰，该试样中最多有三个组分。

40.（　　）分析混合烷烃试样时，可选择极性固定相，按沸点大小顺序出峰。

41.（　　）控制载气流速是调节分离度的重要手段，降低载气流速，柱效增加，当载气流速降到最小时，柱效最高，但分析时间较长。

42.（　　）电子捕获检测器对含有 S、P 元素的化合物具有很高的灵敏度。

43.（　　）绝对响应值和绝对校正因子不受操作条件影响，只因检测器的种类而改变。

44.（　　）在气固色谱中，如被分离组分沸点、极性相近但分子直径不同，可选用活性炭作吸附剂。

45.（　　）色谱柱的选择性可用"总分离效能指标"来表示，它可定义为：相邻两色谱峰保留时间的差值与两色谱峰宽之和的比值。

46.（　　）热导检测器的桥电流高，灵敏度也高，因此使用的桥电流越高越好。

47.（　　）在色谱分离过程中，单位柱长内组分在两相间的分配次数越多，则相应的分离效果也越好。

48. （　　）用气相色谱法分析非极性组分时，一般选择极性固定液，各组分按沸点由低到高的顺序流出。

49. （　　）毛细管色谱柱比填充柱更适合于结构、性能相似的组分的分离。

50. （　　）色谱外标法的准确性较高，但前提是仪器的稳定性高且操作重复性好。

51. （　　）只要是试样中不存在的物质，均可选作内标法中的内标物。

52. （　　）气相色谱分析中分离度的大小综合了溶剂效率和柱效率两者对分离的影响。

53. （　　）热导检测器桥流的选择原则是在灵敏度满足分析要求的情况下，尽量选用较低的桥流。

54. （　　）以活性炭作气相色谱的固定相时，通常用来分析活性气体和低沸点烃类。

55. （　　）分离非极性和极性混合物时，一般选用极性固定液。此时，试样中极性组分先出峰，非极性组分后出峰。

56. （　　）气相色谱分析中，混合物能否完全分离取决于色谱柱，分离后的组分能否准确检测出来，取决于检测器。

57. （　　）与气液分配色谱法一样，液液色谱法分配系数（K）或分配比（k）小的组分，保留值小，先流出柱。

58. （　　）色谱分析中，噪声和漂移产生的原因主要有检测器不稳定、检测器和数据处理方面的机械和电噪声、载气不纯或压力控制不稳、色谱柱的污染等。

59. （　　）程序升温的初始温度应设置在样品中最易挥发组分的沸点附近。

60. （　　）色谱图是进行色谱峰定性和定量的依据。

61. （　　）氢火焰离子化检测器的使用温度不应超过100℃，温度高可能损坏离子头。

62. （　　）色谱柱的老化温度应略高于操作时的使用温度，色谱柱老化的标志是接通记录仪后基线走的平直。

63. （　　）气相色谱用空心毛细管柱的涡流扩散系数＝0。

64. （　　）醇及其异构体的气相色谱操作条件是应选择非极性的固定液才能避免托尾使峰形对称。

65. （　　）气相色谱分析结束后，先关闭高压气瓶和载气稳压阀，再关闭总电源。

66. （　　）最先从色谱柱中流出的物质是最难溶解或吸附的组分。

67. （　　）分离度是反映色谱柱对相邻两组分直接分离效果的。

三、计算题

1. 一有色化合物的0.0010%水溶液在2cm比色皿中测得投射比为52.2%。已知它在520nm处的摩尔吸光系数为$2.24×10^3$L/（mol·cm）。求此化合物的摩尔质量。

2. 用丁二酮肟显色分光光度法测定Ni^{2+}，已知50mL溶液中含Ni^{2+}0.080mg，用2.0cm吸收池于波长470nm处测得$T\%=53$，质量吸光系数、摩尔吸光系数为多少？

3. 取维生素C0.05g，溶于100mL的稀硫酸溶液中，再量取此溶液2mL准确稀释至100mL，此溶液在1cm厚的石英池中，用245nm波长测定其吸光度为0.551，求维生素C的质量分数。［$a=56$L/（g·cm）］

4. 某化合物的最大吸收波长$\lambda_{max}=280$nm，光线通过该化合物的$1.0×10^{-5}$mol/L溶液时，透射比为 50%（用 2cm 吸收池），求该化合物在 280nm 处摩尔吸收系数。

5. 某亚铁螯合物的摩尔吸收系数为 12000L/（mol·cm），若采用 1.00cm 的吸收池，欲把透光率读数限制在 0.200~0.650 之间，分析的浓度范围是多少？

6. 用一根柱长为 1m 的色谱柱分离含有 A、B、C 三个组分的混合物，它们的保留时间分别为 6.4min、14.4min 和 15.4min，其峰底宽分别为 0.45min、1.07min、1.16min。试计算：（1）分离度；（2）达到分离度 1.5 时所需柱长；（3）使 B、C 两组分分离度达到 1.5 时所需的时间。

7. 某色谱峰峰底宽为 50s，它的保留时间为 50min，在此情况下，该柱子有多少块理论塔板？

8. 用热导型检测器分析乙醇、正庚烷、苯和乙酸乙酯混合物，数据如下：

化合物	峰面积/cm²	相对质量校正因子	化合物	峰面积/cm²	相对质量校正因子
乙醇	5.100	1.22	苯	4.000	1.00
正庚烷	9.020	1.12	乙酸乙酯	7.050	0.99

试计算各组分含量。

9. 测定工业氯苯中杂质苯，以甲苯为内标物。称取氯苯样 5.119g，加入甲苯 0.0421g，测得苯峰高为 38.4mm，甲苯峰高为 53.9mm，各相对质量校正因子分别为 $F_{i/S苯}=1.00$，$F_{i/S甲苯}=1.04$，试计算样品中杂质苯的含量。

第6章 无机化工产品分析与检验

6.1 一般无机物的分析概述

无机化合物简称无机物，指除有机物(含碳骨架的物质)以外的一切元素及其化合物，如 Na^+、K^+、Ca^{2+}、Mg^{2+}、Cl^-、HCO_3^-、SO_4^{2-}、HPO_4^{2-}、水、食盐、硫酸等，一氧化碳、二氧化碳、碳酸盐、氰化物等。绝大多数的无机物可以归入氧化物、酸、碱和盐4大类。对未知组分的固体进行鉴定，是分析检验的一项主要内容。

本章即针对未知组成的固体物，采用化学分析和仪器分析等方法，分别对所含各种阳离子和各种阴离子进行鉴定，重点讨论样品的预测和处理，即如何将固体物质转变为溶液以便进行分析，以及如何估测要分析的离子范围，以便选择简便、适宜的分析方法。同时按照酸、碱、盐的分类方法，简述该类划分下的无机物分析和鉴定。

6.2 无机物的鉴定制备[15]

固体物质的定性分析，通常分为以下几个步骤：

第一步：外表观察；

第二步：预测试验(初步试验)；

第三步：阳离子试液的制备及分析；

第四步：阴离子试液的制备及分析；

第五步：分析结果的判断。

用于分析的试样要求其组分均匀，易于溶解或熔融。如果试样是固体物质则需要充分研细。对于组分均匀、易为一般溶剂所溶解的试样，可以免去研细的手续。

试样准备好要分为四份：一份进行初步试验，一份作阳离子分析，一份作阴离子分析，一份保留备用。

6.2.1 基本概念

1. 干法反应

固体试样与试剂在高温条件下($500\sim1200℃$)进行反应的方法。分两类：焰色反应和熔珠反应。

(1) 焰色反应

将被检物或盐蘸在铂金丝上，放在煤气灯的无色焰色中灼烧，由火焰被染成的颜色来确定物质组成的方法。

（2）熔珠反应

利用硼砂或者磷酸氢铵钠与某些金属盐于高温下共同熔融生成熔珠，由熔珠的焰色确定金属盐所含的阳离子。

特点：少量试剂，操作简便迅速；适于野外矿物质鉴定和快速检验；但方法不够完善，大部分离子不显色，有些离子显同色，在鉴定上属于次要地位。

2. 湿法反应

定义：指在水溶液中鉴定的反应。

特点：具有明显的外部特征，外表特征包括：溶液颜色的变化，沉淀的形成或溶解，气体的生成。

3. 鉴定反应的灵敏度

检出限量和最低浓度。

（1）检出限量

定义：指在一定条件下，利用某反应能检出某离子的最小量，通常用质量浓度单位 $\mu g/L$ 表示。

（2）最低浓度

定义：指在一定条件下，被检出离子能得到肯定结果的最小浓度，用 $\mu g/L$ 表示。检出限量越低，最小浓度越小，则表明该鉴定反应灵敏。

4. 鉴定反应的选择性

选择性试剂是指在实验条件下，能从离子混合液中有选择性的与某几种离子发生作用的试剂。

特效性试剂是指在实验条件下，凡能从离子混合液中直接检出某一种离子的试剂。

5. 提高选择性的方法

控制溶液的酸度；加入掩蔽剂；分离干扰离子。

6.2.2　外表观察和样品的准备

首先要观察试样的外表。对于固体试样，要看其组成是否均匀，颜色如何，用湿润的 pH 试纸检查其酸碱性。对液体试样要注意其颜色的并检查其酸碱性，这些都可以为以后的分析提供一些有价值的信息。

外表观察对物料的颜色、光泽、气味、硬度和密度等进行初步观察。

常见的有色无机化合物如表 6-1 所示。

表 6-1　常见的有色无机化合物

颜　色	可能存在的化合物
黑色	Ag_2S、C、Hg_2O、HgS、Hg_2S、PbS、CuS、Cu_2S、FeS、Fe_3O_4、FeO、CoS、NiS、NiO、金属氧化物、单质沉淀
棕色	MnO_2、PbO_2、BiO_3、SnS、CdO 等
蓝色	铜盐的水溶液、钴盐的水合物、某些配离子等
绿色	Cr_2O_3、PbO_2、Bi_2O_3、SnS、CdO、$CuCl_2$、$CuCO_3$、水合亚铁盐、镍盐
黄色	HgO、As_2O_3、CdS、$BaCrO_4$、$PbCrO_4$、$FeCl_3$、SnS_2、Pb_2O_3、$Fe(CN)_6$

续表

颜　色	可能存在的化合物
粉红色	MnS、$MnSO_4$、水合钴盐
红色	Fe_2O_3、HgI_2、HgS(天然)、$FeCl_3$(无水物)、HgO、Ag_2CrO_4、$K_2Cr_2O_7$、Pb_3O_4、$K_3Fe(CN)_6$、某些钴盐、碘化物等
橘红色	SB_2S_3、Sb_2S_5、多数重铬酸盐
紫色	一些铬盐
暗紫红色	高锰酸钾

6.2.3　玻璃管灼烧试验

在一端封闭的玻璃管(直径约 0.5cm，长约 5~6cm)中，放入约 0.1~0.3g 样品在火焰中加热，然后灼烧、观察发生的现象，其中最重要的是观察化合物的升华现象，如表 6-2 所示。

表 6-2　玻璃管灼烧试验

现　象	推　断
1. 放出气体或蒸汽	
放出水(玻璃管冷端有水珠)	含结晶水类化合物或受热分解生成水(300℃以下分解)
水为碱性	铵盐
水为酸性	易分解的强酸盐、易挥发性酸、碳酸氢盐等
放出氧气(带余尽火柴复燃)	硝酸盐、卤酸盐、高锰酸盐、过氧化物、超氧化物等
放出 NO_2(红棕色气体)	重金属硝酸盐
放出 NO(管口处红棕色气体)	金属、重金属亚硝酸盐
放出 CO_2(石灰水变浑)	碳酸氢盐、易分解的碳酸盐
放出 SO_2(有刺激性气体)	亚硫酸盐、硫代硫酸盐，易分解的硫酸
2. 升华	
白色升华物	$HgCl_2$、$HgBr_2$、卤化铵、As_2O_2、Sb_2O_2
黄色	S、As_2S_3、HgI_2(用玻璃棒摩擦时为红色)
紫色蒸气(粉红色)	I_2、$KMnO_4$
黑色、研后为红色	HgS
3. 颜色变化	
炭化变黑、有燃物臭	有机物
变黑、冒烟、有刺激性气体	铜盐、镍盐、锰盐、钴的氧化物
热时黄、冷却变白、结块	ZnO 及锌、铝等盐
热时黄棕色、冷却变黄	SnO 或 Bi_2O_3
冷、热均为黄色	PbO 及某些铅盐
热、冷时均为棕色	CdO 及某些镉盐

6.2.4　溶解性的试验

取少量研细的样品，分别置于几只离心管中，依次以下列试剂(先冷后热)进行溶解试验：水、稀 HCl、浓 HCl、稀 HNO_3、浓 HNO_3、王水，并观察现象。

常见的一些化合物按其溶解性分为以下几类：

1. 溶于水的化合物

包括一般的钠盐、钾盐和铵盐；硝酸盐和亚硝酸盐以及醋酸盐；除 AgX、Hg_2X_2、PbX_2、HgI_2 外，所有的氯化物、溴化物和碘化物；除 Ba^{2+}、Sr^{2+}，Pb^{2+} 的硫酸盐不溶和 Hg_2SO_4、$CaSO_4$、Ag_2SO_4 微溶与水外，所有的硫酸盐。如果样品溶于水，则应注意溶液的颜色，并检验其酸碱性。

2. 不溶于水的化合物

包括碱金属氢氧化物，除 $Ba(OH)_2$ 溶于水，$Ca(OH)_2$、$Sr(OH)_2$ 微溶于水外，其他氢氧化物均不溶于水；在金属氧化物中，除钾、钠、钡外，其他氧化物不溶于水；在碳酸盐和磷酸盐中，除钾、钠、钡外，其他盐不溶于水。

3. 不溶于酸和王水的"不溶物"

包括 $AgCl$、$AgBr$、AgI、$BaSO_4$、$SrSO_4$、$CaSO_4$、$PbSO_4$、Al_2O_3、Cr_2O_3、Fe_2O_3、SnO_2、SiO_2、硅酸盐等。

6.2.5 阳离子的分析

1. 阳离子试液的制备

根据溶解性实验的结果，即可选择适当的溶剂溶解样品。当样品能溶于两种以上溶剂时，选择的顺序应当是"先水后酸，先稀后浓"的原则；能用前者的，就不用后者。

现将经常遇到的几种情况简述如下：

（1）溶于水的样品

取大约 50mg 样品，加水 2~3mL，搅拌使之溶解，必要时在水浴上加热，若溶液呈碱性，加硝酸酸化，用此试液按阳离子分析方案进行分析。

若样品部分溶解于水，则以水溶解水溶性部分，以酸或其他溶剂按下述方法溶解不溶于水的部分，用所得试液分别进行分析，最后将分别得到的结果加以综合判断，作出结论。

（2）溶于酸（即盐酸、硝酸或王水）的样品

取大约 50mg 样品，溶于 2~3mL 酸中，将所得溶液蒸发近干，以除去过多的酸，放冷（当用王水溶解样品时，此时应再加稀 HCl 0.5mL，再蒸发至近干），加 2mL 水溶解残渣。用此试液进行阳离子分析。

用稀酸溶解的样品不需要蒸发。但是溶样时，每种酸的用量都不要过量太多。

（3）不溶物的处理

1）卤化银：

$AgCl$ 可用氨水溶解，$AgBr$ 和 AgI 可用锌粉和稀 H_2SO_4 处理，将 AgX 中的 Ag 取代出来，再用硝酸溶解银，检验 Ag^+：

$$2AgI+Zn+H_2SO_4 \Longrightarrow 2Ag+ZnSO_4+2HI$$

2）难溶硫酸盐：

① $BaSO_4$、$SrSO_4$、$CaSO_4$、$PbSO_4$ 等的溶解，最常用的方法是将这些硫酸盐与过量的饱和碳酸钠（或钾）Na_2CO_3 和 K_2CO_3 作用，使之转化为碳酸盐，然后以 HAc 和 HCl 溶解，即可分析 Pb^{2+}，Ba^{2+}，Sr^{2+}，Ca^{2+} 等离子。

$$BaSO_4+CO_3^{2+}\!=\!=\!=\!BaCO_3+SO_4^{2-}$$
$$BaCO_3+2H^+\!=\!=\!=\!Ba^{2+}+CO_2+H_2O$$

② 难溶氧化物：Al_2O_3、Cr_2O_3、Fe_2O_3、SnO_2、SiO_2、硅酸盐。

Al_2O_3、Fe_2O_3等需用酸性熔剂（$K_2S_2O_7$，或 $KHSO_4$）熔融，生成的 SO_3 和 Al_2O_3、Fe_2O_3 作用，变成易溶于水的硫酸盐，反应式如下：

$$2KHSO_4\longrightarrow H_2O\uparrow+K_2S_2O_7$$
$$K_2S_2O_7\longrightarrow K_2SO_4+SO_3$$
$$Al_2O_3+3SO_3\!=\!=\!=\!Al_2(SO_4)_3$$

然后以水或稀酸溶解，分别分析 Fe^{3+} 和 Al^{3+}。

③ SnO_2、SiO_2等需用碱性熔剂（Na_2CO_3、K_2CO_3）熔融，转变成能溶解于水的 Na_2SiO_3、Na_2SnO_3。

$$SiO_2+Na_2CO_3\!=\!=\!=\!Na_2SiO_4+CO_2\uparrow$$

SnO_2用 $NaCO_3$于 S 的混合物熔融，生成溶于水的硫代锡酸钠，然后检出 Sn^{4+}。

$$2SnO_2+2Na_2CO_3+7S\!=\!=\!=\!2Na_2SnS_2+2CO_2\uparrow+3SO_2$$

④ Cr_2O_3 则需用碱性溶剂剂加氧化剂（$NaNO_3$）熔融，使其转化为溶于水的铬酸盐，通过 CrO_4^{2-} 的反应检出 Cr^{3+}。

$$Cr_2O_3+2Na_2CO_3+3NaNO_3\!=\!=\!=\!2NaCrO_4+2CO_2\uparrow+3NaNO_2$$

2. 阳离子的分析

首先取一小部分上述所得的阳离子试液，依次用各组试剂进行检验，确定含有哪组阳离子，然后结合外表观察和预测试验结果，估计可能存在的离子范围，制定分析方案，进行阳离子的分析。

阳离子分组：阳离子的数目较多，彼此间相互影响，通常在鉴定检验前，先将阳离子分为 5 组，最常见的分组法有：硫化氢分组法（如表6-3所示）和酸碱系统分组法。

表6-3　硫化氢阳离子系统分组法

组　别	组试剂	组内离子
Ⅰ：银组 盐酸组	稀 HCl	Ag^+、Hg_2^{2+}、Pb^{2+}
Ⅱ：砷组 铜组 硫化氢组	HCl（0.3mol/L）+H_2S	Ⅱ（A）：硫化物溶于 Na_2S $As^{Ⅲ-Ⅳ}$、$Sb^{Ⅲ-Ⅳ}$、Sn^{4+}、Hg Ⅱ（B）：硫化物不溶于 Na_2S Pb^{2+}、Cu^{2+}、Cd^{2+}、Bi^{3+}
Ⅲ：铁组 硫化铵组	$NH_3\cdot H_2O$+NH_4Cl+$(NH_4)_2S$	Fe^{3+}、Fe^{2+}、Mn^{2+}、Zn^{2+}、Co^{2+}、Ni^{2+}、Al^{3+}、Cr^{3+}
Ⅳ：钙组 碳酸盐组	$NH_3\cdot H_2O$+NH_4Cl+$(NH_4)_2CO_3$	Ba^{2+}、Sr^{2+}、Ca^{2+}
Ⅴ：钠组 易溶组		K^+、Na^+、NH_4^+、Mg^{2+}

两酸两碱系统分组法：以氢氧化物的沉淀与溶解性质作为分组的基础，用最普通的两酸（盐酸和硫酸）两碱（氨水和氢氧化钠）作组试剂，将阳离子分为5组：

第一组(盐酸组)：是氯化物难溶于水的离子，包括：Ag^+、Hg_2^{2+}、Pb^{2+}。

第二组(硫酸组)：分离第一组后，硫酸盐难溶于水的离子，包括：Ba^{2+}、Sr^{2+}、Ca^{2+}以及剩余的 Pb^{2+}。

第三组(氨组)：分离一、二组后，氢氧化物难溶于水，也难溶于氨水的离子，包括：Al^{3+}、Cr^{3+}、Fe^{2+}、Bi^{3+}、Sn^{2+}、Mn^{2+}、Sn^{4+}、Fe^{3+}、Sb^{III-V}、As^{III-V}、Hg_2^{2+}。

第四组(碱组)：分离一、二、三组后，氢氧化物难溶于水，也难溶于氢氧化钠溶液的离子，包括：Cu^{2+}、Cd^{2+}、Co^{2+}、Ni^{2+}、Mg^{2+}。

第五组(可溶组)：分离一至四组后，未被沉淀的离子，包括 Zn^{2+}、K^+、Na^+、NH_4^+、A_S^{V}。

6.2.6 阴离子的分析

1. 阴离子溶液的制备

阳离子试液一般都是酸性的，不能同时用于分析阴离子，因为在酸性溶液中，将有许多阴离子遇酸分解而损失，或者是相互发生氧化还原反应而被破坏。另外，在分析阴离子时，除碱金属以外，其他阳离子由于本身的颜色，或与阴离子及其检出试剂生成沉淀，或发生氧化还原反应，从而干扰阴离子的检出，这些阳离子必须从试液中除去。

因此，在大多数情况下，阴离子试液只能由原样品单独制备，既要除去碱金属以外的全部阳离子，又要将阴离子全部转入溶液并保持其存在形态不变。

通常是用 $1.5mol/L Na_2CO_3$ 溶液处理样品(如果样品为溶液或者固体溶于水后都不与 Na_2CO_3 产生沉淀，可免去这种处理)，使阴离子以钠盐的形式存在于溶液中，阳离子除 K^+、Na^+、NH_4^+、AS^{III}、AS^{V} 以外，则成为碳酸盐、碱式碳酸盐或氢氧化物沉淀。例如：

$$2Cu(NO_3)_2+2Na_2CO_3+H_2O =\!=\!= 2Cu(OH)_2CO_3\downarrow+4NaNO_3+CO_2\uparrow$$

$$2AlCl_3+3Na_2CO_3+H_2O =\!=\!= 2Al(OH)_3\downarrow+6NaCl+3CO_2\uparrow$$

分离后的清液，即为制得的阴离子试液。

难溶于水的样品也能与 Na_2CO_3 起转化作用，使阴离子转入溶液中。例如 $BaSO_4$ 与 Na_2CO_3 作用：

$$BaSO_4 =\!=\!= Ba^{2+}+SO_4^{2-}$$

$$SO_4^{2-}+CO_3^{2-} =\!=\!= BaCO_3$$

由此可见，很多不溶于水的化合物也可以用 $1.5mol/L Na_2CO_3$ 溶液来转化制备阴离子分析试液。但有一些溶解度相当小的化合物，如卤化银、硫化物、磷酸盐等不能转化。如果转化完全，则残渣应为金属盐酸盐或碱式碳酸盐，能完全溶于醋酸。否则是还有未转化的物质存在，残渣应当另行处理。

2. 阴离子试液的具体制法

(1) 溶于水的样品

取 0.1 克固体样品溶于烧杯中，加水 3mL 溶解。若溶液呈酸性，小心用氨水中和。然后加 $1.5mol/L Na_2CO_3$ 溶液少许，此时若无沉淀产生，说明试样中无碱金属以外的阳离子，可用此液进行阴离子分析；若有沉淀产生，则再加 $1.5mol/L Na_2CO_3$ 溶液 $1\sim2mL$，煮沸 5min，并随时补充消耗的水。冷却后，离心分离。离心液加稀 HAc 可恰好中和，蒸发溶液至 $2\sim3mL$，冷后若有沉淀析出，再离心分离一次，用溶液进行阴离子分析。

若样品是溶液，可直接加 Na_2CO_3 溶液，其他如上述处理。如果样品部分溶于水，则取溶解部分按上述同样方法处理，不溶于水的部分按下述方法处理。

（2）不溶于水的样品

取 0.1g 样品溶于微烧杯中，加水 3mL 1.5mol/LNa_2CO_3 溶液搅拌，煮沸 5min 并随时补充消耗的水分，冷却后离心沉降。若沉淀不能全部溶于 HAc，表明样品转化不完全，再用 Na_2CO_3 溶液处理一次。将两次用碳酸钠处理所得的溶液合并，用稀 HAc 中和，蒸发溶液至 2~3mL，用此溶液进行阴离子分析，不溶或残渣按下述方法处理。

3. 不溶残渣的处理

样品经过两次 Na_2CO_3 溶液处理后，仍不溶于 HAc 的残渣，可能是磷酸盐、卤化银、硫化物等。应在残渣中检出 PO_4^{3-}、Cl^-、Br^-、I^-、S^{2-}。其处理步骤如表 6-4 所述。

表 6-4　不溶残渣的处理方法

处理方法	不溶残渣分成两份	
	一份加入 HNO_3	一份加 Zn 和稀 H_2SO_4
溶液：检测 PO_4 是否存在	沉淀：加 Zn 和稀 H_2SO_4 供检测 Cl^-、Br^-、I^-	供检测 S^{2-} 用

4. 阴离子分析

参考阳离子的分析结论和样品的外表观察及预测试验结果，推断阴离子可能存在的范围，按前面所述进行阴离子分析。

5. 分析结果的判断

将分离、鉴定反应所得的结果，与外表观察、初步试验的现象综合考虑，得出结论。如有不合理之处，例如样品溶于水，但检出的例子中有 Ba^{2+} 和 SO_4^{2-} 就应分析原因，重新验证。

如果根据样品的来源和初步检验估计某种组分可能存在，但是实际上却未检出，应当做对照试验，以检查反应条件的可靠性和鉴定方法的灵敏性。只有对照试验给出正确结果时，才能说该种组分不存在的结论是正确的。

当分析结果表示某种组分含量很少时，应做空白试验，以检查试剂的纯度。

由于我们所采用的分析方法是湿法，鉴定的是离子，有时不能决定原样品是什么。例如分析结果是 Ca^{2+}、Ba^{2+}、NO_3^-、Cl^-，我们就不能确定该混合物是 $CaCl_2 \cdot 6H_2O$ 和 $Ba(NO_3)_2$ 还是 $Ca(NO_3)_2 \cdot 4H_2O$ 和 $BaCl_2 \cdot 2H_2O$，因此最后的分析报告只能定出混合物中含有哪些离子或元素。

对检出组分中哪些是大量的，哪些是少量的要有粗略的估计。例如，样品的分析结果是含有大量的 Fe^{2+} 和 SO_4^{2-}，只有少量的 Fe^{3+}，其结论应是原样品为 $FeSO_4$，少量的 Fe^{3+} 是由 Fe^{2+} 氧化而产生的一种杂质。

有时分析结果只有阳离子而没有阴离子，这种情况表明原样品是氢氧化物或氧化物。相反的当只有阴离子而没有阳离子时，则说明原样品是酸或酸性氧化物。

6. 阴离子分组

与阳离子一样，为了便于检验鉴定，也常将它们进行分组。为了利用组试剂预测各组可能存在的离子，以便简化分析步骤。阴离子分组如表 6-5 所示。

表 6-5　阴离子分组

组别	组试剂	组的特征	各组中所包含的阴离子
I 钡盐组	$BaCl_2$(中性或弱碱性溶液)	钡盐难溶于水	SO_4^{2-}、$S_2O_3^{2-}$、PO_4^{3-}、CO_3^{2-}、(SiO_3^{2-})
II 银盐组	$AgNO_3$(稀硝酸存在下)	银盐难溶于水和稀硝酸	S^{2-}、Cl^-、Br^-、I^-
III 易溶组	—	钡盐和银盐易溶于水	NO_3^-、NO_2^-、Ac^-

6.3　酸与碱的分析与检验[16]

　　无机化工产品的分析与检验既可以按照确定阴阳离子来进行，也可以将无机化工产品按其分类：酸、碱、盐、单质和氧化物的分类来分别进行检验。

　　酸和碱是大宗的无机化工产品，也是生产其他化工产品的重要原料。测定酸类和碱类产品的主要成分含量，显然可以采用酸碱滴定法。由于酸和碱有强弱区别，当用标准碱或标准酸溶液滴定时溶液酸度的变化规律不同，所需选择的指示剂也有所不同。

6.3.1　强酸、强碱

　　工业盐酸、硫酸、硝酸是强酸，工业氢氧化钠、氢氧化钾是强碱。根据电离理论，强酸和强碱在水溶液中完全电离，溶液中 H^+ 或(OH^-)的平衡浓度就等于强碱(或强酸)的分析浓度，例如 0.1mol/L HCl 溶液，其中(H^+)= 0.1mol/L，pH 值=1。

　　若以 0.1000mol/L NaOH 溶液滴定 20.00mL、0.1000mol/L 盐酸溶液，用 pH 的玻璃电极和饱和甘汞电极测量滴定过程中溶液 pH 值的变化，可以得到如图 6-1 所示滴定曲线。可以看出，滴定溶液中 HCl 的含量逐渐减少，pH 值升高缓慢；随着滴定的进行滴定溶液中 HCl 的含量逐渐减少，pH 值升高逐渐加快。在化学计量点前后，NaOH 溶液的少量加入(约为 1 滴)，溶液 pH 值却会从 4.3 加到 9.7，形成滴定曲线的"突跃"部分。化学计量点以后再滴入 NaOH 溶液，由于溶液已成碱性，pH 值的变化较小，曲线又变得显然，能在 pH 值突跃范围内变色的指示剂，包括酚酞和甲基橙(其变色域有一部分在 pH 值突跃范围内)，原则上都可以选用。

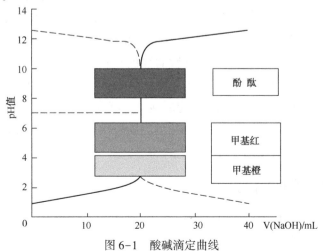

图 6-1　酸碱滴定曲线

如果改变溶液的浓度，当达到化学计量点时溶液的 pH 值依然是 7.00，但 pH 值突跃的范围却不相同，溶液越稀滴定曲线的 pH 值突跃范围越短，在酸碱滴定中，常用标准溶液浓度范围多为 0.1~1.0mol/L。用强酸滴定强碱时，可以得到恰好与上述 pH 值变化方向相反的滴定曲线，其中 pH 值突跃范围和指示剂的选择，与强碱滴定强酸的情况相同。在实际工作中，指示剂的选择还考虑到人的视觉对颜色的敏感性。用强碱滴定强酸时，习惯选用酚酞作指示剂，因为酚酞由无色变为粉色易于辨别。相反，用强酸滴定强碱时，常选用甲基橙或甲基红作指示剂滴定终点颜色由黄变橙或红，颜色由浅至深，人的视觉较为敏感。

6.3.2 弱酸、弱碱

甲酸、乙酸、氢氟酸是弱酸，氨水、甲胺是弱碱。弱酸和强碱在水溶液中只有少量电离，电离的离子和未电离的分子之间保持着平衡关系。现以乙酸为例。

$$HAc \rightleftharpoons H^+ + Ac^-$$

$$K = \frac{[H^+][Ac^-]}{[HAc]} = 1.75 \times 10^{-5} (25℃)$$

其电离平衡常数 K。通常称作酸的离解常数或酸的常数。K 值的大小，可定量地衡量各种酸的强弱。

同理各种酸的强度可用碱的离解常数或碱度常数 K_b 来衡量。K_b 越小，碱的强度越弱。常见酸碱的离解常数 K_a 和 K_b 值，可从《分析化学手册》中查到。

NaOH 溶液滴定 HAc 溶液的滴定突跃范围较小(pH 值=7.7~9.7)，且处于碱性范围内。因此指示剂的选择受到较大限制，在酸性范围内变色的指示剂如甲基橙、甲基红等都不试用，必须选择在弱碱性范围内变色的指示剂，如酚酞等。如果被滴定的酸较 HAc 更弱，则化学计量点时溶液 pH 值更高，化学计量点附近的 pH 值突跃更小。当被滴定弱酸的离解常数为 10^{-9} 左右时，化学计量点附近已无 pH 值突跃出现，显然不能用酸碱指示剂来指示滴定终点。

由于化学计量点附近 pH 值突跃的大小，不仅与被测酸的 K_a 值有关，还与溶液的浓度有关，用较浓的标准溶液滴定较浓的试液，可使 pH 值突跃适当增大滴定终点较易判断，但这也存在一定的限度，对于 $K_a = 10^{-9}$ 的弱酸即使采用 1mol/L 的标准碱也是难以直接滴定的。一般来说，当弱酸浓度 C_a 和弱酸的电离常数的乘积 $C_a K_a \geq 10^{-8}$ 时，可观察到滴定曲线上的 pH 值突跃，可以利用指示剂变色判断滴定终点。因此弱酸可以用强碱标准溶液直接滴定的条件为 $C_a K_a \geq 10^{-8}$。可以推论，用强酸滴定弱酸时，其滴定曲线与强碱滴定弱酸相似酸性，只是 pH 值变化相反，即化学计量点附近 pH 值突跃较小且处于酸性范围内，类似地，弱碱可以用强酸标准溶液直接滴定的条件为 $C_b K_b \geq 10^{-8}$。

6.3.3 工业浓硝酸的检验

以下工业浓硝酸的分析检验引自国家标准 GB/T 337.1—2014。工业浓硝酸质量标准见表 6-6。

1. 质量标准

表6-6 工业浓硝酸质量标准

项 目		指 标	
		98 酸	97 酸
硝酸(NHO_3)的质量分数/%	≥	98.0	97.0
亚硝酸(NHO_2)的质量分数/%	≤	0.50	1.0
硫酸(H_2SO_4)的质量分数/%	≤	0.08	0.10
灼烧残渣的质量分数/%	≤	0.02	0.02

注：硫酸含量的控制仅限于稀硝酸浓缩法制得的浓硝酸。

2. 定性鉴定

（1）试剂

硫酸：硫酸亚铁溶液（80g/L）钢丝或铜屑。

（2）鉴定

1）外观应为无色或淡黄色透明液体；

2）样品溶液呈强酸性；

3）取少量样品于试管中，加少量水稀释，加入与样品水溶液等体积的硫酸，混合、冷却后，沿管壁加入硫酸亚铁溶液使成两液层，在接界面上出现棕色环（$FeSO_4 \cdot NO$）；

4）取少量样品，加硫酸或铜屑加热即发生棕色蒸气（NO_2）。

3. 硝酸含量测定

（1）方法提要

将硝酸样品加入到过量的氢氧化钠标准溶液中，以甲基橙作指示剂，用硫酸标准液反滴定。

（2）仪器和试剂

1）仪器：安瓿球，直径约 20mm，毛细管端长约 60mm，带有磨口塞的锥形瓶，容量 500mL，滴定分析仪器。

2）试剂氢氧化钠标准溶液 $C_{(NaOH)} = 1mol/L$；硫酸标准溶液 $C_{H_2SO_4} = 1mol/L$ 甲基橙指示液 1g/L。

（3）操作

1）准确称量安瓿球（精确至 0.0002g）。在火焰上微微加热其球部，然后将毛细管端浸入盛有样品的瓶中，自然冷却，待样品充进 1.5~2.0mL 时，取出安瓿球，用滤纸擦净毛细管端，在火焰上使毛细管端封闭，不使玻璃损失。称量含有样品的安瓿球（精确至 0.0002g）根据差值计算样品质量。

2）将盛有样品的安瓿球小心置于预先盛有 100mL 水和用移液管移入 50mL 氢氧化钠标准溶液的锥形瓶中，塞紧磨口赛，剧烈震荡，使安瓿球破裂，冷却至室温，摇动锥形瓶，直至酸雾全部吸收为止。

3）取下塞子，用水洗涤，洗液并入同一锥形瓶内，用玻璃棒捣碎安瓿球，研碎毛细管，取出玻璃棒用水洗涤，将洗液并入同一锥形瓶内，加 1~2 滴甲基橙指示液，用硫酸标准溶液滴定剩余的氢氧化钠，至溶液呈现橙色为终点。

（4）结果表述

试样中硝酸的质量分数可按下式计算：

$$\omega(\mathrm{HNO_3}) = \frac{(c_1V_1 - c_2V_2) \times 0.06302}{m} - 1.34\omega(\mathrm{HNO_2}) - 1.29\omega(\mathrm{H_2SO_4})$$

式中　c_1——氢氧化钠标准溶液的准确浓度，mol/L；

　　　c_2——硫酸标准溶液的准确浓度，mol/L；

　　　V_1——加入氢氧化钠标准溶液的体积，mL；

　　　V_2——滴定消耗硫酸标准溶液的体积，mL；

　　　m——试样的质量，g；

　0.06302——硝酸的毫摩尔质量，g/mmol；

　　1.34——将亚硝酸钠换算为硝酸的系数；

　　1.29——将硫酸换算为硝酸的系数。

取平行测定结果的算术平均值为测定结果，平行测定的允许误差不大于0.2%。

4. 亚硝酸含量测定

(1) 方法提要

用过量的高锰酸钾标准溶液氧化样品中的亚硝酸，再加入过量的硫酸亚铁铵标准溶液，然后用高锰酸钾标准溶液滴定剩余的硫酸亚铁铵。

(2) 试剂

高锰酸钾标准溶液 $c(1/5\mathrm{KMnO_4}) = 0.1\mathrm{mol/L}$；硫酸亚铁铵 $[(\mathrm{NH_4})_2\mathrm{Fe}(\mathrm{SO_4})_2 \cdot 6\mathrm{H_2O}]$ 标准溶液 40g/L；硫酸溶液(1+8)。

(3) 操作

1) 用被测样品清洗量筒后，注入样品，使用密度计测定密度。

2) 在500mL具塞锥形瓶中，加入100mL水、20mL硫酸溶液，再用滴定管加入一定体积(V_0)的高锰酸钾标准滴定溶液。该体积(V_0)要比测定样品消耗高锰酸钾标准滴定溶液的体积多10mL左右。

3) 用移液管移取10mL样品，迅速加入锥形瓶中，立即塞紧瓶塞，用水冷却至室温摇动至酸雾消失后(约5min)，用移液管加入20mL硫酸亚铁溶液，以高锰酸钾标准滴定溶液滴定，直至呈现粉色30s内不消失为止，记录所消耗高锰酸钾标准滴定溶液的体积(V_1)。

为了确定在测定条件下两种标准溶液的相当值，在上述同一锥形瓶中用移液管加入20mL硫酸亚铁溶液，以高锰酸钾标准滴定溶液滴定，直至溶液呈现粉红色30s内不消失为止，记录此次所消耗的高锰酸钾标准滴定溶液的体积(V_2)。

(4) 结果表述

试样中亚硝酸的质量分数按下式计算：

$$\omega(\mathrm{HNO_2}) = \frac{(V_0 + V_1 - V_2)c \times 0.0235}{\rho V}$$

式中　c——高锰酸钾标准滴定溶液的准确浓度，mol/L；

　　　V_0——开始加入的高锰酸钾标准滴定溶液的体积，mL；

　　　V_1——第一次滴定消耗高锰酸钾标准滴定溶液的体积，mL；

　　　V_2——第二次滴定消耗高猛酸价标准滴定溶液的体积，mL；

　　　V——移取试样的体积，mL；

　　　ρ——试样的密度，g/mL；

0.0235——亚硝酸的毫摩尔质量，g/mmol。

取平行测定结果的算术平均值为测定结果，平行测定的允许差不大于0.01%。

5. 硫酸含量测定

（1）方法提要

硝酸预热易分解，而硫酸比较稳定，将样品置于水浴上加热。使硝酸分解剩余水溶解后，以氢氧化钠标准滴定溶液滴定。

（2）试剂

氢氧化钠标准溶液$c_{NaOH}=0.1mol/L$；甲醛溶液25%，甲基红-亚甲基蓝混合指示液。

（3）操作

1）用移液管取25mL样品置于磁蒸发皿中，在水浴上蒸发至硝酸除尽（直至获得油状残渣为止）。为使硝酸全部除尽，加2~3滴甲醛溶液，继续蒸发至干。

2）待蒸发皿冷却后，用水冲洗皿内油状物，定量移入250mL，锥形瓶中，加2滴甲基红-亚甲基蓝混合指示液，用氢氧化钠标准滴定溶液滴定至溶液呈现灰色为终点。

（4）结果表述

$$\omega(H_2SO_4) = \frac{c_1 \times 0.049}{\rho V}$$

式中 c_1——氧化钠标准溶液的准确浓度，mol/L；

V_1——滴定消耗氢氧化钠标准滴定溶液的体积，mL；

V——移取试样的体积，mL；

ρ——试样的密度，g/mL；

0.049——1/2硫酸的毫摩尔质量，g/mmol。

平行测定的允许误差不大于0.01%。

6.4 无机盐的分析与检验

无机盐的产品种类很多，分析检验方法各异，一般以方法准确性和操作简便为原则，来选择适当的定量分析方法。

6.4.1 按弱酸（弱碱）处理

盐类可以看成是酸碱中和生成的产物，强酸和强碱生成的盐，如NaCl在水溶液中呈中性（pH值=7.0），强碱与弱酸形成的盐（如Na_2CO_3）或强酸与弱碱形成的盐（如NH_4Cl），溶解于水后因发生水解作用，呈现不同程度的碱性或酸性，因此可以视为弱酸或弱碱，采用酸碱滴定进行测定。

如上所述，酸碱滴定法测定弱酸或弱碱是有条件的。对于水解性盐来说，只有那些极弱的酸（$K_a \leq 10^{-6}$）与强碱所生成的盐，如Na_2CO_3，$Na_2B_4O_7 \cdot 10H_2O$（硼砂）及KCN等才能用标准酸溶液直接滴定。

硼砂是硼酸失水后与氢氧化钠作用所形成的钠盐，硼砂溶液碱性较强，可用标准酸溶液直接滴定，选择甲基红作指示剂。

$$2HCl+Na_2B_4O_7+5H_2O \longrightarrow 2NaCl+4H_2BO_3$$

碳酸钠是二元弱酸（H_2CO_3）的钠盐，由于 H_2CO_3 的两级电离常数都很小（$K_{a_1} = 4.5 \times 10^{-7}$，$K_{a_2} = 4.5 \times 10^{-11}$），因此可用 HCl 标准溶液直接滴定 Na_2CO_3，滴定反应分两步进行：

$$HCl + Na_2CO_3 \longrightarrow NaCl + NaHCO_3 \text{第一化学计量点 pH 值} = 8.3。$$

$$HCl + Na_2CO_3 \longrightarrow NaCl + H_2CO_3 \text{第二化学计量点 pH 值} = 3.9。$$

测定 Na_2CO_3 总碱度时，可用甲基橙作指示。但由于 K_{a1} 不太小及溶液中的 CO_2 过多，酸度较大，致使终点出现稍早，为此滴定接近终点时应将溶液煮沸驱除 CO_2，冷却后再继续滴定至终点，采用溴甲酚绿-甲基红混合指示剂代替甲基橙指示第二化学计量点，效果更好。

与上述情况相似，极弱的碱（$K_b \leq 10^{-6}$）与强酸所生成的盐如盐酸苯胺（$C_6H_5NH_2 \cdot HCl$）可以用标准碱溶液直接滴定，而相对强一些的弱碱与强酸所生成的盐氯化铵（NH_4Cl），就不能够用标准碱溶液直接滴定。铵盐一般需采用间接法加以滴定。

6.4.2　按金属离子定量

对于不符合水解性滴定条件的盐类，可以根据盐的性质测定金属离子或酸根，然后折算成盐的含量。

由二价或三价金属所形成的盐，可以采用 EDTA 配位滴定法测定金属离子，这种情况需要将试液调整到一定的酸度，并选择适当的指示剂。例如，测定硫酸镁时，可在 pH 值 = 10，用铬黑 T 作指示剂；测定硫酸铝时，因 Al^{3+} 与 EDTA 反应速率较慢，可在 pH 值 = 6 让 Al^{3+} 与 EDTA 反应完全，再用锌标注滴定溶液回滴过量的 EDTA。

有些金属离子具有显著的氧化还原性质，可以采用氧化还原滴定法加以测定。例如，用重铬酸钾法测定铁盐，用碘量法测定铜盐都是较准确的定量分析方法。

对于一价金属形成的盐，多数需要采用间接方法进行测定，例如，测定铵盐常用甲醛法，铵盐与甲醛作用生成六亚甲基四胺，同时产生相当量的酸。

$$4NH_4^+ + 6HCHO \longrightarrow (CH_2)_6N_4 + 4H^+ + 6H_2O$$

产生的酸可用标准碱溶液滴定。

某些无机盐如 NaF、$NaNO_3$ 等，可采用离子交换法进行置换滴定，将样品溶液通过氢型阳离子交换树脂（RSO_3H），让溶液中的 Na^+ 与树脂上 H^+ 进行交换，交换反应可表示为：

$$RSO_3H + Na^+ \longrightarrow RSO_3Na + H^+$$

这样，测定 NaF 时流出离子交换柱的将是 HF 溶液。于是，可以标注碱溶液滴定流出液和淋洗液中的 HF。

6.4.3　按酸根定量

有些无机盐按酸根进行定量分析比按金属离子简便，而且更有实际意义。例如，硫酸钠的检验，若测定 Na^+ 难度较大，可采用硫酸银称量法准确地测出 SO_4^{2-} 的含量。对于工业硫酸钠而言，样品中可能含有少量的钙、镁硫酸盐，需要在测出钙、镁杂质含量后，由硫酸盐总量中扣除。

对于漂白粉、漂白精一类产品，主要成分是次氯酸钙，而具有漂白作用的是次氯酸根。因此，测定其"有效氯"必须采用氧化还原滴定法对次氯酸根进行定量分析。

对于磷酸盐、铬酸盐、碘酸盐等，必须测定其酸根。通常采用喹宁酮称量法测定磷酸盐，采用氧化还原滴定法测定铬酸盐和碘酸盐。

6.5　无机化工产品检验实例[17]

本章以工业碳酸钙分析标准和碘化钾为例，说明无机化工产品分析的相关知识，工业碳酸钙分析引自国家标准 GB/T 19281—2014，碘化钾分析检验引自国家标准 GB/T 1272—2007，标准中涉及到多种金属离子、酸、碱、无机盐等物质的鉴定和分析。

6.5.1　工业碳酸钙分析检验

6.5.1.1　范围

本标准规定了碳酸钙中各种元素、离子及相关物理性能的分析方法。

本标准适用于各种碳酸钙产品。

分子式：$CaCO_3$。

相对分子质量：100.09（按 1999 年国际相对原子质量）。

6.5.1.2　规范性引用文件

凡是不注日期的引用文件，其最新版本适用于本标准。

GB/T 2922—1982 化学试剂　色谱载体比表面积的测定方法；

GB/T 3049—1986 化工产品中铁含量测定的通用方法　邻菲哆琳分光光度法（neq ISO 6685：1982）；

GB/T 4472—1984 化工产品密度、相对密度测定通则；

GB/T 6682—1992 分析实验室用水规格和试验方法（neq ISO 3696：1987）；

HG/T 3696.1 无机化工产品化学分析用标准滴定溶液的制备；

HG/T 3696.2 无机化工产品化学分析用杂质标准溶液的制备；

HG/T 3696.3 无机化工产品化学分析用制剂及制品的制备。

6.5.1.3　分析方法

1. 安全提示

试验方法中使用的部分试剂具有毒性或腐蚀性，操作时须小心谨慎。如溅到皮肤上应立即用水冲洗，严重者应立即治疗。

2. 一般规定

所用试剂和水在没有注明其他要求时，均指分析纯试剂和 GB/T 6682—1992 中规定的三级水。试验中所用标准滴定溶液、杂质测定用标准溶液、制剂及制品，在没有注明其他要求时，均按 HG/T 3696 的规定制备。

3. 鉴别试验

本鉴别方法在前文已述，为离子的初步鉴定。

（1）碳酸根离子的鉴别

取试样少许，加盐酸溶液（1+2）后即产生二氧化碳气体，通入 3g/L 氢氧化钙溶液中，即产生白色沉淀。

（2）钙离子的鉴别

1）取上述试液，加酚酞指示液，用（1+3）氨水调至中性，加入 35g/L 草酸按溶液，即产生白色沉淀。此沉淀能在盐酸溶液中溶解，而在冰乙酸中不溶解。

2）取铂丝，用盐酸润湿后在无色火焰中燃烧至无色，蘸取试样再烧，火焰即呈砖红色。

4. 钙含量的测定

（1）原理

用三乙醇胺掩蔽少量的 Fe^{3+}、Al^{3+}、Mn^{2+} 等离子，在 pH 值大于 12 的介质中，以钙试剂羧酸钠盐为指示剂，用乙二胺四乙酸二钠标准滴定溶液滴定 Ca^{2+}，过量的乙二胺四乙酸二钠夺取与指示剂络合的 Ca^{2+}，游离出指示剂，根据颜色变化判断反应的终点。

（2）试剂

盐酸溶液：1+1；

氢氧化钠溶液：100g/L；

三乙醇胺溶液：1+3；

乙二胺四乙酸二钠标准滴定溶液：C_{EDTA} 约为 0.02mol/L；

钙试剂羧酸钠盐指示剂。

（3）分析步骤

本分析方法为络合滴定分析法。

1）试验溶液 A 的制备：

称取 0.6g 预先在（105±5）℃下干燥至恒重的试样，精确至 0.0002g，置于 250mL 烧杯中，加少许水润湿（活性碳酸钙产品加少许乙醇润湿）。盖上表面皿，滴加盐酸溶液至试料全部溶解，用中速滤纸过滤并洗涤，滤液和洗液一并收集于 250mL 容量瓶中，用水稀释至刻度，摇匀，此溶液为试验溶液 A，用于钙含量、镁含量的测定。

2）测定：

用移液管移取 25mL 试验溶液 A，置于 250mL 锥形瓶中，加入 5mL 三乙醇胺溶液、25mLl 水和少量钙试剂羧酸钠盐指示剂，用氢氧化钠溶液调成酒红色，并过量 0.5mL，用乙二胺四乙酸二钠标准滴定溶液滴定至纯蓝色为终点。同时做空白试验。

3）结果计算：

钙含量以碳酸钙（$CaCO_3$）的质量分数 ω_1 计，数值以%表示，按式（6-1）计算：

$$\omega_1 = \frac{c(V-V_0)M_1}{m \times 10^3 \times 25/250} \times 100 = \frac{c(V-V_0)M_1}{m} \qquad (6-1)$$

钙含量以氧化钙（CaO）的质量分数 ω_2 计，数值以%表示，按式（6-2）计算：

$$\omega_2 = \frac{c(V-V_0)M_2}{m \times 10^3 \times 25/250} \times 100 = \frac{c(V-V_0)M_2}{m} \qquad (6-2)$$

钙含量以钙（Ca）的质量分数 ω_3，计，数值以%表示，按式（6-3）计算：

$$\omega_3 = \frac{c(V-V_0)M_3}{m \times 10^3 \times 25/250} \times 100 = \frac{c(V-V_0)M_3}{m} \qquad (6-3)$$

式中 V——滴定试验溶液所消耗乙二胺四乙酸二钠标准滴定溶液的体积的，mL；

V_0——滴定空白溶液所消耗乙二胺四乙酸二钠标准滴定溶液的体积的，mL；

c——乙二胺四乙酸二钠标准滴定溶液浓度的准确数值，mol/L；

m——试料的质量，g；

M_1——碳酸钙摩尔质量，g/mol（$M_1 = 100.1$）；

M_2——氧化钙摩尔质量，g/mol（$M_2 = 56.08$）；

M_3——钙摩尔质量，g/mol（$M_3 = 40.08$）。

取平行测定结果的算术平均值为测定结果，平行测定结果的绝对差值：以碳酸钙、氧化钙计不大于0.2%，以钙计不大于0.1%。

5. 镁含量的测定

本方法为络合滴定分析方法。

（1）方法提要

用三乙醇胺掩蔽少量的 Fe^{3+}、Al^{3+}、Mn^{2+} 等离子，在pH值为10的介质中，以铬黑T为指示剂，用乙二胺四乙酸二钠标准滴定溶液滴定钙镁合量，根据颜色变化判断反应的终点。从中减去钙含量，计算出镁含量。

（2）试剂

三乙醇胺溶液：1+3；

一氯化氨缓冲溶液（甲）；pH = 10；

乙二胺四乙酸二钠标准滴定溶液；

铬黑T指示剂。

（3）分析步骤

用移液管移取25mL试验溶液A，置于250mL锥形瓶中，加入5mL三乙醇胺溶液、10mL缓冲溶液、25mL水和少量铬黑T指示剂，用乙二胺四乙酸二钠标准滴定溶液滴定至纯蓝色为终点。

（4）计算结果

镁含量以氧化镁（MgO）的质量分数 ω_4 计，数值以%表示，按式（6-4）计算：

$$\omega_4 = \frac{c(V-V_1)M_1}{m \times 10^3 \times 25/250} \times 100 = \frac{c(V-V_1)M_1}{m} \tag{6-4}$$

镁含量以镁（Mg）的质量分数 ω_5 计，数值以%表示，按式（6-5）计算：

$$\omega_5 = \frac{c(V-V_1)M_2}{m \times 10^3 \times 25/250} \times 100 = \frac{c(V-V_1)M_2}{m} \tag{6-5}$$

式中　V——滴定试验溶液所消耗乙二胺四乙酸二钠标准滴定溶液的体积，mL；

　　V_1——测定钙含量时所消耗乙二胺四乙酸二钠标准滴定溶液的体积，mL；

　　c——乙二胺四乙酸二钠标准滴定溶液浓度的准确数值，mol/L；

　　m——试料的质量，g；

　　M_1——氧化镁的摩尔质量，g/mol（$M_1 = 40.30$）；

　　M_2——镁的摩尔质量，g/mol（$M_2 = 24.31$）。

取平行测定结果的算术平均值为测定结果，平行测定结果的绝对差值不大于0.1%。

6. 碱金属及镁含量的测定

本方法为重量测定分析方法。

（1）方法提要

加酸溶解试样，用草酸铵沉淀出钙离子后重量法测定碱金属和镁含量。

（2）试剂

硫酸；

盐酸溶液：1+9；

氨水溶液：1+1；

草酸按溶液：40g/L。

（3）分析步骤

称取约1g试样，精确至0.0002g，置于250mL烧杯中，加水润湿（活性碳酸钙产品加少许乙醇润湿）后缓慢加入30mL盐酸溶液溶解试料，煮沸并除去二氧化碳，冷却后加氨水中和，加入60mL草酸铵溶液，于水浴上加热1h，冷却后转移至100mL容量瓶中，加水至刻度，摇匀。用慢速滤纸干过滤，弃去初滤液约20mL。

用移液管移取50mL滤液，置于已于450~550℃下灼烧至恒重的瓷钳锅中，加入0.5mL硫酸，蒸发至干，于450~550℃下灼烧至恒重。

（5）结果计算

碱金属及镁含量以质量分数 ω_6。计，数值以%表示，按式（6-6）：

$$\omega_6 = \frac{m_1 - m_2}{m \times 50/100} \times 100 = \frac{200(m_1 - m_2)}{m} \tag{6-6}$$

式中　m_1——空钳锅及燃烧前物料质量，g；

　　　m_2——钳锅及残渣灼烧后的质量，g；

　　　m——试料质量，g。

取平行测定结果的算术平均值为测定结果，平行测定结果的绝对差值不大于0.2%。

7. 铁含量的测定

本方法为分光光度分析方法。

（1）方法提要

同 GB/T 3049—1986 第2章。

（2）试剂

体积分数为95%乙醇；

硝酸溶液：1+10

其余同 GB/T 3049—1986 第3章。

（3）仪器

分光光度计：带有厚度为1cm吸收池。

（4）分析步骤

1）试验溶液B的制备：

称取约20g试样，精确至0.01g，置于高型烧杯中，加入10mL水润湿（活性碳酸钙要先加入20mL乙醇润湿）。盖上表面皿，缓缓加入65mL硝酸溶液，加热至沸，用中速定量滤纸过滤，洗涤，滤液和洗液一并收集于250mL容量瓶中，加水至刻度，摇匀。此溶液为试验溶液B，用于铁含量、锰含量和铜含量的测定。

2）空白试验溶液的制备：

量取1mL硝酸溶液，置于烧杯中，加入10mL水，备用。

3）工作曲线的绘制：

按 GB/T 3049—1986 第 5.3 条规定，选择厚度为 1cm 的吸收池及其对应的铁标准溶液用量，绘制工作曲线。

4）测定

用移液管移取 25mL 试验溶液 B，置于 250mL 容量瓶中，加水至刻度，摇匀。用移液管移取 25mL，置于 100mL 烧杯中，和空白试验溶液同时按照 GB/T 3049—1986 中 5.4 的规定，从"必要时，加水至 60mL……"开始进行操作。

选用 1cm 吸收池，按 GB/T 3049—1986 的 5.4 规定测量吸光度。

用试验溶液的吸光度减去空白试验溶液的吸光度，从工作曲线上查出相应的铁的质量。

（5）结果计算

铁含量以铁（Fe）的质量分数 ω_7，计，数值以%表示，按式（6-7）计算：

$$\omega_7 = \frac{m_1}{m \times 25/250 \times 25/250 \times 10^3} \times 100 = \frac{10m_1}{m} \tag{6-7}$$

式中　m_1——从工作曲线上查出的铁的质量，mg；

　　　m_2——试验溶液 B 中含试料的质量，g。

取平行测定结果的算术平均值为测定结果，平行测定结果的绝对差值不大于 0.01%。

8. 锰含量的测定

本方法为分光光度法分析方法，分析过程与铁含量分析相近。

（1）方法提要

在磷酸存在下的强酸性介质中，高碘酸钾在加热煮沸时将二价锰离子氧化成紫红色的高锰酸根离子，用分光光度计测量其吸光度。

（2）试剂

高碘酸钾；

硝酸溶液：1+1；

硝酸溶液：1+6；

磷酸溶液：1+1；

氨水溶液：2+3；

锰标准溶液：1mL 溶液含锰（Mn）0.01mg。

用移液管移取 5mL 按 HG/T 3696.2 配制的锰标准溶液，置于 500mL 容量瓶中，用水稀释至刻度，摇匀。稀释液现用现配。

（3）仪器、设备

分光光度计：带有厚度为 3cm 的吸收池。

（4）分析步骤

1）工作曲线绘制

用移液管移取：0.00mL，1.00mL，5.00mL，10.00mL，15.00mL，20.00mL 和 25.00mL 锰标准溶液，分别置于 250mL 烧杯中，各加入 40mL 水、1.5mL 硝酸溶液，10mL 磷酸溶液和 0.3g 高碘酸钾，盖上表面皿，加热至沸，煮沸 3min，冷却后全部移入 100mL 容量瓶中，加水至刻度，摇匀。

在 525nm 波长下，用 3cm 吸收池，以水为参比，将分光光度计的吸光度调整为零，测量其吸光度。

以锰含量为横坐标，对应的吸光度为纵坐标，绘制工作曲线。

2）空白试验溶液的制备：

量取 6mL 硝酸溶液，置于烧杯中，用氨水溶液调节 pH 值为 7（用 pH 试纸检验），再加入 1.5mL 硝酸溶液。

3）测定：

用移液管移取 25mL 试验溶液 B，置于 250mL 烧杯中，和空白试验溶液同时，按照规定进行操作，自"加入 10mL 磷酸溶液"开始，直到"测量其吸光度"止。

试验溶液的吸光度减去空白试验溶液的吸光度，从工作曲线上查出相应的锰的质量。

（5）结果计算

含量以锰（Mn）质量分数 ω_9 计，数值以%表示，按式（6-8）计算：

$$\omega_9 = \frac{m_1}{m \times 25/250 \times 10^3} \times 100 = \frac{10 m_1}{m} \tag{6-8}$$

式中　m_1——从工作曲线上查出的锰的质量，mg；

　　　m——试验溶液 B 中试料的质量，g。

取平行测定结果的算术平均值为测定结果．平行测定结果的绝对差值不大于 0.00100。

9. 重金属含量的测定

（1）方法提要

在微酸性介质中，重金属的离子与 S^{2-} 反应，生成褐色沉淀悬浮于溶液中成为悬浮液，和标准比色液比较。

（2）试剂

抗坏血酸；

盐酸溶液：1+1；

冰乙酸溶液：1+16；

氨水溶液：1+1；

饱和硫化氢溶液：现用现配；

铅标准溶液：1mL 溶液含铅（Pb）0.01mg；

按 HG/T 3696.2 配制后准确稀释 100 倍。

酚酞指示液：10g/L 乙醇溶液。

（3）仪器

比色管：50mL。

（4）分析步理

称取（1.00±0.01）g 试样，置于烧杯中，用少量水润湿，盖上表面皿，缓缓加入盐酸溶液至试样全部溶解，加热至沸，冷却（必要时过滤），全部移入比色管中，加 20mL 水和 1 滴酚酞指示液，用氨水溶液中和至微红色，加 0.5mL 冰乙酸溶液和 0.5g 抗坏血酸，加入 10mL 饱和硫化氢溶液，摇匀。在暗处放置 10min，其颜色不得深于标准。

用移液管移取与标准值相对应的铅标准溶液，除不加试样外，与试样同时同样处理。

10. 砷含量的测定

（1）方法提要

试样经处理后，用碘化钾、氯化亚锡将高价砷还原为三价砷，然后与由金属锌和酸反应生成的新生态氢作用生成砷化氢，砷化氢与溴化汞试纸反应形成砷斑，与标准砷斑进行比较，确定试样中的砷含量。

（2）试剂和材料

无砷锌粒；

盐酸溶液：1+1；

碘化钾溶液：150g/L；

氯化亚锡溶液：400g/L；

砷标准溶液：1mL溶液含砷(As)0.001mg；

按HG/T 3696.2配制后准确稀释1000倍；

乙酸铅棉花；

溴化汞试纸。

（3）仪器

定砷器。

（4）分析步骤

称取(1.00±0.01)g试样，置于测砷瓶中，加30mL水溶解。加10mL盐酸溶液，摇匀。加2mL碘化钾溶液，1mL氯化亚锡溶液，摇匀，放置15min。加3g无砷锌粒。立即将装置装好，置于25～40℃暗处放置1～1.5h，溴化汞试纸所呈棕黄色不得深于标准。

用移液管移取与标准指标值相对应的砷标准溶液，除不加试样外，与试样同时同样处理。

11.钡含量的测定

（1）方法提要

在pH值为5～6的试液中，加入铬酸钾，生成铬酸钡沉淀，与标准比较。

（2）试剂

无水乙酸钠；

盐酸溶液：1+4；

冰乙酸溶液：1+5；

铬酸钾溶液：100g/L；

氨水溶液：1+1；

钡标准溶液：1mL溶液含钡(Ba)0.1mg，按HG/T 3696.2配制后准确稀释10倍。

（3）仪器

比色管：50mL，。

（4）分析步骤

称取(1.00±0.01)g试样，置于烧杯中，加10mL水，盖上表面皿，缓缓加入10mL盐酸溶液，使其全部溶解，加热煮沸1min，滴加氨水溶液至pH值约为8(用pH试纸试验)，再加热至沸，冷却，用慢速滤纸过滤于比色管中，用少量水洗涤，加2g无水乙酸钠，1mL、乙酸溶液，1mL铬酸钾溶液，加水至刻度，放置15min进行比浊，试样所呈浊度不得深于标准比浊溶液。

标准比浊溶液是移取与标准指标值相对应的钡标准溶液，加3mL盐酸溶液，以下操作与试样同时同样处理。

12. 105℃下挥发物含量的测定

（1）分析步骤

称取约 2g 试样，精确至 0.0002g，置于已于（105±5）℃下恒重的称量瓶中，移入恒温干燥箱内，在（105±5）℃下干燥至恒重。

（2）结果计算

105℃下挥发物含量以质量分数 ω_{11} 计，数值以%表示，按式（6-9）计算：

$$\omega_{11} = \frac{m_1 - m_2}{m} \times 100 \tag{6-9}$$

式中　m_1——干燥前称量瓶和试料的质量，g；

　　　m_2——干燥后称量瓶和试料的质量，g；

　　　m——试料的质量，g。

取平行测定结果的算术平均值为测定结果，平行测定结果的绝对差值不大于 0.04%。

13. 灼烧减量的测定

（1）仪器

高温炉：能控制温度在（875±25）℃。

（2）分析步骤

称取约 0.5g 试样，精确至 0.0002g，置于预先于（875±25）℃下灼烧至恒重的瓷坩埚中，于（875±25）℃下灼烧至恒重。

（3）结果计算

灼烧减量以质量分数 ω_{12} 计，数值以%表示，按式（6-10）计算：

$$\omega_{12} = \frac{m_1 - m_2}{m} \times 100 \tag{6-10}$$

式中　m_1——灼烧前坩埚和试料的质量，g；

　　　m_2——灼烧后坩埚和试料的质量，g；

　　　m——试料的质量，g。

取平行测定结果的算术平均值为测定结果，平行测定结果的绝对差值不大于 0.1%。

14. 盐酸不溶物含量的测定

（1）方法提要

用盐酸溶解试样，过滤酸不溶物，灼烧，称量。

（2）试剂

体积分数为 95%乙醇；

盐酸溶液：1+1；

硝酸银溶液：10g/L。

（3）仪器

高温炉：能控制温度在（875±25）℃。

（4）分析步骤

称取约 2g 试样，精确至 0.0002g，置于烧杯中，加少量水润湿，活性碳酸钙样品要先加入 4mL 乙醇润湿。滴加 10mL 盐酸溶液，加热至沸，趁热用中速定量滤纸过滤，用热水洗涤至滤液中无氯离子（用硝酸银溶液检验）。将滤纸连同不溶物一并移入已于（875±25）℃

下恒重的瓷坩埚内，低温灰化后移入高温炉内，在(875±25)℃下灼烧至恒重。

（5）结果计算

盐酸不溶物含量以质量分数 ω_{13} 计，数值以%表示，按式(6-11)计算：

$$\omega_{13} = \frac{m_1 - m_2}{m} \times 100 \tag{6-11}$$

式中 m_1——灼烧后瓷坩埚和不溶物的质量，g；

m_2——瓷坩埚的质量，g；

m——试料的质量，g。

取平行测定结果的算术平均值为测定结果，平行测定结果的绝对差值不大于0.03%。

15. 水溶物的测定

（1）分析步骤

称取约50g试样，精确至0.1g。置于500mL容量瓶中，加入不含二氧化碳水至刻度，摇动15min。干过滤，弃去20mL前滤液，移取100mL滤液置于已在(105±2)℃下恒重过的（精确至0.001g）蒸发皿中，在水浴上蒸干，将蒸发皿置于烘箱中，于(105±2)℃下干燥至恒重，称量，精确至0.001g。

（2）结果计算

水溶物含量以质量分数 ω_{14} 计，数值以%表示，按式(6-12)计算：

$$\omega_{14} = \frac{m_1}{m \times 100/500} \times 100 = \frac{500 m_1}{m} \tag{6-12}$$

式中 m_1——水溶物的质量，g；

m——试料的质量，g。

取平行测定结果的算术平均值为测定结果，平行测定结果的绝对差值不大于0.02%。

16. 游离碱含量的测定

本方法为碱物质测量方法。

（1）试剂

不含二氧化碳的水；

盐酸标准滴定溶液：$c(HCl)$约0.02mol/L；

按HG/T 3696.1配制HCl溶液约0.1mol/L，并进行准确标定后，用移液管准确移取50mL该标准滴定溶液，置于250mL容量瓶中，用水稀释至刻度，摇匀；

酚酞指示液：10g/L乙醇溶液。

（2）分析步骤

称取10g试样（活性碳酸钙产品加少许乙醇润湿），称准至0.01g，置于250mL烧杯中，加150mL不含二氧化碳水，煮沸5min，冷却至室温，全部移入250mL容量瓶中，用不含二氧化碳水稀释至刻度，摇匀。用慢速滤纸干过滤，弃去初滤液约20mL。准确移取100mL滤液，置于锥形瓶中，加1滴酚酞指示剂，用盐酸标准滴定溶液滴定至红色褪去。

（3）结果计算

游离碱以氧化钙(CaO)的质量分数 ω_{15} 计，数值以%表示，按式(6-13)计算：

$$\omega_{15} = \frac{cVM/2}{m \times 10^3 \times 100/250} \times 100 = \frac{0.125 cVM m_1}{m} \tag{6-13}$$

式中 V——滴定所消耗盐酸标准滴定溶液(3.18.1.2)的体积，mL；

      c——盐酸标准滴定溶液浓度的准确数值，mol/L；

    m——试料的质量，g；

    M——氧化钙的摩尔质量，g/mol($M=56.08$)。

取平行测定结果的算术平均值为测定结果，平行测定结果的绝对差值不大于 0.02%。

17. pH 值的测定

(1) 试剂

不含二氧化碳的水；

体积分数为 95% 乙醇：中性溶液；

以酚酞作指示剂，用氢氧化钠溶液调成浅粉色。

(2) 仪器

酸度计：测量范围为 0~14pH，最小分度值为 0.02pH；

参比电极：甘汞电极，内充氯化钾饱和溶液；

测量电极：玻璃电极。

(3) 分析步骤

将参比电极和测量电极与酸度计连接好，预热，调零，定位。

称取(10.00±0.01)g 试样，置于 150mL 烧杯中，活性碳酸钙样品要加入 5mL 乙醇润湿。加入 100mL 不含二氧化碳水，充分搅拌，静置 10min，用酸度计测量悬浮液的 pH 值。

取平行测定结果的算术平均值为测定结果，平行测定结果的绝对差值不大于 0.3pH。

6.5.2   碘化钾化学试剂分析检验

本节参照采用国际标准 ISO 6353/2—1983《化学分析试剂—第 2 部分：规格—第一批》中 R25"碘化钾"。

碘化钾试剂为白色结晶，易溶于水，可溶于乙醇、丙酮。在潮湿空气中微具潮解性，久置会析出游离碘而呈黄色。

分子式：KI。

相对分子质量：166.00 按 1995 年国际原子量。

6.5.2.1   主题内容与适用范围

分析方法中规定了化学试剂碘化钾的技术要求、试验方法、检验规则和包装及标志。

本节所述分析方法适用于化学试剂碘化钾的检验。

6.5.2.2   引用标准

GB 601 化学试剂   滴定分析、容量分析、用标准溶液的制备；

GB 602 化学试剂   杂质测定用标准溶液的制备；

GB 603 化学试剂   试验方法中所用制剂及制品的制备；

GB 619 化学试剂   采样及验收规则；

GB 6682 实验室用水规格；

GB 9723 化学试剂   火焰原子吸收光谱法通则；

HG3-119 化学试剂   包装及标志。

6.5.2.3 指标要求

1. 碘化钾(KI)含量

碘化钾(KI)含量不少于表6-7所示。

表6-7 碘化钾等级

级 别	浓 度	级 别	浓 度
优级纯	99.5%	化学纯	98%
分析纯	98.5%		

2. pH值

pH值(50g/L溶液，25℃)：6.0~8.0

杂质最高含量(指标以百分含量计)如表6-8所示。

表6-8 杂质最高含量

名 称	优级纯	分析纯	化学纯
澄清度试验	合格	合格	合格
水不溶物	0.005	0.01	0.02
碘酸盐及碘(以 IO_3 计)	0.0003	0.002	0.005
氯化物及溴化物(以 Cl 计)	0.01	0.02	0.05
硫酸盐(SO_4)	0.002	0.005	0.010
磷酸盐(PO_4)	0.001	0.002	
总氮量(N)	0.001	0.002	
钠(Na)	0.05	0.1	
镁(Mg)	0.001	0.002	0.005
钙(Ca)	0.001	0.002	0.005
铁(Fe)	0.0001	0.0003	0.0005
砷(As)	0.00001	0.00002	
钡(Ba)	0.001	0.002	0.004
重金属(以 Pb 计)	0.0002	0.0005	0.001
还原性物质	合格	合格	

6.5.2.4 试验方法

1. 碘化钾(KI)含量测定

称取0.5g样品，称准至0.0001g溶于100mL水中，加10mL乙酸溶液(5%)及3滴曙红钠盐指示液(5g/L)，用硝酸银标准溶液[$c(AgNO_3)=0.1mol/L$]避光滴定至沉淀呈红色。

碘化钾含量按式(6-14)计算：

$$X = \frac{Vc \times 0.166}{m} \times 100 \tag{6-14}$$

式中 X——碘化钾之百分含量,%；

V——硝酸银标准溶液之用量，mL；

c——硝酸银标准溶液之物质的量浓度，mol/L；

m——样品质量，g；

0.1660——每毫摩尔 KI 相当之克数。

2. pH

称取 5g 样品，称准至 0.01g，溶于 100mL 无二氧化碳的水中，在 25℃时，用酸度计测定 pH 值应在 6.0~8.0 之间。

3. 杂质测定

样品须称准至 0.01g。

（1）澄清度试验

称取 20g 样品，溶于 100mL 水中其浊度不得大于澄清度标准，要求如表 6-9 所示。

表 6-9　澄清度标准

级　别	标　号	级　别	标　号
优级纯	2 号	化学纯	5 号
分析纯	3 号		

（2）水不溶物

称取 50g 样品，溶于 150mL 沸水中，冷却至室温，用已在（105±2）℃恒重的 4 号玻璃滤坩过滤，用热水洗涤滤渣至洗液无碘离子反应，于（105±2）℃的电烘箱中干燥至恒重。滤渣质量要求如表 6-10 所示，不得大于要求浓度。

表 6-10　滤渣质量要求

级　别	浓　度	级　别	浓　度
优级纯	2.5mg	化学纯	10.0mg
分析纯	5.0mg		

（3）碘酸盐及碘

称取 3g 样品，溶于 60mL 水中，优级纯取 40mL（分析纯取 6mL，化学纯取 2.5mL），稀释至 50mL，加 3mL 硫酸标准溶液 $[c(1/2H_2SO_4)=0.1mol/L]$，加 5mL 淀粉指示液（10g/L），在 10g 内溶液不得呈现蓝色或紫色。

（4）氯化物及溴化物

称取 1g 样品，溶于 100mL 水中，加 1mL 30%的过氧化氢、1mL 磷酸，煮沸至溶液无色，冷却，加 0.5mL 30%的过氧化氢，加热至过氧化氢分解完全，冷却，稀释至 100mL。取 10mL，加 1mL 硝酸溶液（25%）及 1mL 硝酸银溶液（17g/L）稀释至 25mL，摇匀放置 10min，所呈浊度不得大于标准。

取下列数量的氯化物杂质标准溶液，如表 6-11 所示，并稀释至 10mL，与样品溶液同时同样处理。

表 6-11　氯化物杂质标准溶液浓度

级　别	浓　度	级　别	浓　度
优级纯	0.01mgCl	化学纯	0.05mgCl
分析纯	0.01mgCl		

（5）硫酸盐

称取 0.5g 样品溶于 10mL 水中，加 0.5mL 的盐酸溶液（20%）。

将 0.25mL 硫酸钾乙醇溶液与 1mL 氯化钡溶液（250g/L）混合（晶种液），准确放置 1min，加入上述已酸化的样品溶液，稀释至 25mL，摇匀，放置 5min，所呈浊度不得大于标准。

取下列数量的硫酸盐杂质标准溶液如表 6-12 所示，并与样品同时同样处理。

表 6-12　硫酸盐杂质标准溶液

级　别	浓　度	级　别	浓　度
优级纯	0.010mg SO_4	化学纯	0.050mg SO_4
分析纯	0.025mg SO_4		

（6）磷酸盐

称取 2g 样品溶于 10mL 水中，加 2mL 硝酸，蒸发至干，冷却，再重复操作一次，残渣溶于 8mL 水中，加 2 滴饱和 2,4-二硝基酚指示液（13%），滴加硝酸溶液，至溶液黄色消失，稀释至 10mL 置于分液漏斗中，加 10mL 硝酸溶液（13%），加 2mL 钼酸铵溶液（100g/L），摇匀，放置 20min，加 10mL 乙酸丁酯，萃取，静置分层，弃去水相，有机相用盐酸溶液（5%），洗涤两次，每次 5mL 弃去水相，在有机相中加入 0.2mL 氯化亚锡，抗坏血酸溶液，轻轻摇动，静置分层，弃去水相，于有机相中加入 1mL 无水乙醇，混匀所呈蓝色不得深于标准。

取下列数量的磷酸盐杂质标准溶液如表 6-13 所示，并稀释至 8mL，与同体积样品溶液同时同样处理。

表 6-13　磷酸盐杂质标准溶液浓度限值

级　别	浓　度	级　别	浓　度
优级纯	0.020mg PO_4	分析纯	0.040mg PO_4

（7）总氮量

称取 2g 样品，置于凯氏仪中，加 140mL 水溶解，加 5mL 氢氧化钠溶液（320g/L）、1.0g 定氮合金，静置 1h。加热蒸馏出 75mL，用盛有 5mL 硫酸溶液（5%）的 100mL 比色管接收，加 3mL 氢氧化钠溶液（320g/L），2mL 纳氏试剂，稀释至 100mL，摇匀。所呈黄色不得深于标准。

取下列数量的氮杂质标准溶液如表 6-14 所示，并与样品同时同样处理。

表 6-14　磷酸盐杂质标准溶液浓度

级　别	浓　度	级　别	浓　度
优级纯	0.02mg N	化学纯	0.04mg N
分析纯	0.04mg N		

（8）钠

按火焰原子吸收光谱法测定。

1）仪器条件：

光源：钠空心阴极灯；

波长：589.0nm；

火焰：乙炔-空气。

2）测定方法：

称取 0.5g 样品，溶于水，稀释至 100mL。取 4mL，共四份。按 GB 9723 第 6.2.2 条之规定测定。

（9）镁

按火焰原子吸收光谱法测定。

1）仪器条件：

光源：镁空心阴极灯；

波长：285.2nm；

火焰：乙炔-空气。

2）测定方法：

称取 5g 样品，溶于水，稀释至 100mL，取 10mL，共四份。按 GB 9723 第 6.2.2 条之规定测定。

（10）钙

称取 0.5g 样品溶于 250mL 水中，取 10mL，加 10mL95％乙醇、0.5mL 混合碱及 1mL 乙二醛缩双邻氨基酚乙醇溶液（2g/L），摇匀，放置 5min。用 5mL 三氯甲烷萃取（温度不超过 30℃），立即比色，有机层所呈红色不得深于标准。

取下列数量的钙杂质标准溶液，浓度如表 6-15 所示，并稀释至 10mL，与同体积样品溶液同时同样处理。

表 6-15 钙杂质标准溶液浓度限值

级　别	浓　度	级　别	浓　度
优级纯	0.02mg Ca	化学纯	0.10mg Ca
分析纯	0.04mg Ca		

（11）铁

称取 2g 样品，溶于 15mL 水中，用盐酸溶液（15％）调节溶液的 pH 值至 2，加 1mL 抗坏血酸溶液（20g/L）、5mL 乙酸-乙酸钠缓冲溶液（pH 值 ≈ 4.5）及 1mL，10-菲啰啉溶液稀释至 25mL，摇匀放置。所呈红色不得深于标准。

取下列数量的铁杂质标准溶液，浓度如表 6-16 所示，并与样品同时同样处理。

表 6-16 铁杂质标准溶液浓度限值

级　别	浓　度	级　别	浓　度
优级纯	0.002mg Fe	化学纯	0.010mg Fe
分析纯	0.006mg Fe		

（12）砷

称取 10g 样品，置于定砷瓶中，溶于 30mL 水中，加 20mL 氯化亚锡盐酸溶液、碘化钾溶液（15/L）及 1mL 硫酸铜溶液（20g/L），摇匀，于暗处放置 35min。加 5.0g 无砷锌，立即将塞有乙酸铅棉花及盛有 5mL 吸收液（二乙基二硫代氨基甲酸银-三乙基胺-三氯甲烷溶液）

的吸收管装在定砷瓶上，反应 30min(避免阳光直射)。取下吸收管(勿使吸收液倒吸)，用三氯甲烷将吸收液补充至 5mL，摇匀。所呈紫红色不得深于标准。

取下列数量的砷杂质标准溶液，浓度如表 6-17 所示，并与样品同时同样处理。

表 6-17　砷杂质标准溶液浓度限值

级　别	浓　度	级　别	浓　度
优级纯	0.001mg As	分析纯	0.002mg As

(13) 钡

称取 2g 样品(化学纯称取 1g 样品)，溶于 20mL 水中，加 5mL95% 乙醇，30mg 抗坏血酸、硫酸溶液(20%)，摇匀，放置 10min，所呈浊度不得大于标准。

标准是取下列数量的钡杂质标准溶液，如表 6-18 所示，与样品同时同样处理。

表 6-18　钡杂质标准溶液浓度限值

级　别	浓　度	级　别	浓　度
优级纯	0.02mg Ba	化学纯	0.06mg Ba
分析纯	0.04mg Ba		

(14) 重金属

称取 10g 样品，加 10mL 硫酸溶液(1+1)，缓缓加热至硫酸蒸气逸尽，冷却。残渣溶于 20mL 水中。取 15mL，用氨水溶液(10%)调节样品溶液 pH 值至 4，加 0.2mL 乙酸溶液(30%)，稀释至 25mL，加 10mL 新制备的饱和硫化氢水，摇匀，放置 10min，所呈暗色不得深于标准。

标准是取剩余的 5mL 样品溶液及下列数量的铅杂质标准溶液，如表 6-19 所示，并稀释至与同体积样品溶液同时同样处理。

表 6-19　铅杂质标准溶液浓度限值

级　别	浓　度	级　别	浓　度
优级纯	0.010mg Pb	化学纯	0.050mg Pb
分析纯	0.025mg Pb		

(15) 还原性物质

称取 1.5g 样品，溶于 10mL 无二氧化碳的水中，加 1mL 硫酸溶液(20%)，5mL 淀粉指示液(10g/L)加 0.05mL 碘标准溶液 $[c(1/2I_2) = 0.002mol/L]$ 摇匀，放置 30s。所呈蓝色不得完全消失。

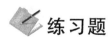 练习题

一、填空题

1. 固体样品的制备一般包括(　　　　)；(　　　　)；(　　　　)；(　　　　)四个步骤。

2. 在电位滴定中，以 E/V 作图绘制滴定曲线，滴定终点为曲线的(   )。

3. 用强碱滴定强酸时，采用酚酞作指示剂，终点由(   )色变为(   )色。

4. 滴定管读数时，无论是在滴定架上还是手持管读数都要保证(   )。

5. 一般说，酸碱指示剂的用量(   )一些为佳，指示剂过(   )，会使终点不敏锐。

6. 以邻菲罗啉分光光度法测定铁含量时，加入抗坏血酸作为(   )，加入醋酸-醋酸钠作为(   )，加入邻菲罗啉是作为(   )。

7. 通常把测定试样的化学成分或组成，叫作(   )。把测定试样的理化性质，叫作(   )。

8. 滴定某弱酸，已知指示剂的理论变色点 pH 值为 5.3，该滴定的 pH 值突跃范围应为(   )。

9. 正式滴定前，应将滴定液调至"0"刻度以上约(   )cm 处，停留(   )min，以使附着在管上部内壁的溶液流下。

10. 强酸滴定强碱时，滴定的突跃范围受(   )和(   )的影响，因此一般要求碱的电离常数与浓度的乘积应(   )。符合此条件，滴定才有明显的突跃范围，才有可能选择指示剂。

二、选择题

1. 酸碱指示剂一般是(   )。
A. 有机酸或无机酸   B. 无机酸或无机碱   C. 弱的有机酸或有机碱

2. 电位滴定法实际上是借助于(   )电位的变化而不用指示剂来确定滴定终点的方法。
A. 指示电极   B. 参比电极   C. 混合电极

3. 相对校正因子是指某物质的绝对校正因子与(   )物的绝对校正因子之比。
A. 非标准   B. 标准   C. 未知

4. 某化合物的水溶液能使酚酞变红，据此实验可得出的结论是(   )。
A. 此化合物是碱   B. 是强碱弱酸盐   C. 其水溶液呈碱性

5. 在一分析中，能准确测量溶液体积的玻璃仪器是(   )。
A. 滴定管、移液管、量筒   B. 滴定管、容量瓶、量杯
C. 滴定管、移液管、容量瓶

6. 在用基准氧化锌标定 EDTA 溶液时，下列哪些仪器需用操作溶液冲洗三遍(   )。
A. 容量瓶   B. 吸管   C. 锥形瓶

7. 用 NaOH 标准溶液滴定乙酸，到达理论终点时溶液呈(   )。
A. 中性   B. 酸性   C. 碱性

8. 称取固体 NaOH10g，加入 100g 的水中溶解，这样配制的 NaOH 溶液浓度为(   )质量分数。
A. 10%   B. 9.1%   C. 3.6%

9. 用离子选择性电极以标准曲线法进行定量分析时，应要求(   )。
A. 试液与标准系列溶液的离子强度相一致

B. 试液与标准系列溶液的离子强度大于1

C. 试液与标准系列溶液中待测离子活度相一致

D. 试液与标准系列溶液中待测离子强度相一致

10. 取水样 10mL 于试管中，加入 2~3 滴铬黑 T 指示剂，如水样呈现蓝色，表明水样中（   ）。

A. 有金属阳离子   B. 无金属阳离子   C. 有阴离子

第7章 石油化工产品分析与检验

7.1 概述及油品分析的技术依据

7.1.1 概述

石油化工产品包括：石油燃料、石油溶剂与化工原料、润滑剂、石蜡、石油沥青、石油焦等6类。其中，各种燃料产量最大，约占总产量的90%，各种润滑剂品种最多，产量约占5%。各国都制定了产品标准，以适应生产和使用的需要。

7.1.2 油品分析的技术依据

无论是炼油厂供货，还是油品销售公司进货、储备、出库或加油站供油，甚至是政府部门进行的质量抽检，都要以产品质量标准及其实验方法标准为技术依据。产品质量是以适合一定用途，满足社会和人们需要为特征，包括产品结构、材质、性能、强度等内在质量特性，也包括形状、颜色、嗅觉、包装等外部质量特性。在这些特性中，有的可以直接定量(如硬度、化学成分等)，有的则不宜直接定量(如外观、舒适性等)。不论是直接定量还是间接定量(或定性)的特性技术参数，都应准确地反映社会和用户对产品用途与功能的客观需求，并体现在产品质量标准的技术要求和内容中。

7.1.2.1 质量标准

质量标准，也称产品质量标准。它是对产品结构、规格、质量和试验方法等所做的技术规定，是产品生产和质量认定的技术依据。根据《国家产品质量法》(第二十六条)规定，产品质量应当符合下列要求：不存在危及人身、财产安全的不合理的危险，有保障人体健康和人身、财产安全的国家标准、行业标准的，应当符合该标准；具备产品应当具备的使用性能(但是，对产品存在使用性能的瑕疵作出说明的除外)；符合在产品或者其包装上注明采用的产品标准，符合以产品说明、实物样品等方式表明的质量状况。

产品质量标准的文件结构主要包括：封面，目录，前言，引言，范围，规范性引用文件，术语和定义，符号和缩略语，技术要求，试验方法，检验规则(抽样、判定规则)，标签与标志，包装、运输、储存、附录等内容。

7.1.2.2 石油化工产品检验内容及规范性引用文件[18-20]

石油化工产品检验的分析与检验内容，主要包括以下项目：

(1) 石油产品闪点测定法
(2) 石油产品凝点测定法
(3) 石油产品残炭测定法
(4) 石油产品铜片腐蚀试验法

（5）石油产品酸值测定法

（6）石油产品蒸气压测定法

（7）汽油氧化安定性测定法

（8）石油产品运动黏度测定和动力学黏度计算法

（9）石油产品蒸馏测定法

（10）原油和液体石油产品密度实验室测定法

（11）高真空蒸馏测定法

（12）馏分燃料油中硫醇硫的测定方法

（13）石油产品中水分的测定

（14）石油产品颜色测定法

（15）轻质石油产品总硫含量测定法

（16）液化石油气组分测定法

（17）检测管法快速测定气体中的硫化氢含量

（18）液化石油气蒸气压、相对密度及辛烷值计算法

（19）石油产品灰分测定法

（20）石油焦挥发分测定法

本章从以上项目中抽取六项，根据分析检验标准来列出分析检验的要求，并配以实训实例以此熟悉石油化工产品的分析和检验的特点。

规范性引用文件如下：

GB/T 265—88《石油产品运动黏度测定法和动力黏度计算法》

GB/T 1995—1998《石油产品黏度指数计算法》

GB/T 8017—2012《石油产品蒸气压测定法（雷德法）》

GB/T 6536—2010《石油产品常压蒸馏特性测定法》

GB/T 2541—1981《石油产品黏度指数算表》

SH/T 0121《石油产品馏程测定装置技术条件》

GB/T 514《石油产品试验用液体温度计技术条件》

GB/T 6536—2010《石油产品常压蒸馏特性测定法》

GB/T 260—77(88)《石油产品水分测定法》

GB/T 4756《石油和液体石油产品取样法（手工法）》

7.2　石油产品黏度的测定

7.2.1　黏度的定义及种类

黏度反映流体在外力作用下移动时，物体分子之间内摩擦力的性质。通常，黏度分为动力学黏度、运动黏度和条件黏度三类。

1. 动力学黏度

表示液体在一定剪切应力下流动时内摩擦力的量度。当流体处于层流状态时，符合式(7-1)的牛顿黏性定律：

$$\tau = \frac{F}{S} = \eta \frac{dv}{dx} \tag{7-1}$$

式中　τ——剪切应力，即单位面积上的剪切力，Pa；

　　　F——相邻两层流体做相对运动时产生的剪切力，N；

　　　S——相邻两层流体的接触面积，m^2；

　　　$\dfrac{dv}{dx}$——与流动方向垂直向上的流体速度变化率，称为速度梯度，s^{-1}；

　　　η——流体的黏滞系数（又称动力黏度，简称黏度），$Pa \cdot s$；

符合式(7-1)关系的流体称为牛顿型流体，即在所有剪切应力和速度梯度下，都显示恒定黏度的流体，反之，则称为非牛顿流体。直接测定动力学黏度时困难较多，通常采用相对流量法，即用同一规格的毛细管黏度计，在相同的条件下分别测定已知动力学黏度的液体和未知液体在静压力作用下在毛细管黏度计中流动的时间。用式(7-2)计算未知液体黏度：

$$\frac{\eta_1}{\eta_2} = \frac{\rho_1 \tau_1}{\rho_2 \tau_2} \tag{7-2}$$

式中　η——油品的动力黏度，$Pa \cdot s$；

　　　ρ——油品的密度，g/cm^3；

　　　τ——油品在黏度计中的流动时间，s。

2. 运动黏度

运动黏度是油品动力学黏度和同温度下油品密度的比值，如式(7-3)所示：

$$v_t = \frac{\eta_t}{\rho_t} \tag{7-3}$$

式中　v_t——油品在温度t℃时的运动黏度，m^2/s；

　　　η_t——油品在温度t℃时的动力黏度，$Pa \cdot s$；

　　　ρ——油晶在温度t℃时的密度，kg/m^3。

依据上式，式(7-3)又可写成如式(7-4)的形式：

$$\frac{\eta_1/\rho_1}{\rho_2/\rho_2} = \frac{v_1}{v_2} = \frac{\tau_1}{\tau_2}$$

$$v_2 = \frac{v_1}{v_2} \times \tau_2 \tag{7-4}$$

因v/η在GB/T 265中作为黏度计常数C，故式(7-4)可写为：

$$v_2 = C\tau_2 \tag{7-5}$$

液体的运动黏度利用玻璃毛细管黏度计测定。在某一恒定的温度下，测定一定体积的液体流过一个标定好的玻璃毛细管黏度计的时间，黏度计常数与流动时间的乘积即为该温度下液体的运动黏度。

3. 条件黏度

又称相对黏度，指采用特定黏度计所测得的以条件性数值表示的黏度。常见的条件黏度有以下三种：恩格勒黏度，赛波特黏度，雷德乌德黏度。

7.2.2 石油产品黏度的测定

本章叙述的方法适用于测定液体石油产品(指牛顿型流体)的运动黏度,如柴油、润滑油、渣油、原油等。

1. 引用标准

GB/T 265—1988 石油产品运动黏度测定法和动力黏度计算法。

2. 方法概要

在某一恒定的温度下,测定一定体积的液体在重力下流过一个标定好的玻璃毛细管黏度计的时间,黏度计的毛细管常数与流动时间的乘积,即为该温度下测定液体的运动黏度。

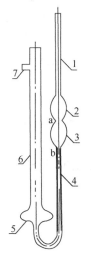

图 7-1 毛细管黏度计图
1、6—管身;2、3、5—扩张部分;
4—毛细管;a、b—标线

3. 仪器材料与试剂

(1)黏度计

玻璃毛细管黏度计:毛细管内径为 0.4mm,0.6mm,0.8mm,1.0mm,1.2mm,1.5mm,2.0mm,2.5mm,3.0mm,3.5mm,4.0mm,5.0mm 和 6.0mm;每支黏度计必须按 JJG 155《工作毛细管黏度计检定规程》进行检定并确定常数。测定试样的运动黏度时,应根据试验的温度选用适当的黏度计,务使试样的流动时间不少于 200s,内径 0.4mm 的黏度计流动时间不少于 350s。黏度计形状如图 7-1 所示。

(2)恒温槽

带有透明壁或装有观察孔的恒温浴,其高度不小于 180mm,容积不小于 2L,并且附设有自动搅拌装置和一种能够准确地调节温度的电热装置。在 0℃ 和低于 0℃ 测定运动黏度时,使用筒形开有看窗的透明保温瓶,其尺寸与前述的透明恒温浴相同,并设有搅拌装置。根据测定的条件,要在恒温浴中注入如表 7-1 中列举的一种液体。

表 7-1 不同温度范围内的恒温浴液体

测定的温度/℃	恒温浴液体
50~100	透明矿物油、丙三醇(甘油)或 25%硝酸钠水溶液(该溶液的表面会浮着一层透明的矿物油)
20~50	水
0~20	水与冰的混合物,或乙醇与干冰(固体二氧化碳)的混合物
0~50	乙醇与干冰的混合物,在无乙醇的情况下,可用无铅汽油代替

(3)玻璃水银温度计;

(4)秒表。

4. 材料

溶剂油;铬酸洗液。

5. 试剂

石油醚:60~90℃,化学纯;95%,乙醇:化学纯。

6. 准备工作

试样含有水或机械杂质时，在试验前必须经过脱水处理，用滤纸过滤除去机械杂质。

1）对于黏度大的润滑油，可以用瓷漏斗，利用水流泵或其他真空泵进行吸滤，也可以在加热至50~100℃的温度下进行脱水过滤。

2）在测定试样的黏度之前，必须将黏度计用溶剂油或石油醚洗涤，如果黏度计沾有污垢，就用铬酸洗液、水、蒸馏水或95%乙醇依次洗涤。然后放入烘箱中烘干或用通过棉花滤过的热空气吹干。

3）测定运动黏度时，在内径符合要求且清洁、干燥的毛细管黏度计内装入试样。在装试样之前，将橡皮管套在支管7上，并用手指堵住管身6的管口，同时倒置黏度计，然后将管身1插入装着试样的容器中，这时利用橡皮球、水流泵或其他真空泵将液体吸到标线b，同时注意不要使管身1，扩张部分2和3中的液体发生气泡和裂隙。当液面达到标线b时，就从容器里提起黏度计，并迅速恢复其正常状态，同时将管身1的管端外壁所沾着的多余试样擦去，并从支管7取下橡皮管套在管身1上。

4）将装有试样的黏度计浸入事先准备妥当的恒温浴中，并用夹子将黏度计固定在支架上，在固定位置时，必须把毛细管黏度计的扩张部分2浸入一半。温度计要利用另一只夹子来固定，务使水银球的位置接近毛细管中央点的水平面，并使温度计上要测温的刻度位于恒温浴的液面上10mm处。使用全浸式温度计时，如果其测温刻度露出恒温浴的液面，则需按式(7-6)进行校正，这样才能准确地测出液体温度：

$$t = t_1 - \Delta t \tag{7-6}$$
$$\Delta t = kh(t_1 - t_2)$$

式中　t——经校正后的测定温度,℃；

　　　t_1——测定黏度时的规定温度,℃；

　　　t_2——接近温度计液柱露出部分的空气温度,℃；

　　　Δt——温度计液柱露出部分的校正值,℃；

　　　k——常数，水银温度计采用$k=0.0016$，酒精温度计采用$k=0.001$；

　　　h——露出浴面的水银柱或酒精柱高度，用温度计的示数表示。

7. 试验步骤

1）将黏度计调整成为垂直状态，要利用铅垂线从两个相互垂直的方向去检查毛细管的垂直情况。将恒温浴调整到规定的温度，把装好试样的黏度计浸在恒温浴内。

2）经恒温如表7-2规定的时间。

表7-2　黏度计在恒温浴中的恒温时间

试验温度/℃	恒温时间/min	试验温度/℃	恒温时间/min
80~100	20	20	10
40~50	15	0~50	15

3）利用毛细管黏度计管身1口所套着的橡皮管将试样吸入扩张部分3，使试样液面稍高于标线a，并且注意不要让毛细管和扩张部分3的液体产生气泡或裂隙。

4）此时观察试样在管身中的流动情况，液面正好到达标线a时，开动秒表，液面正好流到标线b时，停止秒表。试样的液面在扩张部分3中流动时，注意恒温浴中正在搅拌的液体要保持恒定温度，而且扩张部分中不应出现气泡。

5）用秒表记录下来流动时间，应重复测定至少四次，其中各次流动时间与其算术平均值的差数应符合如下的要求：在温度 100~15℃测定黏度时，这个差数不应超过算术平均值的±0.5%；在低于 15~-30℃测定黏度时，这个差数不应超过算术平均值的±0.5%；在低于-30℃测定黏度时，这个差数不应超过算术平均值的±2.5%。

6）然后，取不少于三次的流动时间所得的算术平均值，作为试样的平均流动时间。

8. 数据处理及允差

（1）运动黏度 v_t（mm^2/s）计算

温度为 t 时，试样的运动黏度 v_t（mm^2/s）按下式计算：

$$v_t = C \times \tau \tag{7-7}$$

式中 C——黏度计常数，mm^2/s；

τ——试样的平均流动时间，s。

（2）重复性

同一操作者，用同一试样的重复测定的两个结果之差，不应超过表 7-3 所示之值。

（3）重复性允差

表 7-3　重复性允差

测定黏度的温度/℃	重复性/%	测定黏度的温度/℃	重复性/%
15~100	算术平均值的 1.0	-30~-15	算术平均值的 5.0
-30~15	算术平均值的 3.0		

【例 7-1】　黏度计常数为 0.4780mm^2/s，试样在 50℃时的流动时间为 318.0s，322.4s，322.6s 和 321.0s，因此流动时间的算术平均值为：

$$(318.0+322.4+322.6+321.0)/4=321.0s$$

各次流动时间与平均流动时间的允许差数为（321.0×0.5）/100=1.6s

因为 318.0s 与平均流动时间之差已超过 1.6s，所以这个读数应弃去。计算平均流动时间时，只采用 322.4s，322.6s 和 321.0s 的观测读数，它们与算术平均值之差，都没有超过 1.6s。

于是平均流动时间为：

$$(322.4+322.6+321.0)/3=322.0s$$

试样运动黏度测定结果为：

$$0.4780 \times 322.0 = 154.0mm^2/s$$

温度为 t 时，试样的动力黏度 η_t（$mPa \cdot s$）按下式计算：

$$\eta_t = v_t \times \rho_t$$

式中 v_t——在温度 t 时，试样的运动黏度，mm^2/s；

ρ_t——在温度 t 时，试样的密度，g/cm^3。

（4）精密度

用下述规定来判断试验结果的可靠性（95%置信水平）。

（5）重复性

同一操作者，用同一试样重复测定的两个结果之差，不应超过下列数值（见表 7-4）：

表 7-4　重复性

测定黏度的温度/℃	重复性/%	测定黏度的温度/℃	重复性/%
15~100	算术平均值的 0.1	低于 -60~-30	算术平均值的 5.0
低于 -30~15	算术平均值的 3.0		

（6）再现性

由不同操作者，在两个实验室提出的两个结果之差，不应超过下列数值（见表 7-5）：

表 7-5　再现性

测定黏度的温度/℃	再现性/%
15~100	算术平均值的 2.2

9. 报告

黏度测定结果的数值，取四位有效数字。取重复测定两个结果的算术平均值，作为试样的运动黏度或动力学黏度。

7.2.3　实训实例—润滑油运动黏度的测定

我国润滑油的牌号主要根据运动黏度来划分。运动黏度与发动机冷启动性能、摩擦功率的大小、机械磨损量、密封程度、润滑油及燃料油品的消耗量等关系密切。而且，运动黏度是评价轻柴油和车用柴油流动性、雾化性和润滑性的指标。

7.2.3.1　润滑油运动黏度的测定

1. 测定仪器

玻璃毛细管黏度计（图 7-1）测定黏度的原理，依据泊塞耳方程式[见式（7-8）]：

$$\eta = \frac{\pi r^4 p \tau}{8VL} \tag{7-8}$$

式中　η——试样的动力黏度，Pa·s；

　　　r——毛细管半径，m；

　　　L——毛细管长度，m；

　　　V——毛细管流出试样的体积，m³；

　　　τ——试样的平均流动时间（多次结果的算术平均值），s；

　　　P——使试样流动的压力，N/m²。

如果试样流动压力改用油柱静压力表示，即 $p = h\rho g$，再将动力黏度转换为运动黏度，则式（7-8）可改写为式（7-9）形式：

$$v = \frac{\eta}{\rho} = \frac{\pi r^4 h \rho g \tau}{8VL\rho} = \frac{\pi r^4 h g}{8VL} \tau \tag{7-9}$$

式中　v——试样的运动黏度，m²/s；

　　　h——油柱高度，m；

　　　g——重力加速度，m/s²。

对于指定的毛细管黏度计，其直径、长度和液柱高度都是定值，即 r、L、Y、h、g 均为常数，因此式（7-9）可改写为式（7-10）形式：

$$v = C\tau \tag{7-10}$$

式中 C——毛细管黏度计常数，m^2/s^2。

$$C = \frac{\pi r^4 hg}{8VL}$$

式(7-10)表明在一定条件下，液体的运动黏度与流过毛细管的时间成正比。因黏度计常数已知，根据液体流出毛细管的时间即可计算其运动黏度。由于油品的运动黏度与温度有关，故不同温度的运动黏度用 ν_t 表示。

本章 7.2.2 中已给出常用的玻璃毛细管黏度计的内径。每支毛细管黏度计的常数 C 不相同。常数 C 是在一定温度下，用标准黏度油对黏度计进行标定得到的。

图 7-2 是 SYD-265H 型石油产品运动黏度试验器，符合 GB/T 265 相关技术要求，用于测定液体石油产品(牛顿流体)在某一恒定温度条件下的运动黏度。该仪器采用双层缸，数显控温。水浴测温范围为室温～100℃；水浴控温精度为 ±0.01℃，能自动计时，可设置黏度计系统并在实验结束后自动计算和打印黏度值。

2. 仪器操作

1）根据使用的测试限度，在恒温浴内装入适当的浴液，详见本章表 7-2 中详细介绍。

2）根据试验温度选用适当的清洁、干燥的毛细管黏度计。

3）打开仪器面板上的电源开关，开关指示灯亮，根据试验要求设定恒温浴温度。

图 7-2 SYD-265H 型石油产品运动黏度试验器

4）浴温稳定后，按照 GB/T 265 标准方法进行测试，详见本章 7.2.2 中的叙述。

5）观察试样在管身中的流动情况(参见图 7-1 玻璃毛细管黏度计示意图)，液面正好到达标线 a 时，按动计时按钮，计时开始；液面正好流到 b 时，再按计时按钮，计时停止。按要求重复试验。

6）试验结束，关闭电源。

7.2.3.2 测定注意事项

1. 试样预处理

试样含水分及机械杂质时，必须进行脱水、过滤处理。水分会影响试样的正常流动，杂质易黏附于毛细管内壁，增大流动阻力，两者均会影响测定结果。

2. 黏度计的选择

在实验温度下，要求试样通过毛细管黏度计的流动时间必须不少于200s，内径为0.4mm 的黏度计流动时间不少于350s。否则，若试样通过时间过短，易产生湍流，会使测定结果产生较大偏差；若通过时间过长，不易保持温度恒定，也可引起测定偏差。

3. 黏度计的安装

黏度计必须调整成垂直状态，否则会改变液柱高度引起静压差变化，使测定结果出现偏差。

4. 试样的装入

必须严格控制试样装入量，不能过多或过少；吸入黏度计的试样不允许有气泡，气泡不但会影响装油体积，而且进入毛细管后还能行成气塞，增大流体阻力，使流动时间增长，测定结果偏高。

5. 仪器的准备

毛细管黏度计必须洗净、烘干。毛细管黏度计、温度计必须定期检定。

6. 试验温度的控制

油品的运动黏度随温度升高而降低且变化很明显，为此试验温度必须保持稳定，尽量减小波动。要严格控制黏度计在恒温浴中的恒温时间。

7.3　石油产品凝点的测定

7.3.1　凝点定义及有关术语

1. 低温流动性

油品的低温流动性能是指油品在低温下能否正常流动和顺利输送的能力。低温性能差的油品在低温时会析出结晶，黏度增加以致失去流动性，影响油品的运输和使用。

2. 凝固现象

油品失去流动性的原因与油品组成有关，一般认为有两种情况：对含蜡很少或不含蜡的油品，当温度降低时，黏度迅速增大，当黏度增大到一定程度时，就会变成无定形的黏稠玻璃状物质而失去流动性，这种现象称为黏温凝固，影响黏温凝固的是油品中的胶状物质以及多环短侧链的环状烃。

3. 凝点

由于油品的凝固过程是一个渐变过程，所以凝点的高低与测定条件有关。油品的凝点是指油品在规定条件下，冷却至液面不移动时的最高温度，以℃表示。油品凝点的高低与其化学组成密切相关。当碳原子数相同时，正构烷烃熔点最高，带侧链的芳烃、环烷烃次之，异构烷烃则较小。

7.3.2　石油产品凝点的测定

1. 方法概要

测定方法是将试样装在规定的试管中，并冷却到预期的温度时，将试管倾斜45°经过1min，观察液面是否移动。

2. 仪器与材料

（1）仪器

圆底试管：高度160mm±10mm，内径20mm±1mm，在距管底30mm的外壁处有一环形标线。

圆底的玻璃套管：高度130mm±10mm，内径40mm±2mm。

装冷却剂用的广口保温瓶或筒形容器：高度不少于160mm，内径不少于120mm，可以用陶瓷、玻璃、木材，或带有绝缘层的铁片制成。

水银温度计：符合 GB/T 514《石油产品试验用液体温度计技术条件》的规定，供测定凝点高于-35℃的石油产品使用。

液体温度计：符合 GB/T 514 的规定，供测定凝点低于-35℃的石油产品使用。

任何型式的温度计：供测量冷却剂温度用。

支架：有能固定套管、冷却剂容器和温度计的装置。

水浴。

（2）材料

冷却剂：试验温度在0℃以上用水和冰，在 0～-20℃用盐和碎冰或雪。在-20℃以下用工业乙醇（溶剂汽油、直馏的低凝点汽油或直馏的低凝点煤油）和干冰（固体二氧化碳）。

注：缺乏干冰时，可以使用液态氮气或液态空气或其他适当的冷却剂，也可使用半导体致冷器（当用液态空气时应使它通入旋管金属冷却器并注意安全）

3. 试剂

无水乙醇（CR）。

4. 准备工作

1）制备含有干冰的冷却剂时，在一个装冷却剂用的容器中注入工业乙醇，注满到器内深度的 2/3 处。然后将细块的干冰放进搅拌着的工业乙醇中，再根据温度要求下降的程度，逐渐增加干冰的用量。每次加入干冰时，应注意搅拌，不使工业乙醇外溅或溢出。冷却剂不再剧烈冒出气体之后，添加工业乙醇达到必要的高度。

2）无水的试剂直接按本方法 3）开始试验。含水的试样试验前需要脱水。但在产品质量验收试验及仲裁试验时，只要试样的水分在产品标准允许范围内，应同样直接按本方法 3）开始试验。试样的脱水按下述方法进行，但是对于含水多的试样应先经静置，取其澄清部分来进行脱水。

对于容易流动的试样，脱水处理是在试样中加入新煅烧的粉状硫酸钠或小粒状氯化钙，并在 10～15min 内定期摇荡，静置，用干燥的滤纸滤取澄清部分。

对于黏度大的试样，脱水处理是将试样预热到不高于 50℃，经食盐层过滤。食盐层的制备是在漏斗中放入金属网或少许棉花，然后在漏斗上铺以新锻烧的粗食盐结晶。试样含水多时需要经过 2～3 个漏斗的食盐层过滤。

3）在干燥、清洁的试管中注入试样，使液面满到环形标线处。用软木塞将温度计固定在试管中央，使水银球距管底 8～10mm。试样的脱水按下述方法进行，但是对于含水多的试样应先经静置，取其澄清部分来进行脱水。

4）装有试样和温度计的试管，垂直地浸在 50℃±1℃的水浴中，直至试样的温度达到 50℃±1℃为止。

5. 试压步骤

1）从水浴中取出装有试样和温度计的试管，擦干外壁，用软木塞将试管牢固地装在套管中，试管外壁与套管内壁要处处距离相等。

装好的仪器要垂直地固定在支架的夹子上，并放在室温中静置，直至试管中的试样冷却到 35℃±5℃为止。然后将这套仪器浸在装好冷却剂的容器中。冷却剂的温度要比试样的预期凝点低 7～8℃，试管（外套管）浸入冷却剂的深度应不少于 70mm。

冷却试样时，冷却剂的温度必须准确到±1℃。当试样温度冷却到预期的凝点时，将浸在冷却剂中的仪器倾斜成为45°，并将这样的倾斜状态保持1min，但仪器的试样部分仍要浸没在冷却剂内。

此后，从冷却剂中小心取出仪器，迅速地用工业乙醇擦拭套管外壁，垂直放置仪器并透过套管观察试管里面的液面是否有过移动的迹象。

注：测定低于0℃的凝点时，试验前应在套管底部注入无水乙醇1~2mL。

2）当液面位置有移动时，从套管中取出试管，并将试管重新预热至试样达50℃±1℃，然后用比上次试验温度低4℃或其他更低的温度重新进行测定，直至某试验温度能使液面位置停止移动为止。

注：试验温度低于-20℃时，重新测定前应将装有试样和温度计的试管放在室温中，待试样温度升到-20℃，才将试管浸在水浴中加热。

3）当液面的位置没有移动时，从套管中取出试管，并将试管重新预热至试样达50℃±1℃，然后用比上次试验温度高4℃或其他更高的温度重新进行测定，直至某试验温度能使液面位置有了移动为止。

4）找出凝点的温度范围（液面位置从移动到不移动或从不移动到移动的温度范围）之后，就采用比移动的温度低2℃，或采用比不移动的温度高2℃，重新进行试验。如此重复试验，直至确定某试验温度能使试样的液面停留不动而提高2℃又能使液面移动时，就取使液面不动的温度，作为试样的凝点。

5）试样的凝点必须进行重复测定。第二次测定时的开始试验温度，要比第一次所测出的凝点高2℃。

6. 精密度

用以下数值来判断结果的可靠性（95%置信水平）。

重复性：同一操作者重复测定两个结果之差不应超过2.0℃。

再现性：由两个实验室提出的两个结果之差不应超过4.0℃。

注：本精密度是于1980年用5个试样，在13个实验室开展统计试验，并对试验结果进行数据处理和分析得的。

7. 报告

取重复测定两个结果的算术平均值，作为试样的凝点。

注：如果需要检查试样的凝点是否符合技术标准，应采用比技术标准所规定的凝点高1℃的温度来进行试验，此时液面的位置如能够移动，就认为凝点合格。

7.4　石油产品馏程的测定

7.4.1　馏程及有关术语

1. 馏程

油品主要是由多种烃类及少量烃类衍生物组成的复杂混合物，与纯液体不同，它没有恒定的沸点，其沸点表现为一定的温度范围。油品在规定的条件下蒸馏，从初馏点到终馏点这一表示蒸发特性的温度范围称为馏程。通常车用汽油的馏程用初馏点，10%、50%、

90%蒸发温度，终馏点和残留量等指标来表示。

2. 有关术语

（1）初馏点

冷凝管末端滴下第一滴冷凝液瞬时观察到的校正温度计读数，以℃表示。

（2）馏出温度

馏出物体积分数为装入试样的 10%、50%、90% 时，蒸馏瓶内温度计的读数分别为 10%、50%、90%馏出温度。

（3）终馏点

试验中得到的最高校正温度计读数，通常是在蒸馏烧瓶底部全部液体都蒸发后才出现。

（4）干点

最后一滴液体（不包括在蒸馏烧瓶壁或温度测量装置上的液滴或液膜）从蒸馏烧瓶中的最低点蒸发瞬间所观察到的校正温度计读数。使用时一般采用终馏点而不用干点。

（5）回收百分数

在观察温度计读数同时，再接收量筒内的冷凝物体积，以装样体积分数表示。

（6）最大回收百分数

在冷凝管继续有液体滴入量筒时，每隔 2min 观察一次冷凝液的体积，直至两次连续观察的体积一致时，报告为最大回收百分数或最大回收体积，以百分数或以 mL 表示。

（7）残留百分数和损失百分数

蒸馏结束后，将冷却烧瓶内的残留物按规定方法收集到 5mL 量筒中测得的体积分数，称为残留百分数。以装入试样体积为 100% 减去馏出液体和残留物的体积分数之和，所得之差称为损失百分数。

（8）总回收百分数

测得的最大回收百分数和蒸馏瓶中残留百分数之和，以百分数表示。

7.4.2　石油产品馏程的测定

1. 方法概要

本方法适用于测定发动机燃料、溶剂油和轻质石油产品的馏分组成。100mL 试样在规定的仪器及试验条件下，按产品性质的要求进行蒸馏，系统的观察温度读数和冷凝液体积，然后从这些数据算出测定结果。蒸馏流程见图 7-3。

2. 仪器

石油产品馏程测定器：符合 SH/T 0121《石油产品馏程测定装置技术条件》的各项规定。

1）秒表；

2）喷灯或用带自耦变压器的电炉；

3）温度计：符合 GB/T 514《石油产品试验用液体温度计技术条件》。

3. 准备工作

1）试样中有水时，试验前应进行脱水。在蒸馏前，冷凝器 2 的冷凝管 1 要用缠在铜丝或铝丝上的软布擦拭内壁，除去上次蒸馏剩下的液体。

2）在蒸馏汽油时，冷凝器 2 的进水支管 3 要套上带夹子的橡皮管，然后用冰块或雪装满水槽，再注入冷水浸过冷凝管。蒸馏时水槽中的温度必须保持在 0~5℃。

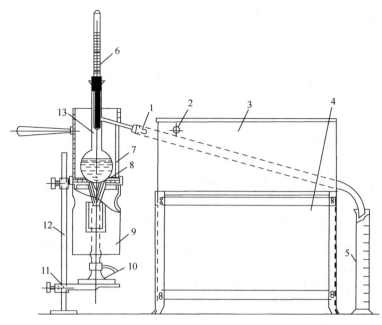

图7-3　蒸馏流程

1—冷凝管；2—冷凝器；3—进水支管；4—排水支管；5—蒸馏烧瓶；6—量筒；7—温度计；
8—石棉垫；9—上罩；10—喷灯；11—下罩；12—支架；13—托架

3）缺乏冰或雪时，验收试验可以按本方法下4)用冷水代替。仲裁试验时，必须使用冰或雪。

4）蒸馏溶剂油、喷气燃料、煤油及其他石油产品时，冷凝器2的进水和排水支管都要套上橡皮管，让冷水经过进水支管3流入水槽，再经排水支管4流走，流出水的温度要调节到不高于30℃。

在蒸馏含蜡液体燃料（凝点高于−5℃）的过程中，控制水温在50~70℃之间。

5）蒸馏烧瓶5可以用轻质汽油洗涤，再用空气吹干。在必要时，用铬酸洗液或碱洗液除去蒸馏烧瓶中的积炭。

6）用清洁、干燥的100mL量筒6，量取试样100mL注入蒸馏烧瓶中，不要使液体流入蒸馏烧瓶的支管内。量筒中的试样体积是按凹液面的下边缘计算，观察时眼睛要保持与液面在同一水平面上。

注入蒸馏烧瓶时试样的温度应为20℃±3℃。

注：在测定含蜡液体燃料时，可适当提高试样温度，使其在流动状态下量取。如遇争执，量取试样的温度应与接受温度一致。

7）用插好温度计7的软木塞，紧密地塞在盛有试样的蒸馏烧瓶口内，使温度计和蒸馏烧瓶的轴心线互相重合，并且使水银球的上边缘与支管焊接处的下边缘在同一平面。

8）装有汽油或溶剂油的蒸馏烧瓶，要安装在符合SH/T 0121规定的石棉垫上；装有煤油、喷气燃料或轻柴油的蒸馏烧瓶要安装在符合SH/T 0121规定的石棉垫上；装有重柴油或其他重质油料的蒸馏烧瓶，要安装在符合SH/T 0121规定的石棉垫上。

蒸馏烧瓶5的支管要用紧密的软木塞与冷凝管1的上端相连接。支管插入冷凝管内的长度要达到 25~40mm，但不能与冷凝管内壁接触。

在软木塞的连接处均涂上火棉胶之后，将上罩 9 放在石棉垫上，把蒸馏烧瓶罩住。

注：蒸馏汽油时，加热器和下罩的温度都不应高于室温。

9）量取过试样的量筒不需经过干燥，就放在冷凝管下面，并使冷凝管下端插入量筒中（暂时互相不接触）不得少于 25mm，也不得低于 100mL 的标线。量筒的口部要用棉花塞好，才进行蒸馏。

蒸馏汽油时，量筒要浸在装着水的高型烧杯中。烧杯中的液面要高出量筒的 100mL 标线。量筒的底部要压有金属重物，使量筒不能浮起。在蒸馏过程中，高型烧杯中的水温应保持在 20℃±3℃。

4. 测试步骤

1）装好仪器之后，先记录大气压力，然后开始对蒸馏烧瓶均匀加热。

蒸馏汽油或溶剂油时，从加热开始到冷凝管下端滴下第一滴馏出液所经过的时间为 5~10min；蒸馏航空汽油时，为 7~8min；蒸馏喷气燃料、煤油、轻柴油时，为 10~15min；蒸馏重柴油或其他重质油料时，为 10~20min。

2）第一滴馏出液从冷凝管滴入量筒时，记录此时的温度作为初馏点。

3）蒸馏达到初馏点之后，移动量筒，使其内壁接触冷凝管末端，让馏出液沿着量筒内壁流下。此后，蒸馏速度要均匀，每分钟馏出 4~5mL，这速度一般应相当于每 10s 馏出 20~25 滴。

以每 10s 相应的滴数检查蒸馏速度时，可以将量筒内壁与冷凝管末端离开片刻。

蒸馏重柴油时，最初馏出 10mL 的蒸馏速度是每分钟 2~3mL，继续下去的蒸馏速度是每分钟 4~5mL。

4）在蒸馏过程中要记录与试样的技术标准中所要求的事项。例如：

① 如果试样的技术标准要求馏出百分数（如 10%、50%、90% 等）的温度，那么当量筒中馏出液的体积达到技术标准所指定的百分数时，就立即记录馏出温度。试验结束时，温度计的误差，应根据温度计检定证上的修正数进行修正；馏出温度受大气压力的影响，应根据本方法 12）中①进行修正。

② 如果试样的技术标准要求在某温度（例如 100℃、200℃、250℃、270℃）的馏出百分数，那末当蒸馏温度达到相当于技术标准所指定的温度时，就立即记录量筒中的馏出液体积。在这种情况下，温度计的误差，应预先根据温度计检定证上的修正数进行修正；馏出温度受大气压力的影响，也应预先根据本方法 12）中①进行修正。

【例 7-2】 蒸馏灯用煤油时，大气压力为 96.7kPa（725mmHg），而温度计在 270℃ 的修正值为 +1℃，即以 269℃ 代替 270℃。在这种情况下，当温度计读数达到：

(270-1)-0.065(101.3-96.7)×7.5=267℃ 或

(270-1)-0.065(760-725)=267℃ 时，就记录量筒中馏出液的体积。

5）在蒸馏汽油或溶剂油的过程中，当量筒中的馏出液达到 90mL 时，允许对加热强度作最后一次调整，要求在 3~5min 内达到干点。如要求终馏点而不要求干点时，应在 2~4min 内达到终馏点。

在蒸馏喷气燃料、煤油或轻柴油的过程中，当量筒中的液面达到 95mL 时，不要改变加热强度，并记录从 95mL 到终馏点所经过的时间，如果这段时间超过 3min，这次试验无效。

6）蒸馏达到试样技术标准要求的终馏点（如馏出 95%、96%、97.5%、98%等）时，除记录馏出温度外，应同时停止加热，让馏出液流出 5min，就记录量筒中的液体体积。

蒸馏喷气燃料或煤油时，如果在尚未达到技术标准要求的馏出 98%已把试样蒸干，再次试验就允许在馏出液达到 97.5%时记录馏出温度并停止加热，让馏出液流出 5min，然后记录量筒中液体的体积。如果量筒中的液体体积小于 98mL，应重新进行试验。

7）如果试样的技术标准规定有干点的温度，那么对蒸馏烧瓶的加热要达到温度计的水银柱停止上升而开始下降时为止，同时记录温度计所指示的最高温度作为干点。在停止加热后，让馏出液流出 5min，就记录量筒中液体的体积。

8）蒸馏时，所有读数都要精确至 0.5mL 和 1℃。

9）试验结束时，取出上罩，让蒸馏烧瓶冷却 5min 后，从冷凝管卸下蒸馏烧瓶。卸下温度计及瓶塞之后，将蒸馏烧瓶中热的残留物仔细地倒入 10mL 的量筒内。待量筒冷却到 20℃±3℃时，记录残留物的体积，精确至 0.1mL。

10）试样的 100mL 减去馏出液和残留物的总体积所得之差，就是蒸馏的损失。

11）对于馏程不明的试样，试验时要记录下列的温度：

① 初馏点；

② 馏出 10%、20%、30%、40%、50%、60%、70%、90%和 97%的温度。

这试样在确定近似牌号之后，再按照该牌号的技术标准所规定的各项馏程要求重新进行馏程测定。

12）大气压力对馏出温度影响的修正：

① 大气压力高于 102.7kPa（770mmHg）或低于 100.0kPa（750mmHg）时，馏出温度所受大气压力的影响按式（7-11）或式（7-12）计算修正系数 C：

$$C=0.0009(101.3-P)(273+t) \tag{7-11}$$

或
$$C=0.00012(760-P)(273+t) \tag{7-12}$$

式中　P——试验时大气压力，kPa（或 mmHg）；

　　　t——温度计读数，℃。

此外，也可以利用表的馏出温度修正常数 k，按式（7-13）或式（7-14）简捷地算出修正系数 C：

$$C=k(101.3-P)×7.5 \tag{7-13}$$

或
$$C=k(760-P) \tag{7-14}$$

馏出温度在大气压力 P 时的数据 t 和在 101.3kPa（760mmHg）时的数据 t_0，存在如下的换算关系：

$$t_0=t+c \tag{7-15}$$

或
$$t=t_0-c \tag{7-16}$$

② 实际大气压力在 100.0～102.7kPa（750～770mmHg）范围内，馏出温度不需要进行上述的修正，即认为 $t=t_0$。

馏出温度的修正常数表见表 7-6。

表 7-6 馏出温度的修正常数表

馏出温度/℃	k	馏出温度/℃	k
11~20	0.035	191~200	0.056
21~30	0.036	201~210	0.057
31~40	0.037	211~220	0.059
41~50	0.038	221~230	0.060
51~60	0.039	231~240	0.061
61~70	0.041	241~250	0.062
71~80	0.042	251~260	0.063
81~90	0.043	261~270	0.065
91~100	0.044	271~280	0.066
101~110	0.045	281~290	0.067
111~120	0.047	291~300	0.068
121~130	0.048	301~310	0.069
131~140	0.049	311~320	0.071
141~150	0.050	321~330	0.072
151~160	0.051	331~340	0.073
161~170	0.053	341~350	0.074
171~180	0.054	351~360	0.075
181~190	0.055		

5. 精密度

1）重复测定两个结果之差不应大于如下的数值。

2）初馏点是4℃。

3）干点和中间馏分是2℃和1mL。

4）残留物是0.2mL。

6. 报告

试样的馏程用各馏程规定的重复测定结果的算术平均值表示。

7.4.3 实训实例——汽油流程的测定

测定发动机燃料的馏程可鉴别发动机燃料的蒸发性，从而判断油品在使用中的适用程度。车用汽油、喷气燃料、轻柴油和车用柴油对馏程均有严格的要求，原因是保证它们具有一定的蒸发性，以能在内燃机中正常燃烧做功，并不产生爆震现象。

7.4.3.1 汽油流程的测定

车用汽油馏程的测定按 GB/T 6536—2010《石油产品常压蒸馏特性测定法》进行。该标准适用于测定馏分燃料，如天然汽油、航空汽油、喷气燃料、柴油和煤油等，不适用于含有较多残留物的产品。蒸馏装置有手工蒸馏和自动蒸馏两种方式，有争议时，仲裁试验应采用手工蒸馏。

1. DZY-003D 型石油产品蒸馏测定器(见图7-4)的操作方法

1）检查仪器的工作状态，使其符合说明书所规定的的工作环境和工作条件。

2）检查仪器的外壳，必须处于良好的接地状态，电源线必须有良好的接地端。

3）在控制箱后面的两个冷凝水箱内加入适量的冷却液。

4）接通工作电源，调节蒸馏烧瓶和量筒的位置，打开"电源开关"，指示灯亮。

5）按下相应控制箱面板上的"温控开关"。按温控仪上的"SET"键，正确设置试验所需的冷凝温度。如果冷凝水箱的设定温度在室温以下，则需打开仪器侧面的"制冷开关"，使试验温度符合测试要求。

6）冷凝水箱的浴温达到设定温度后，调节"电压调节旋钮"，调节电炉的加热功率，控制升温速度。

7）严格按照 GB/T 6536 规定的要求，测定并记录测试结果。

8）取出蒸馏烧瓶时，应将电炉高度调节旋钮调到适当位置，避免蒸馏烧瓶支管损坏。

9）试验结束后，应及时关闭电源，并擦洗干净仪器的表面。

10）仪器较长时间不用时，应放净冷凝水箱内的冷却液，用清水清洗并擦拭干净冷凝水箱，置于通风、干燥、无腐蚀性气体的环境中。

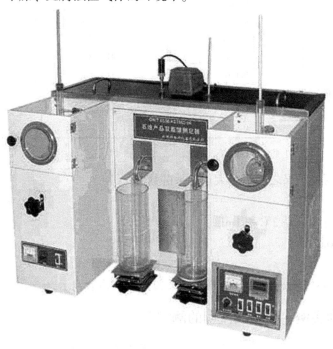

图 7-4   DZY-003D 型石油产品蒸馏测定器

7.4.3.2   测定注意事项

1. 试样及馏出物量取温度的一致性

液体石油产品的体积受温度的影响比较明显，温度升高油品体积增大，温度降低体积则减小。如果量取试样及馏出物时的温度不同，必将引起测定误差。标准试验方法中要求量取试样、馏出物及残留液体积时，温度要尽量保持一致，在(20±3)℃下进行。

2. 冷凝器内冷浴温度的控制

测定不同石油产品的馏程时，冷凝器内水温控制要求不同。例如，汽油的初馏点低、轻组分多，挥发性大，为保证蒸馏汽化的油蒸汽全部冷凝为液体，减少蒸馏损失，必须控制冷凝器温度为 0~1℃；煤油馏分较汽油相对较重，初馏点一般在 150℃ 以上，为使油蒸汽冷凝，水温控制不高于 30℃；蒸馏含蜡液体燃料时，水浴温度应随蒸馏温度的升高而逐步提高，一般控制水温在 30~60℃ 之间，既可使油蒸汽冷凝为液体，又不致使重质馏分在管内凝结，保证冷凝液在管内自由流动，达到试验方法所规定的要求。

3. 加热速度和馏出速度的控制

各种石油产品的沸程范围是不同的，如果对较轻的油品快速加热，可产生两方面不良影响：其一，迅速产生的大量气体可使蒸馏瓶内压力上升，高于外界大气压，导致温度测定值高于正常蒸馏温度；其二，始终保持较大的加热速度，将引起过热现象，造成干点升高。反之，加热过慢，会使初馏点、10%流出温度、50%馏出温度、90%馏出温度及终馏点等温度降低。因此标准中规定蒸馏不同油品要采用不同的加热速度：蒸馏汽油时，从开始加热到初馏点的时间为 5~10min；蒸馏航空汽油时为 5~10min；蒸馏喷气燃料、煤油、车用柴油时为 5~15min；蒸馏重质燃料油时为 5~15min。

蒸馏汽油时，从初馏点到 5% 馏出温度的馏出时间为 50~100s，其余馏出速率应保持在 4~5mL/min（约 2~5 滴/s）。蒸馏重质燃料油时，蒸馏速率为 4~5mL/min。

4. 蒸馏损失量的控制

测定汽油馏程时，量筒的口部要用棉花等塞住，以减少馏出物的挥发损失，同时还能避免冷凝管上凝结的水滴入量筒内。

5. 蒸馏烧瓶支板的选择

蒸馏烧瓶支板（由 3~6mm 厚的陶瓷或其他耐热材料制成）具有保证加热速度和避免油品过热的作用。蒸馏不同石油产品时要选用不同孔径的蒸馏烧瓶支板。通常的考虑是，蒸馏终点的油品表面要高于加热面。轻质油大都要求测定终馏点，为防止过热可选择较小的蒸馏烧瓶支板：汽油用孔径为 ϕ38mm 的蒸馏烧瓶支板；煤油、车用柴油、重质油均采用孔径为 ϕ50mm 的蒸馏烧瓶支板。

6. 试样的脱水

若试样含水，蒸馏汽化后会在温度计上冷凝并逐渐聚成水滴，水滴落入高温的油中会迅速汽化，造成瓶内压力不稳，甚至发生冲油（突沸）现象。因此，测定前必须对含水试样进行脱水处理并加入沸石，以保证实验安全及测定结果的准确性。

7.5 石油产品闪点和燃点测定法

7.5.1 闪点的含义及定义

油品的闪点实际上就是在常压下，油品蒸气与空气混合达到爆炸下限或爆炸上限时的油温，一般情况下，高沸点油品的闪点是达到其爆炸下限时的油品温度。汽油等低沸点易挥发性油品，在室温下的油气浓度已经大大超过其爆炸下限，甚至是爆炸上限，其闪点一般是指爆炸上限的油品温度。油品的闪点与试验条件密切相关。测定闪点时，盛装试样的油杯有敞口和加盖两种方式：前者成为开口杯，测得的闪点叫开口杯法闪点或开口闪点；后者称为闭口杯，测得的闪点闭口杯法闪点或闭口闪点。通常，蒸发性较大的油品测定闭口闪点；而蒸发性较小的油品测开口闪点。有些润滑油既测开口闪点又测闭口闪点，可用于判断润滑油馏分的宽窄和是否混入了轻质组分。

闪点不具有可加性，如在重质油中混入少量轻组分油，则重质油闪点将大大降低。所以，当两种油品混合后，混合油品的闪点不能按可加性原理来计算。但是，当两组分油的馏程接近时，其闪点可用经验公式(7-17)近似计算：

$$t_{混} = \frac{At_a + Bt_b - f(t_a - t_b)}{100} \tag{7-17}$$

式中　$t_{混}$——混合油品的闪点，℃；

　　$A，B$——混合油品中 $a，b$ 两组分的体积分数；

　　$t_a，t_b$——混合油品中 $a，b$ 两组分的闪点，且 $t_a > t_a$，℃；

　　f——闪点调和系数，可由表7-7查出。

表7-7　闪点调和系数(柴油)

A	B	f	A	B	f	A	B	f
5	95	3.3	40	60	21.7	75	25	30.0
10	90	6.5	45	55	23.9	80	20	29.2
15	85	9.2	50	50	25.9	85	15	26.0
20	80	11.9	55	45	27.6	90	10	21.0
25	75	14.5	60	40	29.2	95	5	12.0
30	70	17.0	65	35	30.0			
35	65	19.4	70	30	30.3			

7.5.2　石油产品闪点和燃点测定法

1. 方法概要

把试样装入试验杯至规定的刻线。先迅速升高试样的温度，然后缓慢升温。当接近闪点时，恒速升温。在规定的温度间隔，以一个小的试验火焰横着越过试验杯，使试样表面上的蒸气闪火的最低温度，作为闪点。如果需要测定燃点，则要继续进行试验，直到用试验火焰使试样点燃并至少燃烧5s的最低温度，作为燃点。

2. 仪器与材料

(1) 仪器

① 克利夫兰开口杯仪器，包括一个试验杯、加热板、试验火焰发生器、加热器和支架。详见附录图7.5.A。

② 防护屏：推荐用46cm长，46cm宽，61cm高，有一个开口面，内壁涂成黑色的防护屏。

③ 温度计：尺寸详见附录表7.5.A。

(2) 材料

无铅汽油或其他合适的溶剂。

3. 准备工作

1) 将测定装置放在避风和较暗的地方，并用防护屏围着，以使闪火现象看得清楚。到预期闪点前17℃时，必须注意避免由于试验操作或凑近试验杯呼吸引起试验杯中蒸气的流动而影响试验结果。

注：有些试样的蒸气或热解产品是有害的，可允许将有防护屏的仪器安置在通风橱内，

但在距预期闪点前56℃时，调节通风，使试样的蒸气既能排出又能使试验杯上面无空气流通。

2）用无铅汽油或其他合适的溶剂洗涤试验杯，以除去前次试验留下的所有油迹、微量胶质或残渣。如果有炭渣存在，应该用钢丝刷除去。用冷水冲洗试验杯，并在明火或加热板上干燥几分钟，以除去残存的微量溶剂和水。使用前应将试验杯冷却到预期闪点前至少56℃。

3）将温度计放置在垂直位置，使其球底离试验杯底6mm，并位于试验杯中心与边之间的中点，和测试火焰扫过的弧（或线）相垂直的直径上，并在点火器臂的对边。

注：温度计的正确位置应使温度计上的浸入刻线位于试验杯边缘以下2mm处。

4. 试验步骤

1）在任何温度下将试样装入试验杯中，使弯月面的顶部恰好到装试样刻线。如果注入试验杯中的试样过多，则用移液管或其他适当的工具取出多余的试样；如果试样沾到仪器的外边，则倒出试样，洗净后再重装。要除去试样表面上的空气泡。

注：① 黏稠的试样应在注入试样杯前先加热到能流动，但加热时的温度不应超过试样预期闪点前56℃。

② 含有溶解或游离水的试样可用氧化钙脱水，用定量滤纸或疏松干燥脱脂棉过滤。

2）点燃试验火焰，并调节火焰直径到4mm左右。如仪器上安装着金属比较小球，则与金属比较小球直径相同。

3）开始加热时，试样的升温速度为14～17℃/min。当试样温度到达预期闪点前56℃时，减慢加热速度，控制升温速度，使在闪点前约最后28℃时，为5～6℃/min。

4）在预期闪点前28℃时，开始用试验火焰扫划，温度计上的温度每升高2℃，就扫划一次。试验火焰须在通过温度计直径的直角线上划过试验杯的中心。用平稳、连续的动作扫划，扫划时以直线或沿着半径至少为150mm的周围来进行。试验火焰的中心必须在试验杯上边缘面上2mm以内的平面上移动，先向一个方向扫划，下次再向相反的方向扫划。试验火焰每次越过试验杯所需时间约为1s。

5）当试样液面上任一点出现闪火时，立即记下温度计上的温度读数作为闪点。但不要把有时在试验火焰周围产生的淡蓝色光环与真正闪点相混淆。

6）如果还需要测定燃点，则应继续加热，使试样的升温速度为5～6℃/min，继续使用试验火焰，试样每升高2℃就扫划一次，直到试样着火，并能连续燃烧不少于5s，此时立即从温度计读出温度作为燃点的测定结果。

5. 大气压力修正

大气压力低于95.3kPa（953mba，715mmHg）时，试验所得的闪点和燃点应加上其修正数作为试验结果，结果取整数，参照表7-8。

表7-8 大气压力修正

大气压力			修正数/℃
/kPa	/mba	/mmHg	
95.3～88.7	953～887	715～665	2
88.6～81.3	886～813	664～610	4
81.2～73.3	812～733	609～550	6

6. 精密度

用下述规定判断试验结果的可靠性(95%置信水平)。

(1) 重复性

同一操作者,用同一台仪器重复测定两个试验结果之差,不应超过下列数值:

闪点 8℃;燃点 8℃。

(2) 再现性

由两个实验室提出的两个结果之差,不应超过下列数值:

闪点 16℃;燃点 14℃。

注:本精密度是于 1982 年用 6 个试样,在 10 个实验室开展统计试验,并对试验结果进行数据处理和分析得来的。

7. 报 告

取重复测定两个结果的闪点和燃点,经大气压力修正后的平均值,作为克利夫兰开口杯闪点和燃点。

附录 7.5.A
克利夫兰开口杯仪
(补充件)

克利夫兰开口杯仪(见图 7.5.A-1)包括:试验杯、加热板、试验火焰发生器、加热器、温度计支架和加热板支架,均应符合下列要求:

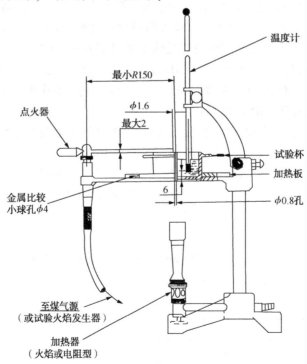

图 7.5.A-1　克利夫兰开口杯仪

7.5.A.1 试验杯

黄铜或其他热导性相当的、不锈的金属制成，尺寸要求如图7.5.A-2所示。试验杯可装有手柄。

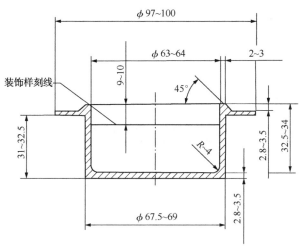

图7.5.A-2 克利夫兰开口杯

7.5.A.2 加热板

黄铜、铸铁、锻铁或钢板制成。有一个中心孔，其四周有一块平面稍微凹进。除这块放置试验杯的凹平面外，其他处的加热板均用硬石棉板盖住。加热板的主要尺寸如图7.5.A-3所示，但加热板也可用方形来代替圆形。金属板可适当伸长，以安装试验火焰发生器和温度计支架。另外，如7.5.A-3中所提到的金属比较小球也可装在加热板上，使其通过并稍高出石棉板中合适的小孔。

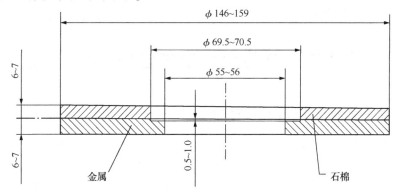

图7.5.A-3 加热板

7.5.A.3 试验火焰发生器

扫划火焰的装置可以采用任何适宜的形式，但建议火焰头的顶端直径为1.6mm，孔眼直径约为0.8mm。操作试验火焰的装置应安装得使试验火焰扫划能自动重复，扫划的回转半径不小于150mm。孔眼中心能在试验杯边缘面上方不超过2mm的平面上移动。可将一个直径为3.2~4.8mm的金属比较小球装在仪器的方便位置上，以与试验火焰作比较。

7.5.A.4 加热器

可用任何方便的加热源。允许使用煤气灯或酒精灯，但在任何情况下都不能使火焰升到试验杯的周围。最好采用一个可调变压器控制的电加热器。热源要集中在孔下，且没有局部过热。火焰型加热器可用任何合适的防护屏来防止吹风或过量辐射，但防护屏不应高出石棉板的上表面。

7.5.A.5　温度计支架

在试验中能使温度计固定在指定的位置上，并且在试验后，可容易地从试验杯中取下。温度计规格见表7.5.A-1。

7.5.A.6　加热板支架

可采用能水平并稳固地固定加热板的任何合适的支架。

表7.5.A-1　温度计规格

范　围	-6~400℃
浸入深度	25mm
细刻度	2℃
分刻度	10℃
数字刻度	20℃
刻度误差不超过	1℃(到260℃)2℃(超过260℃)
膨胀室，允许加热至	420℃
总长	310mm±5mm
棒径	6~7mm
球长	7.5~10.0mm
球径	4.5~6.0mm
球底到0℃刻度的距离	45mm+10mm
球底到400℃刻度的距离	275mm±10mm

7.6　液体石油产品水含量测定(卡尔·费休法)

7.6.1　水分来源及水在油中的危害

油品中水分的来源主要有：由产品在运输、储存、加注和使用过程中，由于各种原因而混入的水；石油产品有一定程度的吸水性，能从大气中或与水接触时，吸收和溶解一部分水。汽油、煤油几乎不与水混合，但仍可溶解0.01%以下的水。燃料油中含有水分会产生一系列危害：水分能引起容器和机械的腐蚀；低温时，水分凝结成冰粒会堵塞油路、油滤，影响供油，造成停机或增加磨损；燃料油中的水分会促进胶质生成。因此，水分是各种石油产品标准中限制的重要质量指标之一。

7.6.2　液体石油产品水含量测定

1. 范围

本方法适用于测定水含量50~1000μg/g的液体石油产品。

游离碱、金属氧化物、氧化剂、还原剂、无机含氧弱酸盐、硫醇、某些简单含氮化合物以及与碘发生化学反应的物质对该测定有干扰，1μg/g 的硫(如硫醇)所引起的滴定误差大约相当于 0.2μg/g 的水。

2. 主题内容

本方法规定了用卡尔·费休试剂进行容量滴定来测定液体石油产品水含量的方法。

3. 方法概要

本方法基于在含有吡啶、甲醇等有机溶剂中，试样中的水与卡氏试剂发生如下反应：

$$H_2O+SO_2+I_2+3C_5H_5N \longrightarrow 2C_5H_5N \cdot HI+C_5H_5N \cdot SO_3 \qquad (7-18)$$

$$C_5H_5N \cdot SO_3+CH_3O \longrightarrow C_5H_5N \cdot HSO_4CH_3 \qquad (7-19)$$

本方法利用双铂电极作指示电极，用按照"死停点"法原理装配的终点显示器指示反应的终点。根据消耗的卡氏试剂体积，计算试样的水含量。

4. 仪器与材料

(1) 仪器

终点显示器：其电路原理见附录 7.6. A。

自动滴定管：10mL，最小分度值 0.05mL，具储液瓶、干燥管、双联打气球。

电动磁力搅拌器：220V、50Hz。

滴定瓶：250 或 500mL 平底三颈瓶。

双铂指示电极：制作方法参见附录 7.6. B。

注射器：5μL，50μL；10mL，20mL，50mL 和 100mL。

三角烧瓶：100mL，具磨口塞。

(2) 材料

变色硅胶。

分子筛：3A 或 5A，球型。

5. 试剂

1) 碘：分析纯。

2) 无水甲醇：分析纯。

3) 吡啶：分析纯。

4) 三氯甲烷：分析纯。

5) 无水乙醇：分析纯。

6) 二氧化硫：纯度 99%以上，钢瓶装或自制。

注：二氧化硫制备方法——将亚硫酸钠或亚硫酸氢钠240g加入到2L圆底烧瓶中，滴加硫酸制取二氧化硫气体，使用时需经硫酸干燥。

7) 蒸馏水：符合 GB/T 6682 中三级水要求。

8) 硫酸：化学纯。

9) 二水合酒石酸钠：分析纯。

注意：本方法所用试剂大多有毒，有腐蚀性，摄入人体内对健康有害，应注意避免皮肤直接接触及吸入体内。

6. 取样

按 GB/T 4756 要求，采取一定量具有代表性的样品，储于密闭干燥的容器内。

7. 准备工作

（1）试剂的干燥

5 中 2)~5) 条所列试剂在使用前均需按下述方法进行干燥脱水。

将 3A 或 5A 的分子筛盛于 400mL 瓷坩埚内，置于 480℃±20℃ 的高温炉中恒温干燥 4h。

分子筛在炉内冷却至 200~300℃，通过一个合适的漏斗，快速将分子筛加到欲干燥的试剂内，分子筛加入厚度约 3cm 为宜。然后将试剂瓶的瓶盖盖严，并把试剂瓶上下翻动数次，放置 24h 后即可使用。

注意：试剂干燥时，应在通风良好及无明火的情况下进行。

（2）卡氏试剂的配制

1）卡氏试剂原液的配制：

在清洁、干燥的具磨口塞的 1000mL 三角烧瓶中，加入 85g±1g 碘，用 270mL±2mL 吡啶溶解，再加入 670mL±2mL 无水甲醇，在低于 4℃ 的冷浴中冷却混合物。然后通过导管向冷却在冷浴中的混合物中通入经硫酸干燥的二氧化硫气体，直到混合物体积增加 50mL±1mL 为止。将此混合物摇匀并妥善放置 12h 后即可使用。

2）卡氏试剂滴定液的配制：

用吡啶或无水甲醇稀释 1) 中所配制的卡氏试剂原液，使其对水的滴定度为 2~3mgH$_2$O/mL，此稀释液作为卡氏试剂滴定液来测定试样，并按下第(4)条进行标定。

注意：①配制和稀释卡氏试剂时，应在通风良好处进行。

②卡氏试剂原液和滴定液均有较强的腐蚀性和较大的毒性，使用时应避免皮肤接触及吸入体内。

（3）试样溶剂的配制

用三氯甲烷和无水甲醇按 3∶1 的体积比混匀，作为滴定试样时的溶剂。

（4）仪器调试

1）按图 7-5 所示装配滴定管、滴定瓶、搅拌器、指示电极和终点显示器。

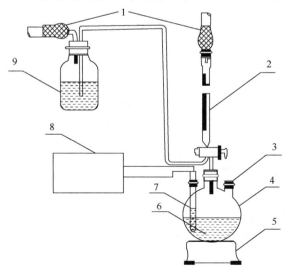

图 7-5　滴定装置图

1—干燥管；2—滴定管；3—进样口；4—滴定瓶；5—搅拌器；6—搅拌子；7—指示电极；8—终点显示器；9—储液瓶

2）用清洁、干燥的注射器抽取 80mL±10mL 试样溶剂，注入预先洗净、烘干的滴定瓶中，使液面高于双铂电极的铂丝 5~10mm。开动搅拌器，调整搅拌速度均匀平稳。打开终点显示器开关，不插入电极插头，调节电位器旋钮，选定微安表指针偏转 10~30μA 间某一刻度为终点指示位置(注意：滴定过程中不允许转动电位器旋钮)。插入电极插头，此时微安表指针应回到零点附近。向滴定瓶内加入一定量(约 5~10mg)蒸馏水，搅拌 30s 后，滴入卡氏试剂滴定液，直到使微安表指针偏转至选定终点位置，并保持 30s 内指针稳定不变，此时即可认为达到滴定终点，仪器调试完毕。

（5）卡氏试剂滴定液的标定

卡氏试剂滴定液，必须在每天试验前按下 1)~2) 或 3)~5) 所述进行标定。

1）用 50μL 微量注射器吸取一定量的蒸馏水，注入已达终点的滴定瓶内，搅拌 30s 后，滴入卡氏试剂滴定液，使滴定瓶内溶液达到滴定终点，记录卡氏试剂滴定液所消耗的体积，读至 0.01mL。

2）卡氏试剂滴定液的滴定度 $T(\mathrm{mgH_2O/mL})$ 按式(7-20)计算：

$$T = \frac{m_1}{V_1} \tag{7-20}$$

式中 m_1——注入滴定瓶中水的质量，mg；

V_1——滴定时消耗卡氏试剂滴定液的体积，mL。

3）在滴定瓶中加入 50mL 无水甲醇，先用卡氏试剂滴定液滴定至终点。用干净的刮刀向滴定瓶内准确转移 100~200mg(准确至 0.1mg)研细的二水合酒石酸钠，并将刮刀在瓶内的甲醇中浸一下，搅拌甲醇至无固体颗粒，用卡氏试剂滴定液滴定至终点，记录消耗卡氏试剂滴定液的体积，读至 0.01mL。

4）称取一定量所述的二水合酒石酸钠，置于 150℃±5℃ 的烘箱中烘至恒重，以测定二水合酒石酸钠的水含量。

5）卡氏试剂滴定液的滴定度 $T(\mathrm{mgH_2O/mL})$ 按式(7-21)计算：

$$T = \frac{m_2 Y}{100 V_2} \tag{7-21}$$

式中 m_2——滴定瓶中二水合酒石酸钠加入量，mg；

Y——二水合酒石酸钠的水含量，%(m/m)；

V_2——滴定时消耗卡氏试剂滴定液的体积，mL；

100——换算因子。

8．试验步骤

1）用干燥的注射器或移液管准确吸取 50.0mL 试样，或用减量法称取 30~50g(准确至 0.1mg)试样，将试样注入已达滴定终点的滴定瓶中，搅拌 30s，然后用经标定过的卡氏试剂滴定液滴定至终点，记录消耗卡氏试剂滴定液的体积，读至 0.01mL。

2）试样在试验温度下的密度按 GB/T 1884 和 GB/T 1885 测定及换算。

3）试样水含量 $X(\mu\mathrm{g/g})$ 按式(7-22)或式(7-23)计算：

$$X = \frac{T V_3}{\rho V_4} \times 10^3 \tag{7-22}$$

$$X = \frac{TV_3}{m_3} \times 10^3 \qquad\qquad (7\text{-}23)$$

式中 T——卡氏试剂滴定液滴定度，mgH_2O/mL；

　　　　V_3——试验时消耗卡氏试剂滴定液的体积，mL；

　　　　ρ——试样在试验温度下的密度，g/mL；

　　　　V_4——试样进样体积，mL；

　　　　m_3——试样进样质量，g。

4）每测定完一个试样，或滴定瓶内液体总体积达到200mL时，应及时更换滴定瓶内的液体，以保证滴定顺利进行。

9. 精密度

按下述规定判断试验结果的可靠性(95%置信水平)。

1）重复性：同一操作者重复测定的两个结果之差不应大于下列数值(见表7-9)：

表7-9　重复性

水含量/($\mu g/g$)	重复性/($\mu g/g$)
50~1000	11

2）再现性：由于油样存放与运输不便，目前尚未提出再现性。

10. 报告

取重复测定两个结果的算术平均值作为试样的水含量。

附录7.6.A　终点显示器电路及原理

7.6.A.1　终点显示器电路：见图7.6.A-1。

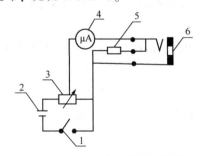

图7.6.A-1　终点显示器电路图

1—开关；2—干电池，1.5V；3—电位器，0~2.4kΩ；4—微安表，0~50μA；5—电阻，500Ω；6—插孔

7.6.A.2　终点显示器原理：在可调电位器两端加一个恒电压，在其中间某一点可输出一个小电压(50~200mV)，并将该电压加在双铂指示电极两端。当滴定瓶内溶液有过量卡氏试剂存在时，电极间可以发生可逆电极反应，$I_2 + 2e \longrightarrow 2I^-$，使电极由不导通的极化态变成导通的去极化态，电路中电流发生显著变化，通过微安表指示出这个电流变化，达到指示终点的目的。

附录7.6.B　双铂指示电极的制作及维护

7.6.B.1　取直径0.8~1.0mm，长20mm的铂丝两根，分别与两根导线焊接，导线间应相互绝缘。取内径 6mm，长 120mm 的硬质玻璃管。将上述两根铂丝熔封在管的一端，其相距 5mm，铂丝露出熔封端(10±2)mm，并用适当方法将其固定在滴定瓶的一个口上。

7.6.B.2　电极铂丝被沾污时应进行仔细的清洗，并用脱脂棉擦净。任何情况下都不得用大于 150℃ 的热源烘烤，以免损坏电极。

7.6.3　实训实例——柴油水分的测定

水分的存在，将影响柴油的低温流动性，使柴油机运转不稳定，在低温时还可能因结冰而阻塞油路；同时，因溶解带入的无机盐将使柴油灰分增大，并加重硫化物对金属零件的腐蚀作用。所以，普通柴油和车用柴油严格规定水分为痕量。

柴油水分的检验可用目测法，即将试样注入 100mL 的玻璃量筒中，在室温(20±5)℃ 下静置后观察，应当透明，没有悬浮和沉降的水分。如有争议，可按 GB/T 260—77(88)《石油产品水分测定法》进行测定。

图 7-6 为 BF-11A 型水分测定器，主要由可调温电控箱、玻璃仪器等组成，各部分设计、制造均符合 GB/T 260 标准中仪器技术要求，其使用方法如下：

1) 按 GB/T260 标准要求，准备好试验用的各种器具、材料等。

2) 按标准要求称取一定量的试样，并如图 7-6 所示组装好仪器，准备进行试验操作。

3) 打开循环水与电源开关，按 GB/T 260 标准进行试验。

图 7-6　BF-11A 型水分测定器

7.6.4　测定注意事项

1) 所有稀释剂必须严格脱水，以免因稀释剂带水而影响测定结果的准确性。所有仪器必须清洁干燥，水分接收器在试验过程中不应有挂水现象。

2) 试样必须具有代表性。称取试样时，必须充分摇匀并迅速倒取，否则试样结果不能代表整个试样的含水量。

3) 根据试油水分含量不同，具体考虑所取试样量的多少。

4) 试验仪器必须完好无损，装置连接处严密，防止水蒸气漏出，影响测定结果。应严格控制蒸馏速率，使从冷凝管斜口每秒滴下 2~4 滴蒸馏液。如果蒸馏速率过慢不仅测定时间延长，还会因稀释剂汽化量少，从而降低了对油中水分的携带能力，使测定结果偏低。蒸馏太快易产生爆沸，可能把试油、溶剂油和水仪器带出，影响水与稀释剂在接收器中的分层，甚至造成冲油，引起火灾。

5) 测定时，蒸馏瓶中应加入沸石或素瓷片，以形成沸腾中心，使稀释剂能更好地将水分携带出来。同时在冷凝管的上端用干净的棉花塞住，防止空气中的水分在冷凝管内凝结，使测定结果偏高。如果空气湿度较大，可在冷凝管上端外接一个干燥管。

6) 停止加热后，如果冷凝管内壁仍沾有水滴，应用规定溶剂把水滴冲进接收器。如果溶剂冲洗无效，可用金属丝或细玻璃棒带有橡胶头的一端，把冷凝器内壁的水滴刮进接收器中。

7）试验结束后，如果接收器中的溶剂层呈现浑浊，而且收集的水量不足 0.3mL 时，应将接收器浸入热水中 20~30min，使其澄清，再将接收器冷却至室温，待稳定后读取水的体积。

7.7　石油产品蒸气压测定法（雷德法）

本方法适用于测定汽油、易挥发性原油及其他易挥发性石油产品的蒸气压，本方法不适用于测定液化石油气的蒸气压。国家标准中规定了 4 种不同情况下分析测定石油产品蒸气压的方法。在这里只重点介绍第一种方法——A 法，即适用于蒸气压小于 180kPa 的汽油 [包括仅含甲基叔丁基醚（MTBE）的汽油] 和其他石油产品，该法的改进步骤适用于 35~100kPa 的汽油和添加含氧化合物汽油的样品。

蒸气压是挥发性液体的重要物理性质，本方法用于测定其初馏点高于 0℃的石油产品和原油在 37.8℃时的蒸气压。

7.7.1　方法概要

1）将蒸气压测定仪的液体充入冷却的试样，并与浴中已经加热到 37.8℃的气体室相连接。将安装好的测定仪浸入 37.8℃浴中，直到观测到恒定压力。此读数经过适当校正后，即报告为雷德蒸气压。

2）A 法的改进步骤针对添加含氧化合物汽油样品的测定，测定过程中应保证气体室、液体室和样品转移连接装置的内部干燥无水。

7.7.2　仪器

蒸气压测定器的详细结构见附录 7.7.A。

7.7.3　准备工作

7.7.3.1　确认容器中试样的装入量

当样品温度达到 0~1℃之间时，即将容器从冷浴或冰箱中取出，并用吸湿材料擦干。如果容器不是透明的，先启封，用适当的计量仪器来确定液体容积为容器的 70%~80%。如果容器是透明玻璃容器，用适当方式确认 70%~80%的装入量。

对于非透明容器，确认样品装入量为容器总容积 70%~80%的一个方法是采用一根探针，其上标有表示容器总容积 70%和 80%的划线，由探针的湿迹判断。

1）如果样品量不到容器的 70%，便不能使用。

2）如果样品量超过容器的 80%，就倒出一些使之在 70%~80%的范围之内。倒出的样品不再返回容器。

3）如果必要，就重新封盖容器，并将样品容器放回到冷浴中。

7.7.3.2　样品容器中样品的空气饱和

1）非透明容器：样品温度达到 0~1℃之间时，将容器从冷浴或冰箱中取出，吸湿材料擦干，快速开关样品容器盖，注意不要让水进入。重新封盖容器后，剧烈摇动。再将其放回到冷浴中至少达 2min。

2）透明容器：由于 7.7.3.1 并未要求透明容器开盖来验证样品的装入量，所以在重新封盖样品容器前，为使透明容器盛装样品进行与盛装在非透明容器中的样品相同的试验步骤，需重复两次此节 1）的步骤。

3）重复此节 1）的步骤两次，将样品容器放回到冷浴，直到 7.7.4 试验步骤开始。

7.7.3.3 液体室的准备

1）未添加含氧化合物的样品：将打开并直立的液体室和样品转移的连接装置完全浸入 0~1℃冷浴中，放置 10min 以上，使液体室和样品转移连接位置均达到 0~1℃。

2）改进步骤：将密封并直立的液体室和样品的转移连接装置完全浸入 0~1℃冰箱或冷浴中，冷浴液面不要没过液体室螺口的顶部，放置 20min 以上，使液体室和样品转移连接装置均达到 0~1℃。

警告：应该保证液体室和样品转移连接装置的干燥。

7.7.3.4 气体室的准备

1）未添加含氧化合物的样品：气体室和压力表清洗以后，将压力表和气体室连接。将气体室浸入 37.8℃±0.1℃ 的水浴中，使水浴的液面高出气体室顶部至少 24.5mm，并保持在 10min 以上，液体室充满试样之前不要将气体室从水浴中取出。

2）添加含氧化合物的样品改进步骤：气体室和压力表清洗以后，将压力表和气体室连接。将密封的气体室浸入 37.8℃±0.1℃ 的水浴中。使水浴的液面高出气体室顶部至少 24.5mm，并保持在 20min 以上，液体室充满试样之前，不要将气体室从水浴中取出。

7.7.4 试验步骤

7.7.4.1 试验的转移

试验的各项准备工作完成以后，将冷却的样品容器从冷浴中取出，开盖，插入经冷却的试样转移连接装置和空气管（见图 7-7）。将经冷却的液体室尽快地放空，放在试样转移连接装置的试样转移管上，将整个装置很快倒置，最后液体室应保持直立位置，试样转移连接管延伸到离液体室底部 6mm 处，试样充满液体室直至溢出，取出移液管，向试验台轻轻地叩击液体室以保证试样不含气泡。

对于测定添加含氧化合物的汽油样品的改进步骤，应用吸湿性材料将样品和液体室外表面擦干，以杜绝样品转移过程中水进入样品容器和液体室中。

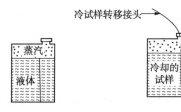  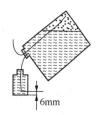

(a) 转移试样前的容器   (b) 用试样转移接头代替密封盖   (c) 汽油室置于移液管上方   (d) 试样转移时的装置位置

图 7-7　从开式容器转移试样至汽油室的示意图

7.7.4.2　仪器的组装

立刻将气体室从水浴中取出，并尽快与液体室连接，不得有样品溢出，不得有多余的动作。要求液体室在充满试样后10s之内完成仪器的安装。对于测定添加含氧化合物的汽油样品的改进步骤，将气体室从水浴中取出后，迅速应用吸湿性材料将其外表面擦干，注意气体室和液体室的连接处的干燥，并在去除气体室的密封后尽快与充完样的液体室连接。

7.7.4.3　仪器置于浴中

装好的蒸气压测定器倒置，使试样从液体室进入气体室，在气体室仍倒置的状态下，上下剧烈摇动8次。使压力表向上，将测定器浸入温度为37.8℃±0.1℃的水浴中，测定器应稍微倾斜，以便使液体室与气体室的连接处刚好位于水面下，并且仔细地检查连接处是否漏气和漏油，如未发现漏气或漏油，则把测定器浸在浴中，使水浴的液面高出空气室顶部至少25mm。在整个试验过程中，观察仪器是否漏气和漏油，任何时候发现有漏气漏油现象则舍弃试样，用新试样重新试验。

液体的泄漏要比气体的泄漏更难于检测，由于两室的连接部通常处于水浴中，应特别注意。

7.7.4.4　添加含氧化合物的汽油样品的改进步骤的样品状态检查

如果是透明容器盛装样品，如有分层现象在样品转移前就能观察到。如果样品盛装在不透明容器中，充分搅拌剩余样品，然后迅速将一部分剩余样品倒入到一个干净的玻璃容器中，观察并证实样品是否出现分层状态。如果观察到剩余样品出现浑浊现象，可继续试验。如果样品出现分层状态，废弃试样和剩余样品，用新试样重新试验。

7.7.4.5　蒸气压的测定

1）安装好的蒸气压测定器浸入水浴5min后，轻轻地敲击压力表，并观察读数。重复7.7.4.3步骤，直至完成不少于5次的摇动和读数。继续重复此步骤，直至最后相邻的两次压力读数相同并达到平衡为止。读取最后的压力，精确至0.25kPa。记录此值，即为未被校正的蒸气压值。

2）迅速卸下压力表，不要试图除去可能窝在压力表内任何液体。将压力表和压力测定装置相连。除去压力表内的液体，用水银压差计对读数进行校对。校对后的值为雷德蒸气压。在拆下压力表之前，应先冷却仪器组件，以方便拆卸工作，从而减少扩散到房间中的蒸汽量。将压力表和压力测量装置处于同一稳定的压力之下，即压力值应在记录的未经校正蒸气压的±1.0kPa之内，将压力表读数同压力测量装置读数相对照。如果在压力测量装置和压力表的读数之间观察到差值，当压力测量装置的读数较高时，就把此差值加到未经校正的蒸气压上；当压力测量装置的读数较低时，就从未经校正的蒸气压减去次差值。记录结果作为试样的雷德蒸气压。

7.7.4.6　为下次试验作好仪器准备

1）用大约32℃的温水彻底清洗气体室，然后清空，重复这个操作至少5次。用同样的方法清洗液体室。对添加含氧化合物的汽油样品，用以上方式清洗气体室后，接着再用干燥空气吹干。用石脑油冲洗液体室、气体室和输液管若干次，而后再用丙酮冲洗若干次，接着再用干燥空气吹干。将液体室放入冷浴或冰箱，以备下次试验使用。对于添加含氧化合物的汽油样品的试验,应将液体室适当密封后再放入冷浴或冰箱备用;气体室的底部(与液体室连接处)也应适当密封,并将按此节3)准备好的压力表与气体室连接。

2)如果在水浴中清洗气体室,当气体室通过水面时,要将气体室的底部和上部的口盖严,防止附着浮游试验的油膜。

3)压力表的准备:从带有压力表的支管连接处拆下压力表,用反复离心的办法除去残留在波登管中的试样。或将压力表持于两手掌中,表面持于右手,并使表的连接装置的螺纹向前,手臂以45°角向前上方伸直,要使表的接头指向同一方向,然后手臂以约135°弧度向下甩。离心力加重力可甩掉窝存的液体。重复这一操作至少3次,或直到液体完全从压力表排除。将压力表连上气体室(其与液体的接口已关闭),并置于温度在37.8℃的浴中,以备下一次使用。

7.7.5 精密度和偏差

7.7.5.1 精密度
用下述规定判断试验结果的可靠性(95%的置信水平)。

(1)重复性

同一操作者、同一仪器、在恒定的操作条件,对同一被测物质连续试验两个结果之间的差数不应超过表7-10中的数值。

表 7-10 重复性数值

方　　法	范围/kPa	重复性/kPa
A 法	0~35	0.7
A 法	35~110(汽油)	3.2
A 法改进步骤	35~110	3.65
A 法	110~180	2.1

(2)再现性

不同实验室工作的不同操作者,对同一被测物质的两个独立的试验结果之间的差数不应超过表7-11中的数值。

表 7-11 再现性数据

方　　法	范围/kPa	再现性/kPa
A 法	0~35	2.4
A 法	35~110(汽油)	5.2
A 法改进步骤	35~110	5.52
A 法	110~180	2.8

7.7.5.2 偏差

(1)绝对偏差

由于没有可接受的参比材料适于测定本方法的偏差,偏差无法确定。本方法的蒸气压和真实蒸气压之间的偏差也未确定。

（2）相对偏差

该法测定汽油的蒸气压结构没有明显的统计偏差。

附录 7.7. A

7.7. A. 1　蒸气压测定仪

蒸气压测定仪由两个室组成：上室为气体室，下室为液体室，两室应符合下述规定。

7.7. A. 1. 1　气体室

如图 7.7. A-1 所示，气体室应是内径为 51mm±3mm，长度为 254mm±3mm 的圆筒形容器，其两端内表面稍微倾斜，以便处于垂直位置时从任一端都能完全排空液体。气体室的一端有一个内径不小于 4.7mm 的接头，以便连接压力表，并备有一个 6.35mm 的压力表接头，在气体室的另一端有一个直径约为 12.7mm 的开口以同汽油室连接。应注意开口端的接头不得妨碍液体从室内全部排空。

7.7. A. 1. 2　液体室(单开口式)

如图 7.7. A-1 所示，液体室应是与气体室内径相同的圆筒形容器，其体积应满足气体室与液体室的体积比在 3.8~4.2 的要求。液体室的一端有一个直径为 12.7mm 的开口，以便与气体室连接，这一端的内表面应倾斜，以便倒置时能完全排空液体。在液体室的另一端应是完全封闭的。

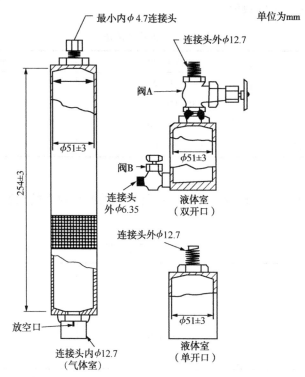

图 7.7. A-1　蒸气压弹

7.7. A. 1. 3　液体室(双开口式)

用于从密封的容器中取样的装置，如图 7.7. A-1 所示，除在靠近底部装有一个 6.35mm 的阀 B 和在两室连接处有一个 12.7mm 的直通式全开阀 A 外，与 7.7. A. 1. 2 所叙述的液体室基本相同。液体室的体积只包括两阀之间的容积，应符合 7.7. A.1.2 对体积比的要求。

7.7. A.1.4　气体室和液体室的连接方法

只要在连接操作中不使汽油损失，在试验条件下没有渗漏，任何连接方法都可采用。为了避免组装时汽油排出，接头的公螺纹应装在液体室上。为了避免螺旋配件组装时空气压缩，可采用排气孔以保证在封闭时气体室内为大气压力。

7.7. A.1.5　气体室和液体室的体积容量

为了确定两室的体积比是否在规定的 3.8~4.2 的范围内，可量取比装满液体室和气体室所需量还多的一定量的水，用水装满液体室，则水的最初体积与剩下体积之差即为液体室的体积。然后把液体室和气体室连接上后，用更多的水将气体室装满至压力表连接处的底座，水的体积差则为气体室的体积。

7.7. A.1.6　渗漏的检查

新仪器在使用之前和以后在必要时，要经常和组装好的测定器作泄漏检查，充空气至 700kPa，并完全浸入水浴中，只有通过这个试验时，没有漏气的仪器才可以使用。

7.7. A.2　压力表

试验用波登弹簧压力表，直径 100~150mm，它装有一个 6.35mm 的公螺纹接头，从波登管到大气连通管的直径不小于 4.7mm。压力表的量程和刻度按试验样品的蒸气压规定如表 7.7. A-1 所示。

表 7.7. A-1　样品的蒸气压规定

雷德蒸气压/kPa	采用压力表/kPa		
	量　程	最大数字刻度	最大细刻度
<25.5	0~35	5.0	0.5
20.0~75.0	0~100	15.0	0.5
70.0~180.0	0~200	25.0	1.0
70.0~250.0	0~300	25.0	1.0
200.0~375.0	0~400	50.0	1.5
>350.0	0~700	50.0	2.5

只能使用准确的压力表，当压力表的读数不同于压力测量装置(大于 180kPa 时，用净重测定器)时，读数之差超过压力表刻度范围的 1% 时，应认为此压力表是不准确的。例如对于 0~30kPa 的压力表，其校正的修正数不应大于 0.3kPa；对于 0~90kPa 的压力表，其校正的修正数不应大于 0.9kPa。

注：在 0~35kPa 量程范围，可用直径 90mm 的压力表。

7.7. A.3　冷浴

冷浴的尺寸应能使试样容器和液体室完全放入，并应备有维持温度在 0~1℃ 的装置。

警告：在样品储存或做空气饱和阶段的准备时，不能使用固体二氧化碳冷却样品。二氧化碳能大量地溶解于汽油中，已发现使用它作为冷却介质时，会得出错误的蒸气压数据。

7.7. A.4　水浴

水浴的尺寸应使蒸气压测定器浸没到气体室顶部以上至少 25.4mm 处。并有一个维持水浴温度在 37.8℃±0.1℃ 的设施。为了校对这个温度，水浴的温度计应在蒸气压测定整个过程中浸入到 37℃ 刻度处。

7.7.A.5　温度计

对空气室温度 37.8℃ 的试验：温度计刻度范围为 34~42℃（或相当的），全浸，0.1 分度，长约 300mm。

水浴温度计：同上所述。

7.7.A.6　压力测量装置

压力测量装置的量程应适于校验所使用的压力表。此压力测量装置应具有 0.5kPa 的最小精度，其细分刻度不应大于 0.5kPa。

当不采用水银压差计作为压力测量装置时，则所用压力测量装置采用可溯源的国家认可标准的方法予以定期检查。以保证该装置仍然在上述规定要求的精度之内。

7.7.A.7　净重测定器

校正大于 180kPa 的压力表读数，可用净重测定器来代替水银压差计。

7.7.A.8　试验转移连接装置

此装置用于将液体从试样容器移出，而不会影响蒸气空间。紧密装在试样容器口上的塞盖上有两个孔，各插一根管，其中短管用于输送试样，而另一长管达到容器底部。

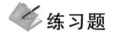 练习题

一、填空题

1. 石油主要由（　　　　）和（　　　　）两种元素组成。

2. 油品的馏程越轻，闪点越（　　　　）。

3. 测定黏度的方法有（　　　　）、（　　　　）和条件黏度三种。

4. 测定石油产品密度的方法有（　　　　）、（　　　　）两种。

5. 闪点的测定可分为（　　　　）法和（　　　　）法两种。对同一油品来说，总是（　　　　）法测得的闪点较低。

6. GB 261—1983 闭口闪点测定法中，试样的水分超过（　　　　）时，必须脱水。

7. 测定石油产品馏程，试验前必须对试样进行脱水，否则使初馏点（　　　　），还可能发生（　　　　）引起着火。

8. GB 255—77(88) 石油产品馏程测定法中到初馏点后，蒸馏速度要均匀，每分钟馏出（　　　　）mL。

9. GB 6536—86 方法规定终点或终馏点的定义是：在标准条件下进行蒸馏时，全部液体从蒸馏瓶底部（　　　　）所观察到的温度计（　　　　）读数。

10. 按现行石油产品取样法（　　　　），当采取单个立式油罐用于检验质量的组合样时应按（　　　　）比例合并（　　　　）、（　　　　）样和（　　　　）样。

二、选择题

1. 测定汽油馏程时，从开始加热到初馏点的时间为（　　　　）min。

A. 5~10　　　　　　　　B. 7~8　　　　　　　　C. 10~15

2、按被测组分含量来分，分析方法中常量组分分析指含量(　　　)。

A. <0.1%　　　　　　　B. >0.1%　　　　　　C. <1%　　　　　　　D. >1%

3. 对于沸程很宽，组分数目很多的样品，一般采用(　　　)分析。

A. 恒温色谱　　　　　　B. 定温色谱　　　　　　C. 程序升温色谱

4. 以密度计测量油品的密度，在读数时，视线必须(　　　)。

A. 和油品的弯月面下边缘在同一水平线上

B. 和油品液面的上边缘在同一水平线上

C. 和油品液面在同一水平线上

5. 酸度(值)测的是油品中的(　　　)。

A. 有机酸和无机酸的总值　B. 无机酸

C. 有机酸

6. 测定石油产品水分的溶剂是(　　　)。

A. 汽油　　　　　　　　B. 苯　　　　　　　　C. 无水乙醇

7. 油品的溴值能体现出油品的安定性，油品的溴值愈高(　　　)。

A. 表示其不饱和烃含量高，其安定性也愈差

B. 表示其不饱和烃含量少，其安定性也愈好

C. 表示其不饱和烃含量少，其安定性也愈差

8. 测定油品的馏程时，馏出液体体积减少的原因有(　　　)。

A. 量取试油时液面高于 100mL 标线

B. 量取试液时，油温比室温高

C. 测量前冷凝管未擦净

9. 残碳增值是油品在规定条件下氧化后测定的残炭与氧化前所测得的残炭之差，以(　　　)表示。

A. 质量百分数　　　　　B. 体积百分数　　　　　C. 重量百分数

10. 测定石油产品酸值时所用的乙醇浓度是(　　　)。

A. 无水乙醇　　　　　　B. 95%乙醇　　　　　　C. 70%乙醇

参 考 文 献

[1] 朱伟军.化学检验工(初级)[M].第二版.北京：机械工业出版社，2013.

[2] 中华人民共和国劳动和社会保障部，《化学检验工》国家检验标准.http://www.docin.com/p-690179367.html.

[3] 逄征虎，白殿一，吴学静，等.GB/T 20000.1—2014《标准化工作指南　第一部分：标准化和相关活动的通用术语》[S].北京：中国标准出版社，2015.

[4] 张少岩，崔海容，杨一，等.GB/T 13690—2009《化学品分类与危险性公示》[S].北京：中国标准出版社，2009.http://www.safehoo.com/Standard/Trade/Chemical/200907/26351.shtml.

[5] 冯颖.化学检验工(初级)[M].北京：化学工业出版社，2008.

[6] 刘珍.化验员读本(化学分析)(第四版).[M].北京：化学工业出版社，2005.

[7] 华东化工学院分析化学教研室和成都科学技术大学分析化学教研室编.分析化学(第三版)[M].北京：高等教育出版社，1991.

[8] 汪尔康.21世纪的分析化学(第二版).[M].北京：科学出版社，2001.

[9] 李淑荣.化学检验工(中级)[M].北京：化学工业出版社，2008.

[10] 徐谨.化学检验工(溶剂试剂分析)[M].北京：化学工业出版社，2007.

[11] 凌昌都.化学检验工(中级)[M].北京：机械工业出版社，2006.

[12] 刘约权.现代仪器分析(第二版).[M].北京：高等教育出版社，2006

[13] 袁存光，祝优珍，田晶，等.现代仪器分析[M].北京：化学工业出版社，2012.

[14] 徐科.化学检验工高级[M].北京：化学工业出版社，2008.

[15] 袁骔，丁敬敏，张永清.化学检验工技师[M].北京：化学工业出版社，2008.

[16] 张振宇.化工产品检验技术[M].北京：化学工业出版社，2012.

[17] 通用化工产品分析法手册编写者.通用化工产品分析法手册[M].北京：化学工业出版社，1999.

[18] 廖克俭，戴跃玲，丛玉凤.石油化工分析[M].北京：化学工业出版社，2005.

[19] 孙乃有，甘黎明.石油产品分析[M].北京：化学工业出版社，2012.

[20] 平海哄，李宝城，张晓岩.石油化工分析[M].北京：化学工业出版社，2007.